アプリでバッチリ！
ポイント確認！

ホウセンカ

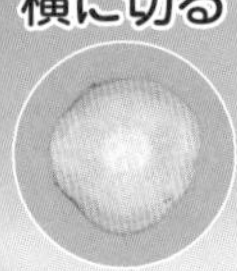

くきの切り口はどう変化する？

変化した部分は何の通り道？

❶

葉の表面

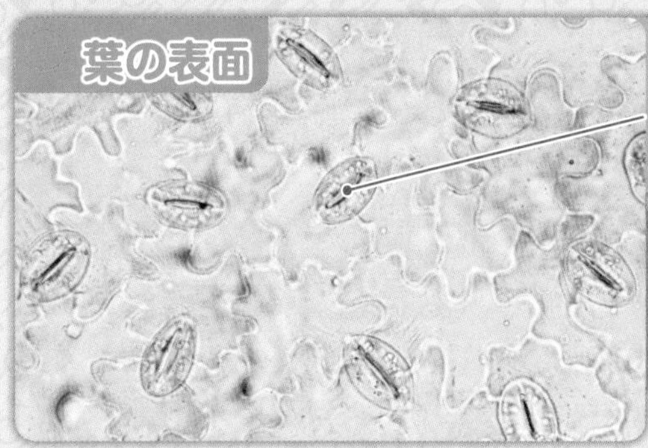

この穴の名前は？

ここから何が出ていく？

❷

リトマス紙の変化

何性の水よう液？

水よう液の例は？

❸

リトマス紙の変化

何性の水よう液？

水よう液の例は？

❹

リトマス紙の変化

何性の水よう液？

水よう液の例は？

❺

ムラサキキャベツ液の変化

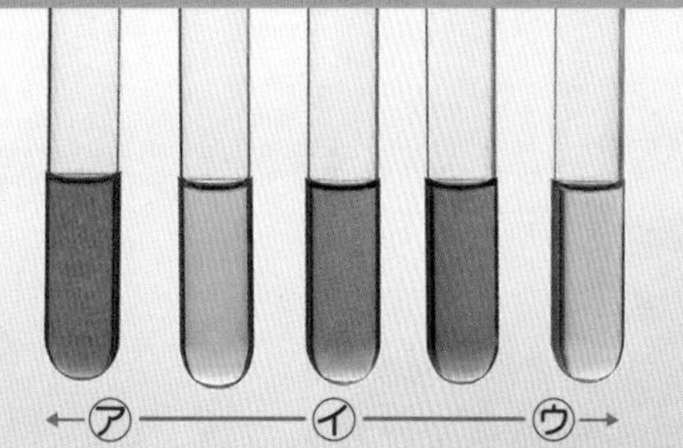

㋐は何性？

㋑は何性？

㋒は何性？

❻

電気の利用

㋐信号機　㋑電気ストーブ

㋐では電気を何に変えている？

㋑では電気を何に変えている？

❼

月の表面

月はどのようにかがやく？

満月は夕方どの方位に見える？

❽

地層のつぶ

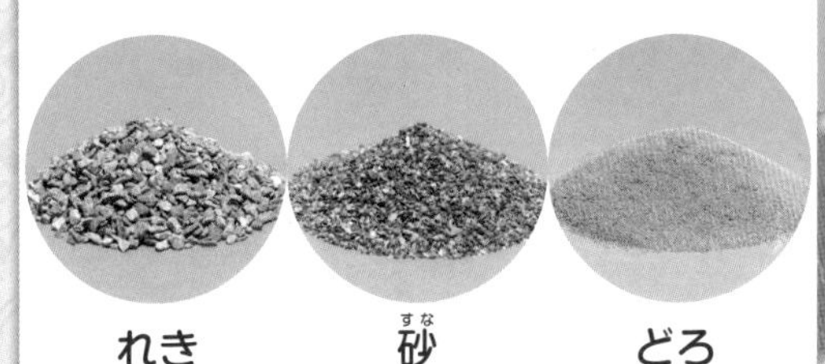

れき　砂　どろ

つぶの形の特ちょうは？

つぶが小さい順にならべよう。

❾

火山灰のつぶ

火山灰

つぶの形の特ちょうは？

何のはたらきでできた？

❿

アプリでバッチリ！ポイント確認！

おもての QR コードからアクセスしてください。

※本サービスは無料ですが、別途各通信会社の通信料がかかります。
※お客様のネット環境および端末によりご利用できない場合がございます。
※ QR コードは㈱デンソーウェーブの登録商標です。

使い方

- きりとり線にそって切りはなしましょう。
- 写真や図を見て、質問に答えてみましょう。
- 使い終わったら、あなにひもなどを通して、まとめておきましょう。

葉の表面

水は水蒸気になって、出ていくんだ。

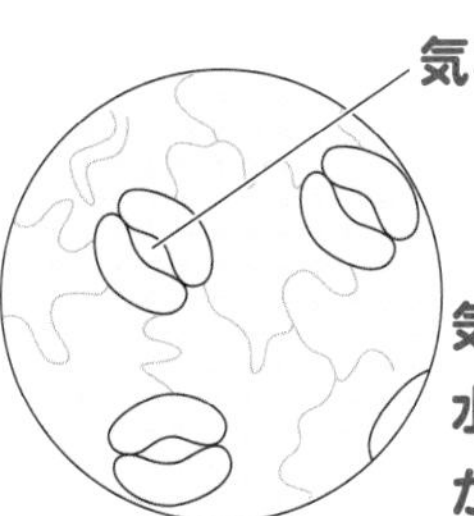

気こうから水蒸気（水）が出ていく。

❷

ホウセンカ

色のついたところは、水の通り道なんだ。

くきの切り口は赤くそまる。

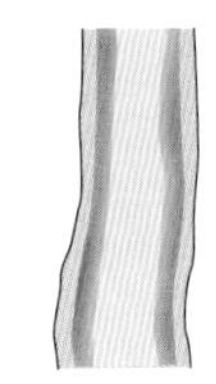

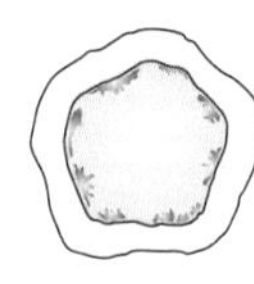

赤くそまった部分は水の通り道。

❶

中性の水よう液

リトマス紙は、ピンセットを使って持とう。

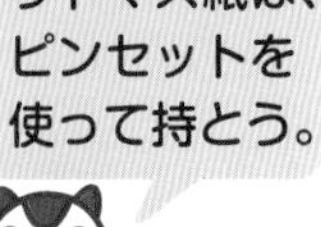

中性（どちらも変わらない）

例
食塩水
砂糖水
　など

❹

酸性の水よう液

炭酸水のあわは、二酸化炭素なんだ。

例
塩酸
炭酸水
　など

酸性（青→赤）

❸

ムラサキキャベツ液の変化

色の変化を調べると、液の性質がわかるんだ。

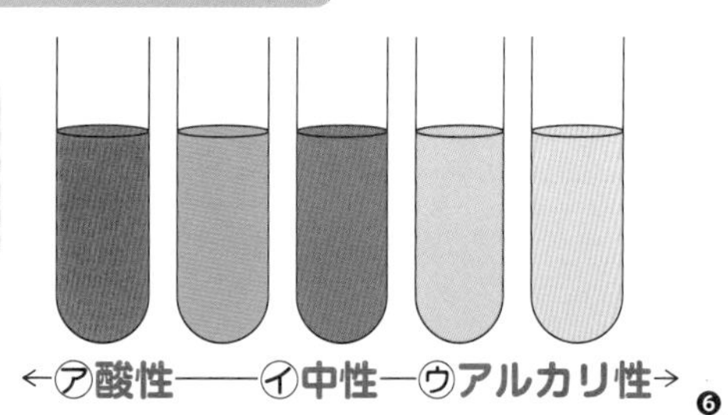

❻

アルカリ性の水よう液

アルカリ性（赤→青）

危険な水よう液のあつかい方には注意しよう。

例
石灰水
アンモニア水
重そう水
　など

❺

月の表面

表面のくぼみを、クレーターというんだ。

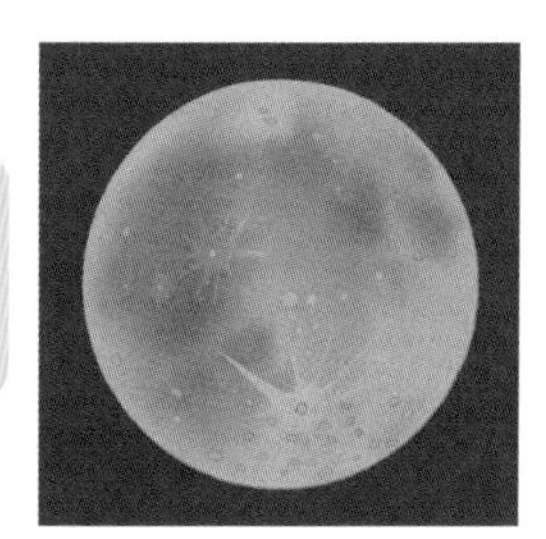

太陽の光を反射してかがやく。

満月は夕方東の空に見える。

❽

電気の利用

電気は、音や運動にも変えられているんだ。

㋐電気を光に変える。

信号機

㋑電気を熱に変える。

電気ストーブ

❼

火山灰のつぶ

火山がふん火すると、よう岩も流れ出るんだ。

火山のはたらきでできた。

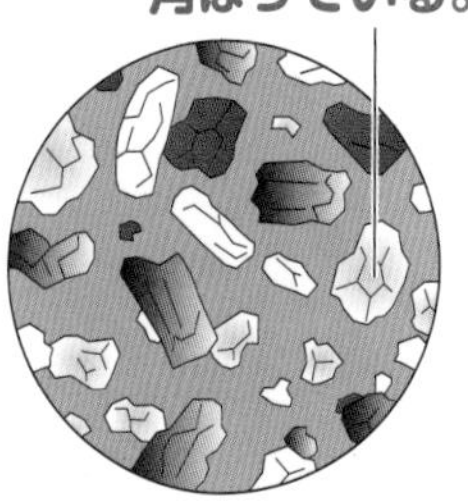

❿

地層のつぶ

同じ地層から、化石が見つかることもあるんだ。

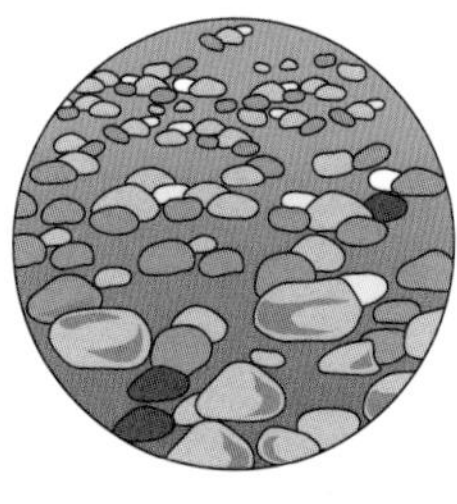

丸みを帯びている。

小さい順にどろ・砂・れき

❾

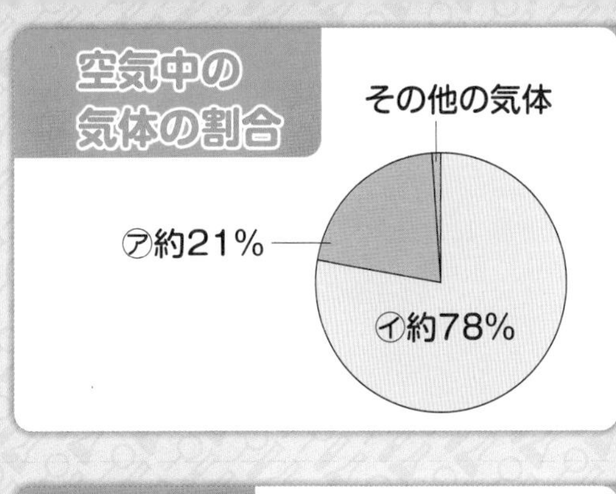

㋐の
気体は？

㋑の
気体は？

⓫

ろうそくの
燃え方は？

酸素の
はたらきは？

⓬

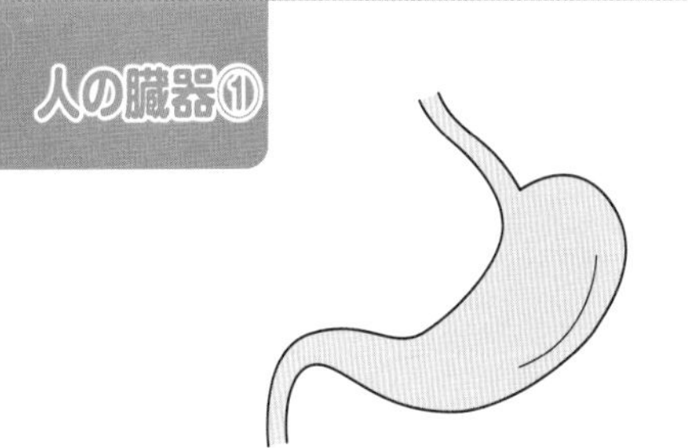

この臓器の
名前は？

この臓器の
はたらき
は？

⓭

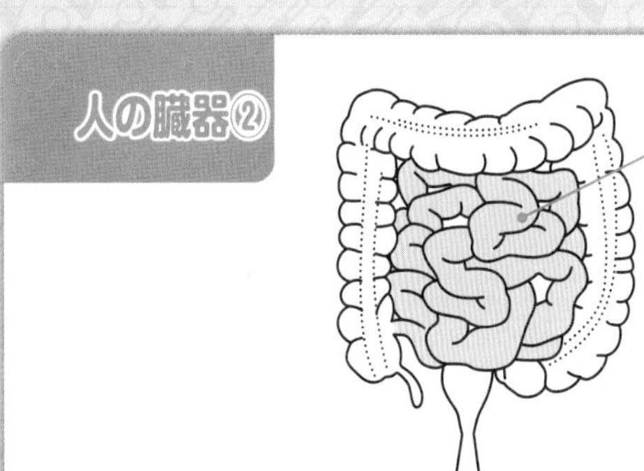

この臓器の
名前は？

この臓器の
はたらき
は？

⓮

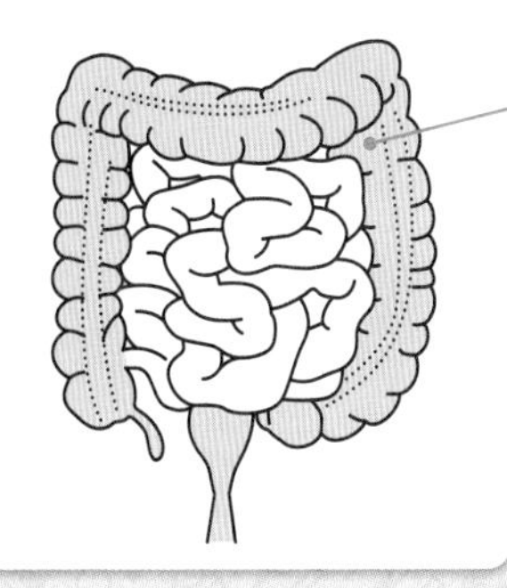

この臓器の
名前は？

この臓器の
はたらき
は？

⓯

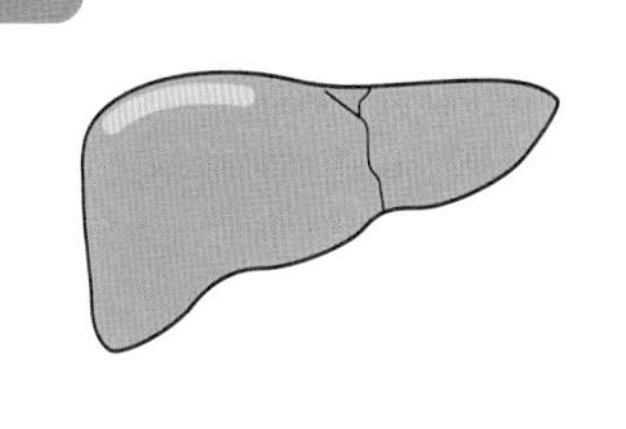

この臓器の
名前は？

この臓器の
はたらき
は？

⓰

人の臓器⑤

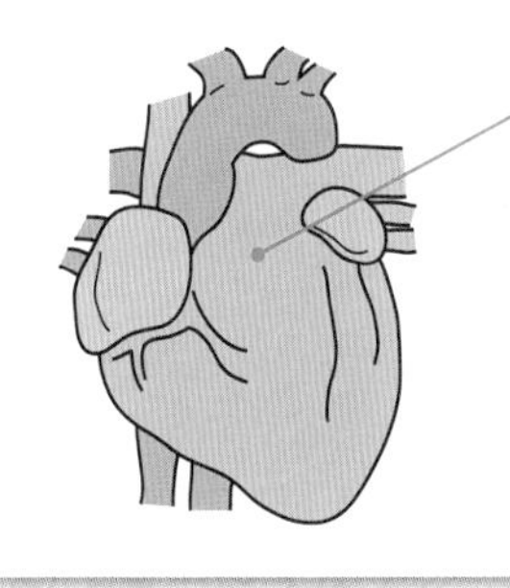

この臓器の
名前は？

この臓器の
はたらき
は？

⓱

人の臓器⑥

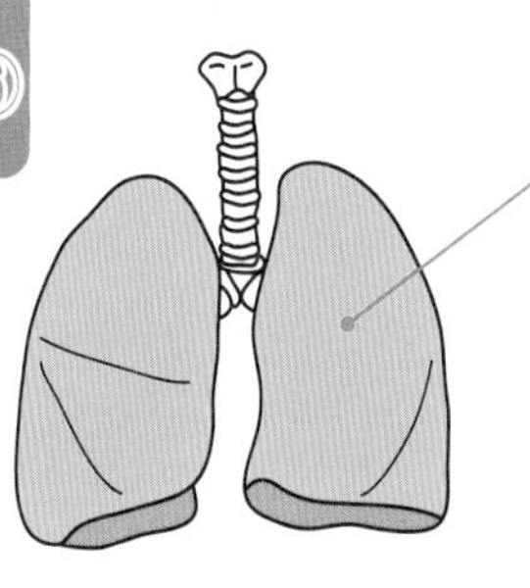

この臓器の
名前は？

この臓器の
はたらき
は？

⓲

人の臓器⑦

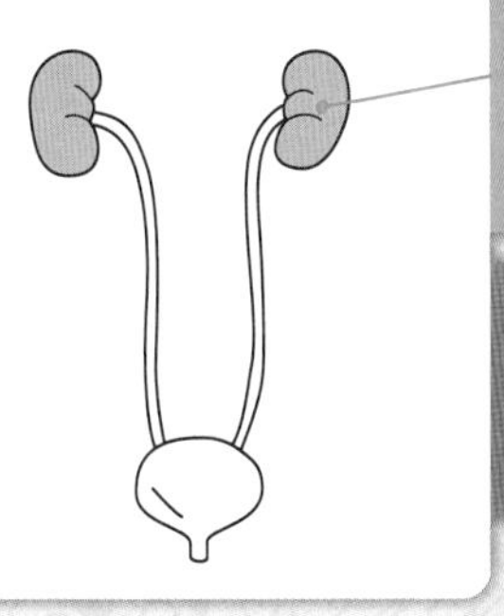

この臓器の
名前は？

この臓器の
はたらき
は？

⓳

ピンセット

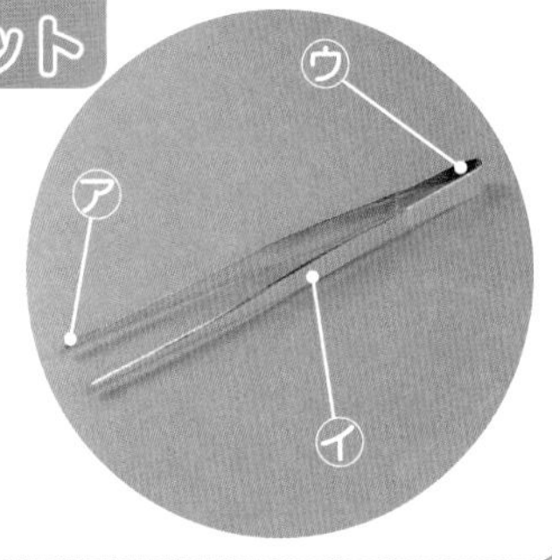

支点は？

力点は？

作用点は？

⓴

はさみ

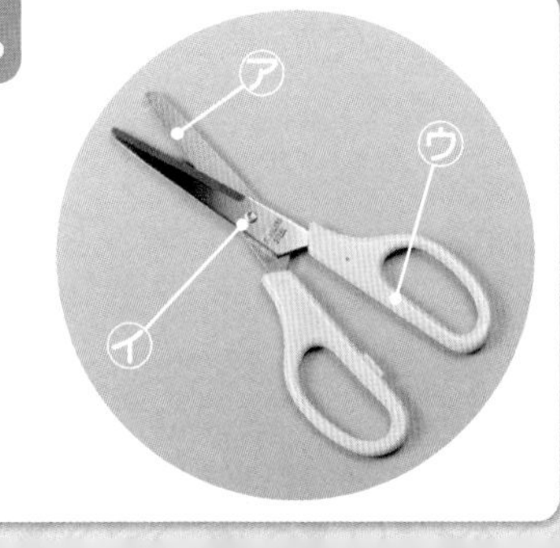

支点は？

力点は？

作用点は？

㉑

せんぬき

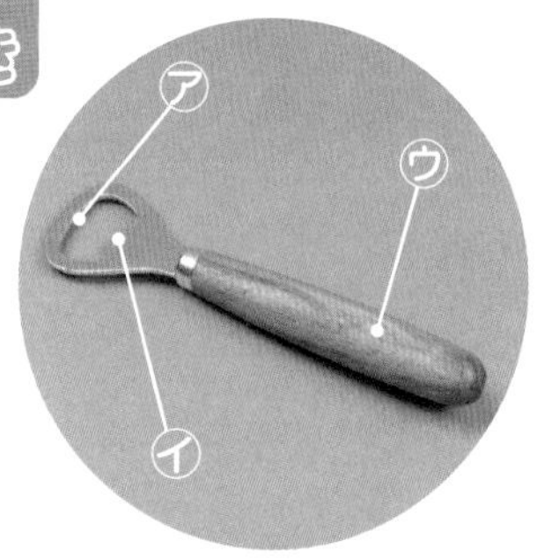

支点は？

力点は？

作用点は？

㉒

酸素の中でろうそくを燃やす

酸素の体積の割合が減ると、火は消えてしまうんだ。

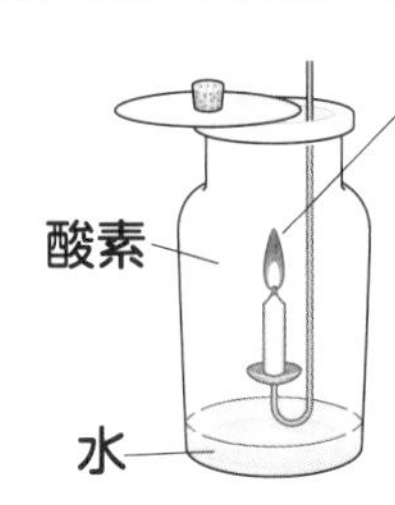

酸素には、ものを燃やすはたらきがある。

12

空気中の気体の割合

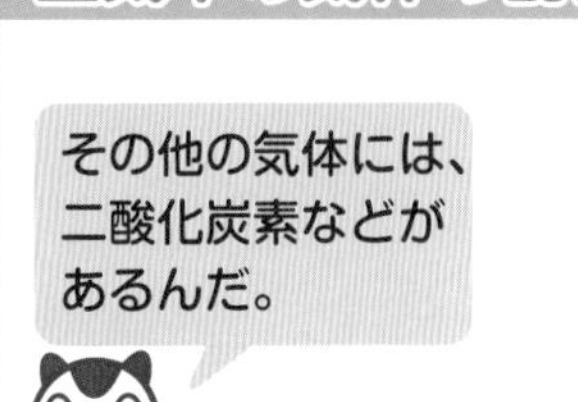

その他の気体には、二酸化炭素などがあるんだ。

その他の気体

㋐酸素 約21%

約78%

㋑ちっ素

11

小腸

小腸の内側はひだになっているんだ。

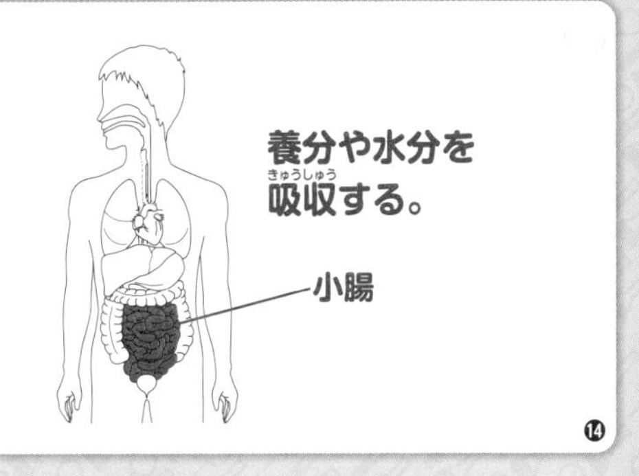

養分や水分を吸収する。

14

胃

だ液や胃液などのことを消化液というんだ。

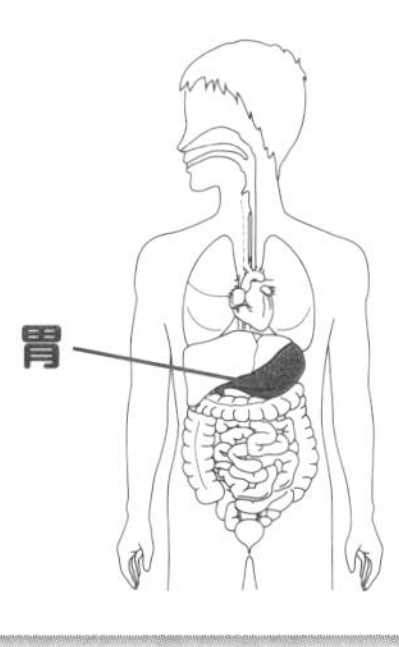

胃液が出される。食べ物を消化する。

13

かん臓

かん臓にはたくさんのはたらきがあるんだ。

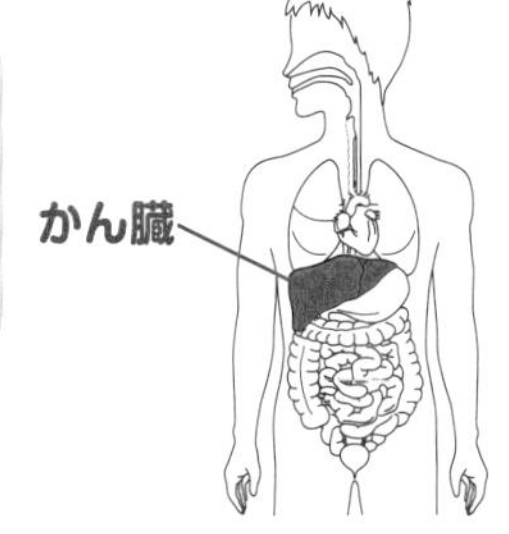

吸収された養分の一部をたくわえ、必要なときに送り出す。

16

大腸

残ったものは便としてこう門から出されるよ。

水分などを吸収する。

大腸

15

肺

人は肺で、魚はえらで呼吸しているんだ。

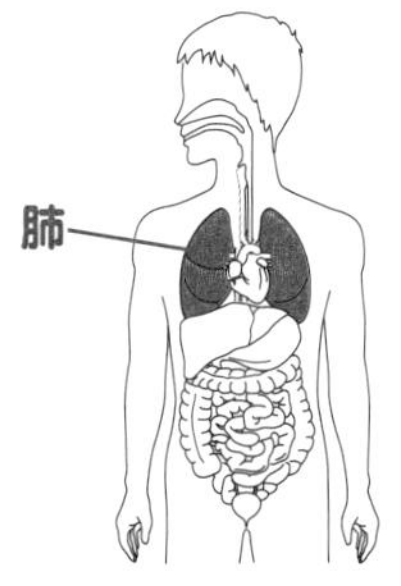

血液中に酸素をとり入れる。

血液中から二酸化炭素を出す。

18

心臓

血液は、酸素や養分を全身に運んでいるんだ。

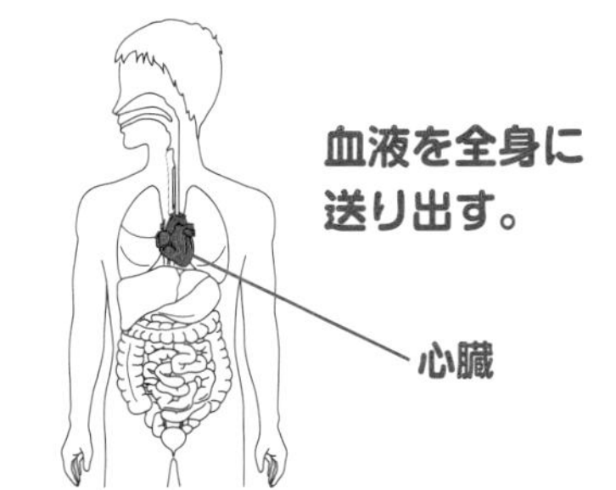

17

ピンセット

力点が作用点と支点の間にあると、はたらく力を小さくできるんだ。

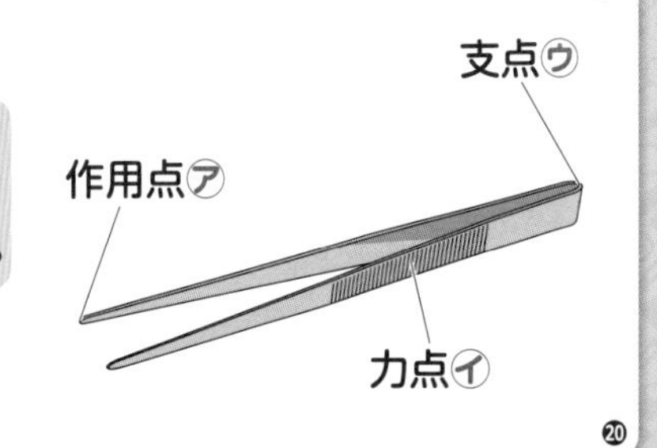

20

じん臓

にょうは、ぼうこうにためられるんだ。

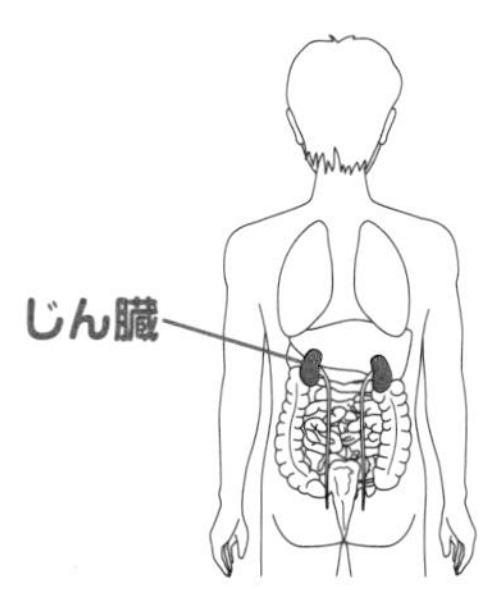

血液中の不要なものをこし出し、にょうをつくる。

19

せんぬき

作用点が支点と力点の間にあるから、小さな力でせんをあけられるんだ。

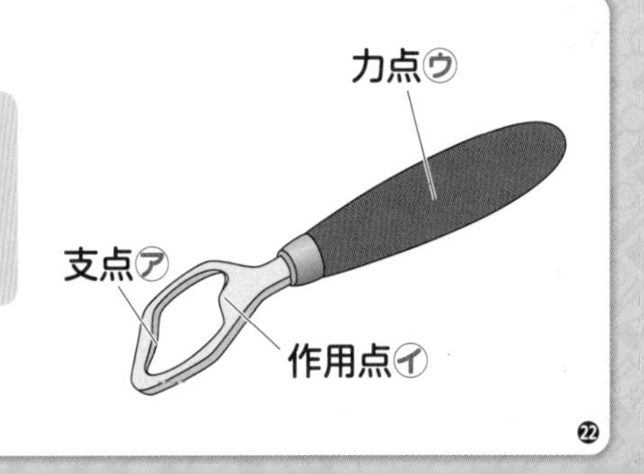

22

はさみ

支点から作用点までを短くすると、小さな力で切れるんだ。

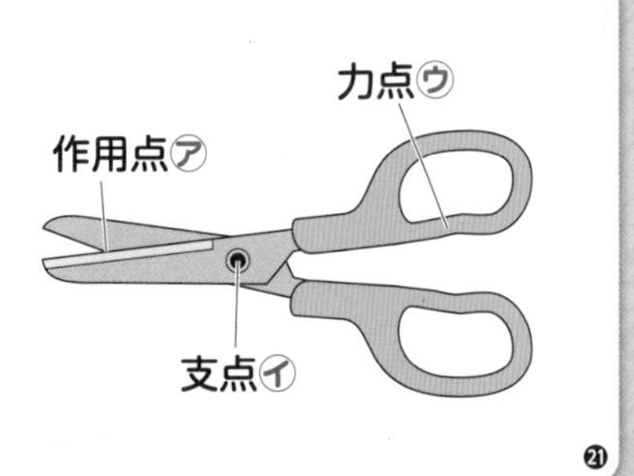

21

わくわくシール

★学習が終わったら、ページの上に好きなふせんシールをはろう。
がんばったページやあとで見直したいページなどにはってもいいよ。
★実力判定テストが終わったら、まんてんシールをはろう。

まんてんシール

ばっちり！　おめでとう！　かんぺき！

ふせんシール

KOBAN

ポイント　チャレンジ　がんばった！！　今ここ！　GOOD　しんちょうに　あとすこし　もう一回　テストはここ！　次はがんばろう

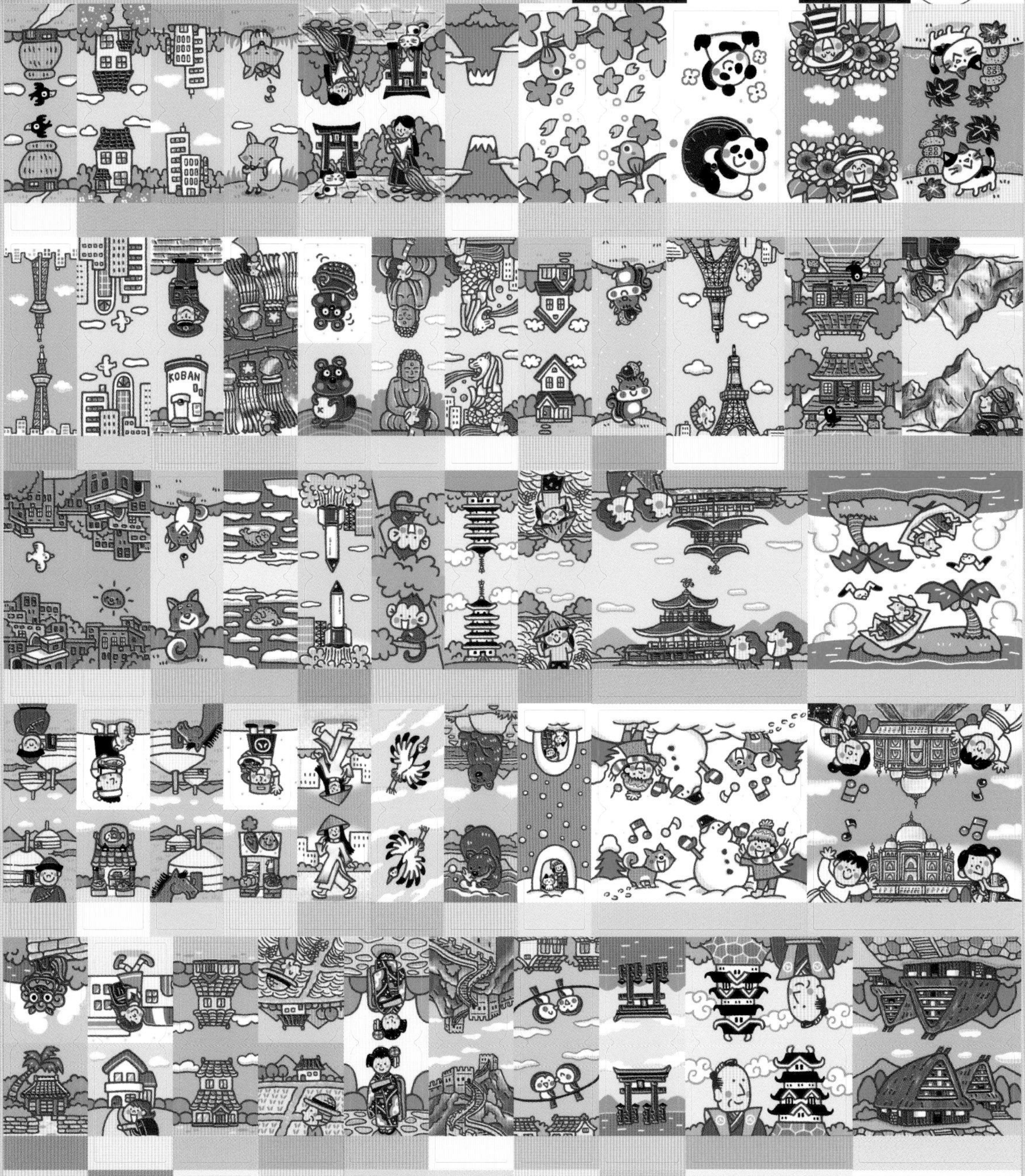

体のふしぎ①

胃のふしぎ

胃は、ねん液で守られています。

背のふしぎ

子どもの骨は、

「成長ホルモン」というものの命令で成長します。

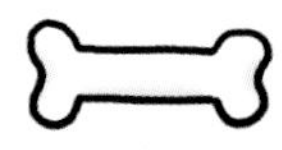
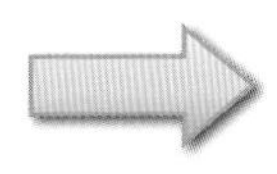
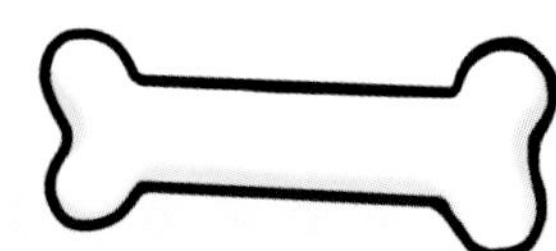

バランスのよい食事や適度な運動も大切だよ。

成長ホルモンは、夜、寝ているときにたくさん出ます。

ということは…

夜、しっかり寝ましょう。

「寝る子は育つ」というよね。

たんこぶのふしぎ

頭をぶつけると…

たんこぶができる。

手や足などをぶつけたときは、「あざ」ができるね。

頭の骨と皮ふの間に血液の成分がたまってできるよ。

たんこぶ

皮ふと骨が近くてすき間がないから、皮ふがふくらむんだ。

皮ふ

骨

血管

血管が傷(きず)ついていて、血液が出ているんだ。

心臓のふしぎ

心臓(しんぞう)は筋肉(きんにく)でできているよ。心臓の筋肉は、自由に動かせる??

筋肉には、2種類あります。

①

動け!!

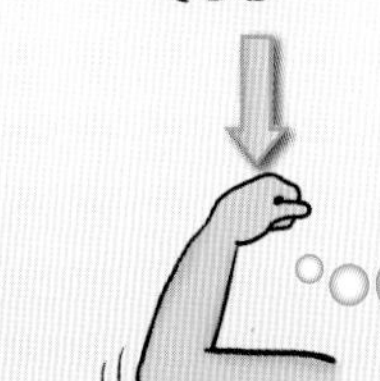

思ったように動くよ。

うでの筋肉は①だよ。

②

動け!!

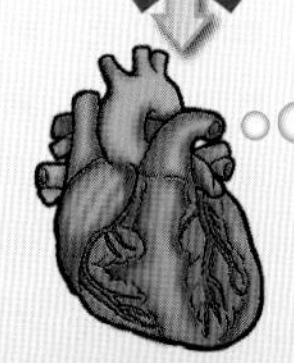

関係なく動くよ。

心臓の筋肉は②だよ。

心臓の筋肉の動きは、自動的に調節されているんだ。

体温のふしぎ

体温計では42℃までしか測れないよ。
体温が42℃をこえると…？？

人の体は、たんぱく質というものでできています。

人の体のたんぱく質は、
42℃になると固まってしまいます。

ということは…

体温が42℃に近くなったら、すぐに病院へ！！

人の体のNo.1

※おとなのおよその数字です。

いちばん太い血管

3cm（心臓の近くの血管）

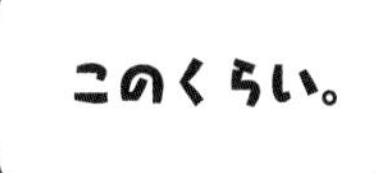

いちばん細い血管

0.01mm（毛細血管）

いちばん重い「〇〇臓」

かん臓：1～1.5kg

いちばん軽い「〇〇臓」

すい臓：60～100g

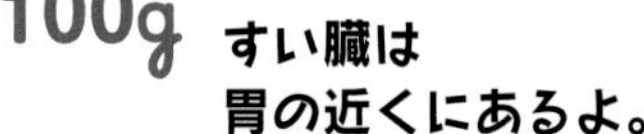

すい臓は
胃の近くにあるよ。

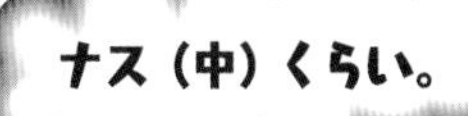

食べたものの旅

※おとなのおよその数字です。

：

：

口
消化 でんぷん
消化液：だ液

食道
長さ：25cm

30秒～1分後

胃
消化 たんぱく質
消化液：胃液

2～5時間後

小腸
消化 でんぷん、しぼう、たんぱく質
吸収 養分、水分
長さ：6～7m

吸収する表面の面積はおよそ200㎡。
テニスコートくらい！

7～15時間後

大腸
吸収 水分
長さ：1.5m

24～48時間後

こう門
1日の便の量：100～200g

消化管（口からこう門まで）の長さ：8～9m（身長の5～6倍）

学校図書版 **理科6年**

●写真提供：アーテファクトリー、アフロ

勉強した日　月　日

1　ものが燃え続けるには

基本のワーク

学習の目標
空気が入れかわると、ものが燃え続けることを確認しよう。

教科書 10～14ページ　答え 1ページ

図を見て、あとの問いに答えましょう。

1 ものが燃え続けるには

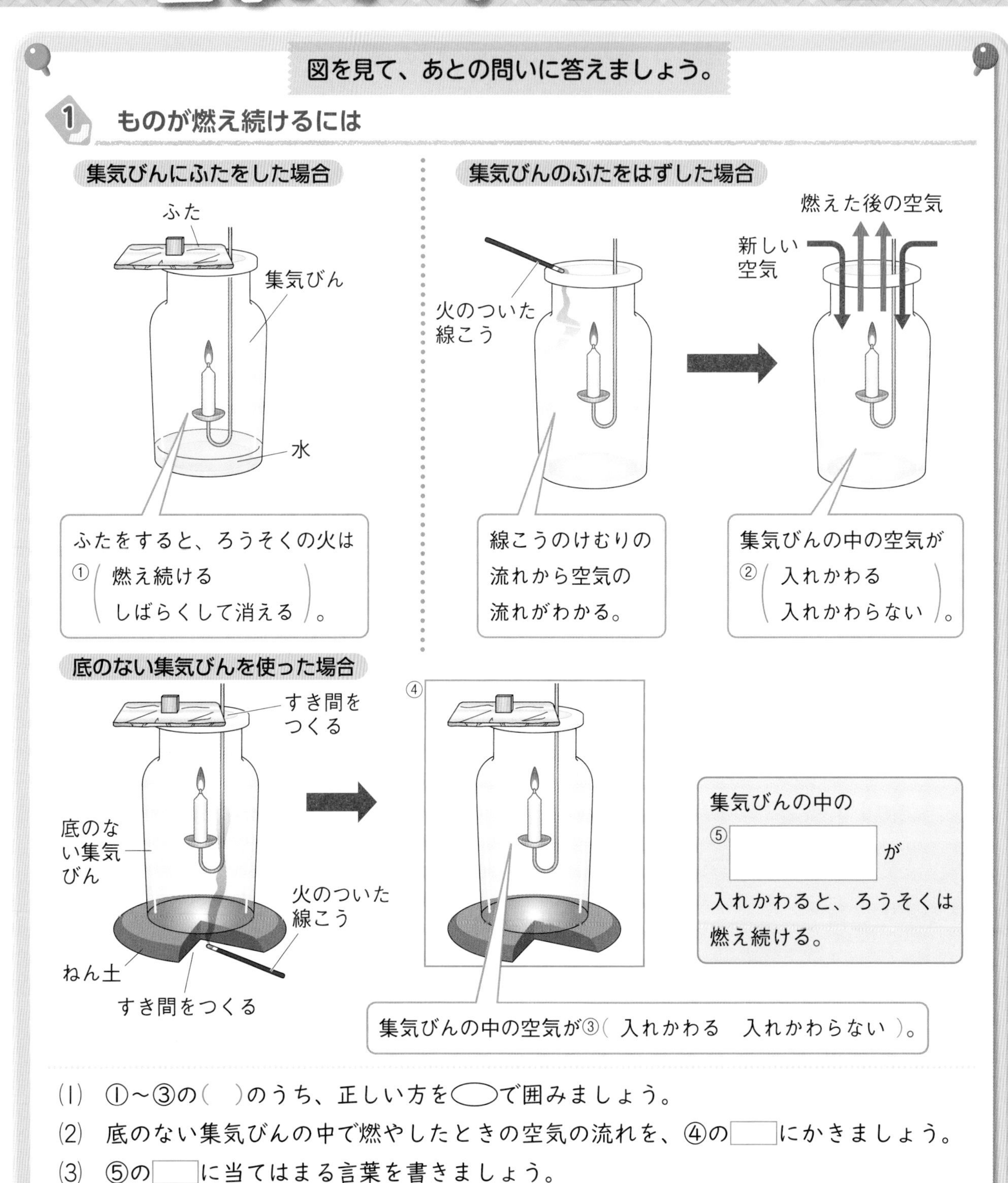

(1)　①～③の（　）のうち、正しい方を◯で囲みましょう。
(2)　底のない集気びんの中で燃やしたときの空気の流れを、④の□にかきましょう。
(3)　⑤の□に当てはまる言葉を書きましょう。

まとめ　〔空気　入れかわる〕から選んで（　）に書きましょう。

●集気びんの中で、ろうそくを燃やし続けるには、集気びんの中の①（　　　　）が②（　　　　）ようにすることが必要である。

わくわくたんてい団　ガスバーナーでは、空気の調節ねじを開けると、新しい空気が入り続けるしくみになっています。空気が足りないと、ガスが完全に燃えず、ほのおが赤くなります。

練習のワーク

教科書 10～14ページ　答え 1ページ

1 **右の図のように、集気びんの中で、ろうそくが燃え続けるかどうかを調べました。次の問いに答えましょう。**

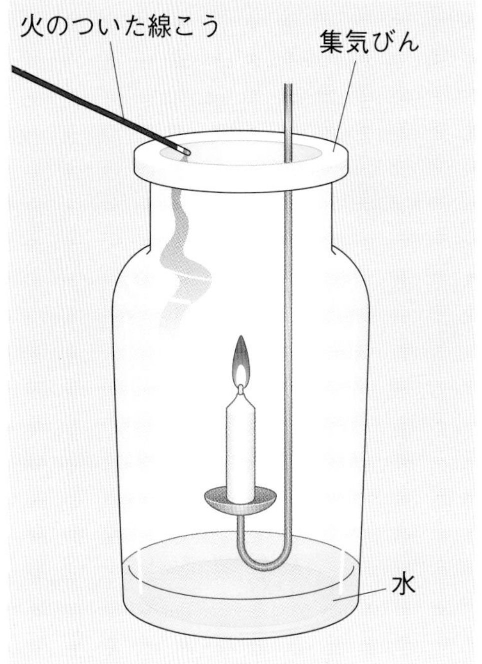

(1) 集気びんの中に火のついたろうそくを入れました。ろうそくはどのようになりますか。正しい方に○をつけましょう。

①(　　　)火がすぐに消える。

②(　　　)燃え続ける。

(2) 集気びんの上に火のついた線こうを近づけました。線こうのけむりで、何の流れを調べることができますか。(　　　　　　　　)

(3) (2)で、線こうのけむりは集気びんの中に吸（す）いこまれていきますか。(　　　　　　　　)

(4) (3)のことから、集気びんの中の空気が入れかわっているといえますか、いえませんか。

(　　　　　　　　)

2 **右の図のように、2つの集気びん㋐、㋑に火のついたろうそくを入れ、ろうそくの燃え方を比べました。次の問いに答えましょう。**

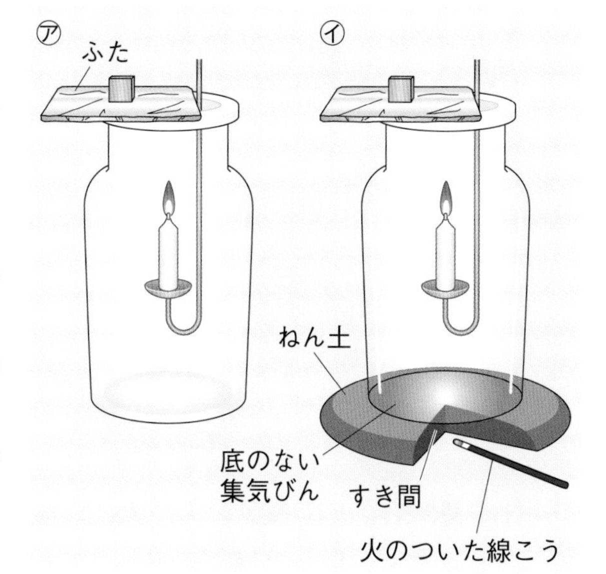

(1) ろうそくが燃え続けるのは、㋐、㋑のどちらですか。(　　　)

(2) ㋑の底のすき間に、火のついた線こうを近づけました。線こうのけむりはどのように動きますか。正しいものに○をつけましょう。

①(　　　)集気びんの中には吸いこまれず、上へ動く。

②(　　　)集気びんの中に吸いこまれ、上へ動く。

③(　　　)集気びんの中に吸いこまれ、集気びんの底の方にたまる。

(3) ㋑で、集気びんの中の空気はどのように動きますか。正しいものに○をつけましょう。

①(　　　)新しい空気が集気びんの上のすき間から入って下へ動き、底のすき間から出る。

②(　　　)新しい空気が集気びんの底のすき間から入って上へ動き、上のすき間から出る。

③(　　　)集気びんの中にたまったまま、動かない。

(4) ろうそくを燃やし続けるには、空気がどのようになることが必要ですか。

(　　　　　　　　　　　　　　　　)

勉強した日　月　日

2　ものを燃やすはたらきのある気体

基本のワーク

教科書 15～17ページ　答え 1ページ

学習の目標
酸素には、ろうそくを燃やすはたらきがあることを確認しよう。

図を見て、あとの問いに答えましょう。

1 空気の成分

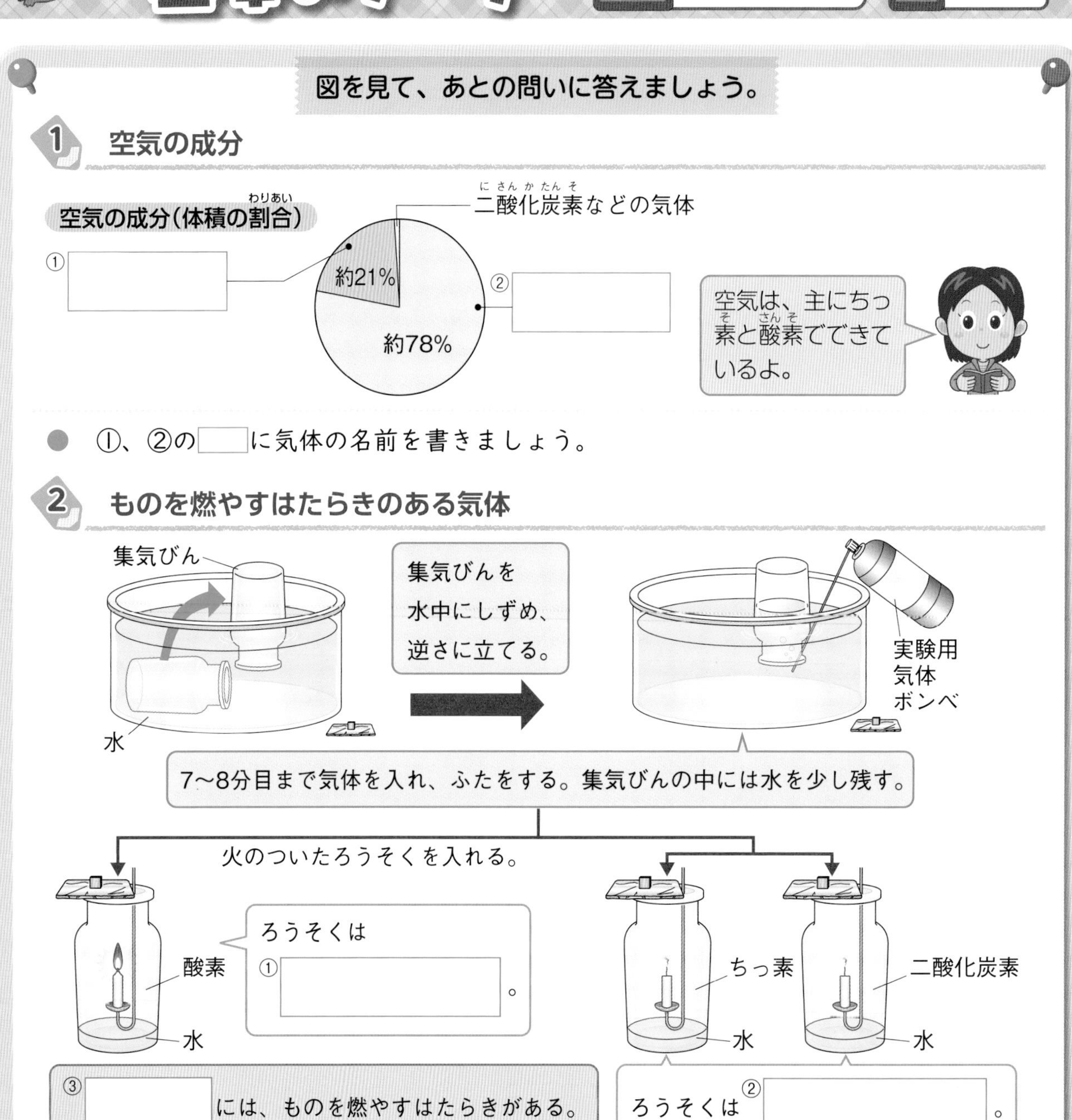

● ①、②の□に気体の名前を書きましょう。

2 ものを燃やすはたらきのある気体

(1)　集気びんに、酸素、ちっ素、二酸化炭素を入れて、ろうそくの燃え方を調べました。ろうそくは激しく燃えますか、すぐに火が消えますか。①、②の□に書きましょう。

(2)　③の□に当てはまる気体の名前を書きましょう。

まとめ　〔 酸素　二酸化炭素 〕から選んで（　）に書きましょう。

●空気の成分のうち、①（　　　）には、ろうそくを燃やすはたらきがある。
ちっ素と②（　　　）には、燃やすはたらきがない。

アイスクリームなどを冷やすドライアイスは、二酸化炭素が固体になったものです。ドライアイスから出てくる白いけむりは空気中の水蒸気が冷やされてできた水です。

練習のワーク

教科書　15～17ページ　答え　2ページ

1 **右の図は、空気の成分(体積の割合)を円グラフで表したものです。次の問いに答えましょう。**

ⓤなどの気体
ⓐ 約21％
ⓘ 約78％

(1) ⓐ、ⓘ、ⓤの気体は何ですか。それぞれ下の〔　〕から選んで書きましょう。　ⓐ(　　　)　ⓘ(　　　)　ⓤ(　　　)

〔　ちっ素　　二酸化炭素　　酸素　〕

(2) 空気は、どのようなものですか。次のア、イから選びましょう。(　　　)

ア　ⓐ、ⓘ、ⓤなどが混ざって、はじめとはちがう１種類の気体ができている。

イ　ⓐ、ⓘ、ⓤなどが混ざってできている。

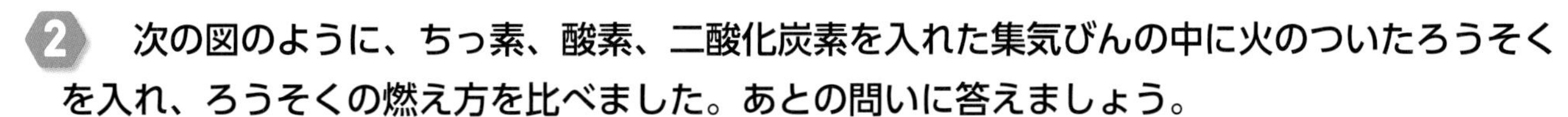

2 **次の図のように、ちっ素、酸素、二酸化炭素を入れた集気びんの中に火のついたろうそくを入れ、ろうそくの燃え方を比べました。あとの問いに答えましょう。**

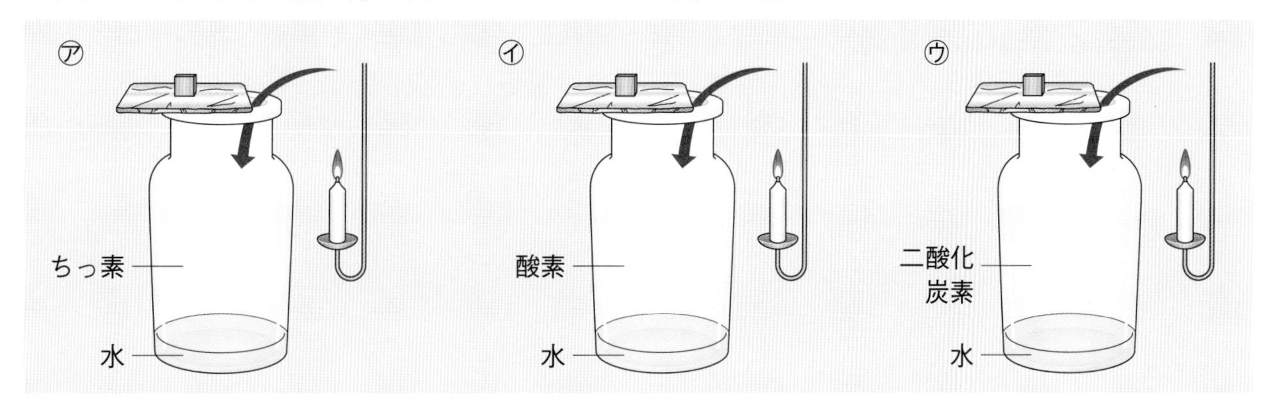

(1) それぞれの気体は、どのようにして集気びんに入れますか。次のア～ウから選びましょう。(　　　)

ア　水中にしずめた集気びんを水で満たし、集気びんの口を上にして、気体の入ったボンベから気体を入れる。

イ　水中にしずめた集気びんを水で満たし、集気びんの口を下にして、気体の入ったボンベから気体を入れる。

ウ　集気びんに半分くらい水を入れ、水中で集気びんの口を下にして、気体の入ったボンベから気体を入れる。

(2) ⓐ～ⓤで、集気びんの中に火のついたろうそくを入れると、ろうそくの燃え方はどのようになりますか。それぞれ次のア～ウから選びましょう。ただし、同じものを２度選んでもかまいません。　ⓐ(　　　)　ⓘ(　　　)　ⓤ(　　　)

ア　ほのおが大きくなり激しく燃える。　　イ　空気中と同じようにおだやかに燃える。

ウ　すぐに火が消える。

(3) ろうそくを燃やすはたらきがあるのは、３つの気体のうちの何ですか。(　　　)

まとめのテスト①

勉強した日　月　日

1　ものの燃え方と空気

時間20分　得点　/100点

教科書 10〜17ページ　答え 2ページ

よく出る

1 **ものが燃え続けるには** 右の図のように、燃えているろうそくを集気びんの中に入れてふたをしました。次の問いに答えましょう。　1つ6〔18点〕

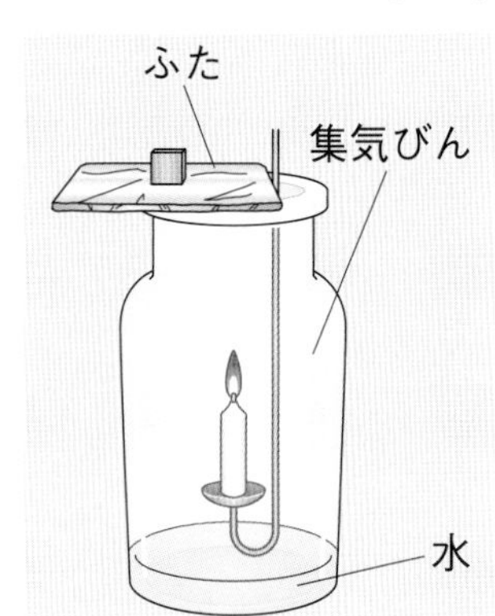

(1)　しばらくすると、ろうそくの火はどうなりますか。
(　　　　　　　　)

(2)　(1)のようになるのはなぜですか。正しいものを、ア〜ウから選びましょう。(　　)

ア　集気びんの中の空気が全てなくなるから。
イ　集気びんの中の空気が入れかわるから。
ウ　集気びんの中の空気が入れかわらないから。

(3)　図で、燃えているろうそくを集気びんの中に入れて、ふたをしないでおくと、ろうそくの火はどうなりますか。
(　　　　　　　　)

2 **ものが燃え続ける条件** 右の図のように、燃えているろうそくを集気びんの中に入れて、火のついた線こうを集気びんの底のすき間に近づけました。次の問いに答えましょう。　1つ6〔18点〕

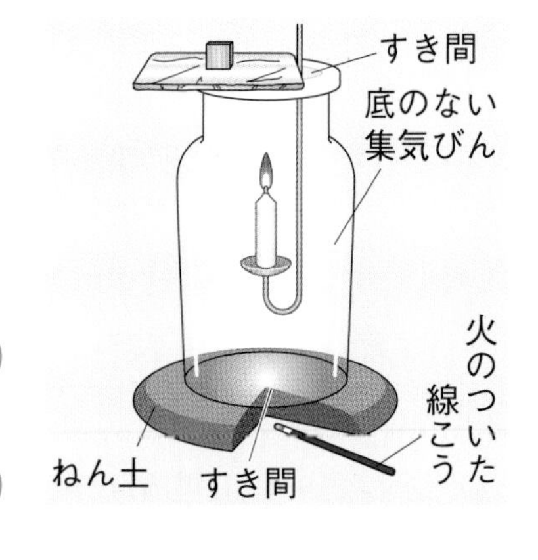

(1)　火のついた線こうを集気びんの底のすき間に近づけたのは、なぜですか。正しい方に○をつけましょう。

①(　　)集気びんの外の空気の流れを調べるため。
②(　　)集気びんの中の空気の流れを調べるため。

(2)　ろうそくは燃え続けますか、火が消えますか。
(　　　　　　　　)

記述

(3)　(2)のようになるのはなぜですか。
(　　　　　　　　　　　　　　　　)

3 **空気の成分** 右の図は、空気の成分を体積の割合で表したものです。次の問いに答えましょう。　1つ6〔24点〕

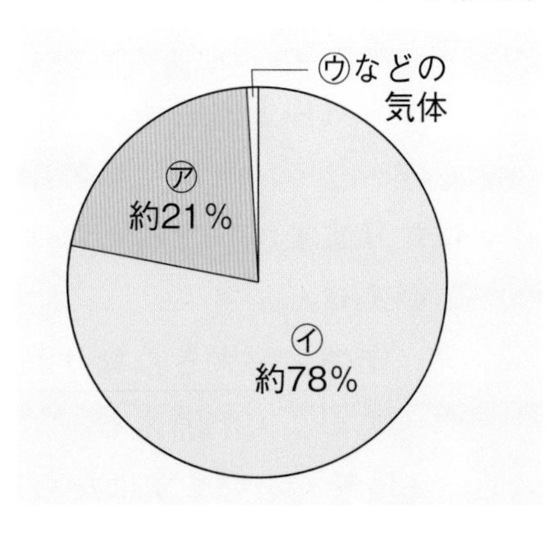

(1)　図の㋐〜㋒は何という気体ですか。下の〔　〕から選んで書きましょう。ただし、㋒は空気中に約0.04％ふくまれている気体です。

㋐(　　　　　　)
㋑(　　　　　　)
㋒(　　　　　　)

〔　酸素　　ちっ素　　二酸化炭素　〕

(2)　ろうそくを燃やすはたらきがある気体を、図の㋐〜㋒から選びましょう。(　　)

4 気体の性質 次の図のように、㋐にはちっ素、㋑には酸素、㋒には二酸化炭素が入った集気びんの中に、火のついたろうそくを入れました。あとの問いに答えましょう。

1つ4〔28点〕

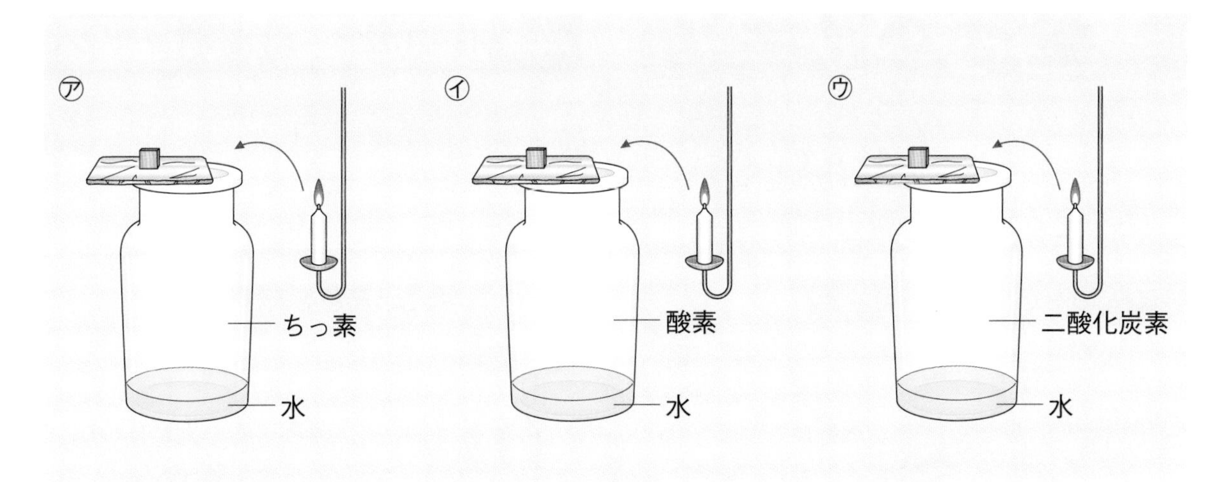

(1) それぞれの集気びんに入れたろうそくは、どのようになりますか。

㋐(　　　　　　　　　　　　　　)

㋑(　　　　　　　　　　　　　　)

㋒(　　　　　　　　　　　　　　)

(2) この実験から、ものを燃やすはたらきのある気体は何だとわかりますか。

(　　　　　　　　　)

(3) ちっ素、酸素、二酸化炭素のうち、空気中にふくまれる気体の体積の割合が、もっとも多いものと、もっとも少ないものを書きましょう。

もっとも多いもの(　　　　　　　　　)

もっとも少ないもの(　　　　　　　　　)

記述 (4) 空気中では(2)の中よりも、ろうそくがおだやかに燃えます。その理由を、「酸素」という言葉を使って書きましょう。

(　　　　　　　　　　　　　　　　　　　　　　　　　　　　　　　　　)

5 気体の性質 右の図のように、空気中と酸素の中でろうそくを燃やしました。次の問いに答えましょう。

1つ6〔12点〕

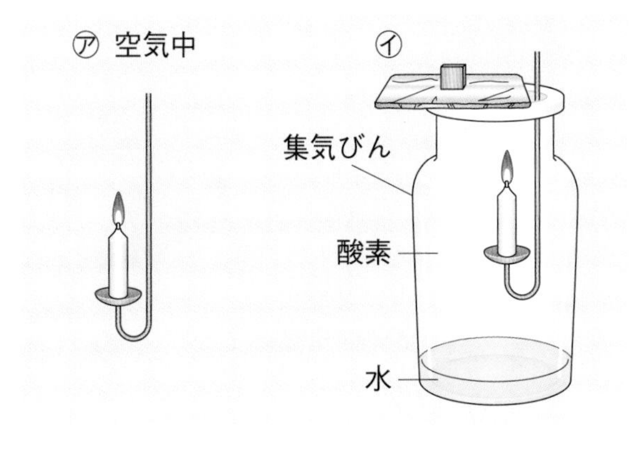

記述 (1) ㋐と比べて、㋑のろうそくは、はじめどのように燃えますか。

(　　　　　　　　　　　　　　　　　　　)

(2) ㋑で、ろうそくを燃やし続けるとやがて火が消えました。その理由を、次のア～ウから選びましょう。(　　　)

ア 集気びんの中の酸素の体積の割合が変わらなかったから。

イ 集気びんの中に酸素が入ってきたから。

ウ 集気びんの中に酸素が入ってこなかったから。

勉強した日　月　日

3　ものの燃え方と空気の変化①

基本のワーク

学習の目標
ろうそくが燃える前と燃えた後の空気のちがいを確認しよう。

教科書 18~21、229ページ　答え 2ページ

図を見て、あとの問いに答えましょう。

1 ろうそくが燃えた後の空気

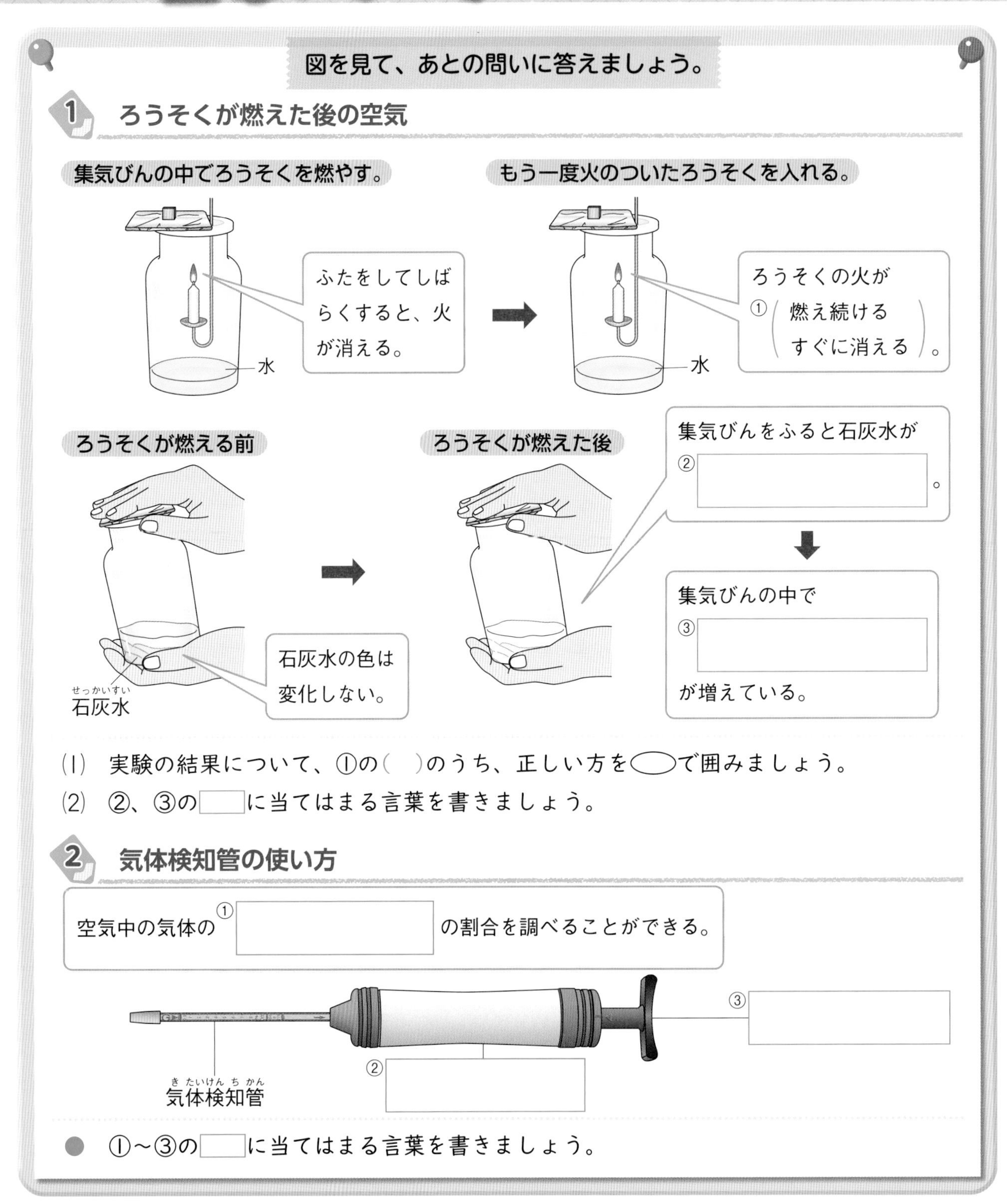

(1)　実験の結果について、①の（　）のうち、正しい方を◯で囲みましょう。

(2)　②、③の［　　］に当てはまる言葉を書きましょう。

2 気体検知管の使い方

空気中の気体の①［　　　　］の割合を調べることができる。

● ①～③の［　　］に当てはまる言葉を書きましょう。

まとめ　〔 二酸化炭素　気体検知管 〕から選んで（　）に書きましょう。

● ろうそくが燃える前の空気と比べると、燃えた後の空気は①（　　　　　）が増えている。

● ②（　　　　　）を使うと空気中の気体の体積の割合を調べることができる。

わくわくたんてい団
ものが燃えるためには、燃えるもの、酸素、温度の3つが必要です。消火器にはいろいろな種類がありますが、この3つのどれかをなくすことで、火を消しています。

練習のワーク

教科書 18〜21、229ページ　答え 2ページ

1 ふたをした集気びんの中で、ろうそくを燃やしました。次の問いに答えましょう。

(1) 図の㋐のように、火のついたろうそくを集気びんの中に入れてふたをしました。しばらくして火が消えた後、ろうそくを取り出し、図の㋑のように集気びんの中に、もう一度火のついたろうそくを入れました。ろうそくの火はどうなりますか。次のア〜ウから選びましょう。(　　　)

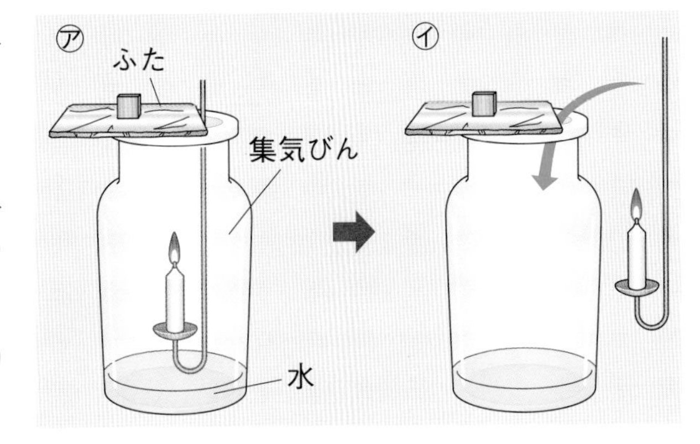

ア　燃え続ける。
イ　しばらくして消える。
ウ　すぐに消える。

(2) ㋑の集気びんの中に残っている空気は、ろうそくが燃える前の空気と同じですか、ちがいますか。(　　　)

(3) 石灰水を、ろうそくを燃やす前の集気びんに入れてふると、石灰水には変化がありませんでした。図の㋒のようにろうそくを燃やした後、ろうそくを取り出し、図の㋓のように集気びんをふると、石灰水はどうなりますか。
(　　　　　　)

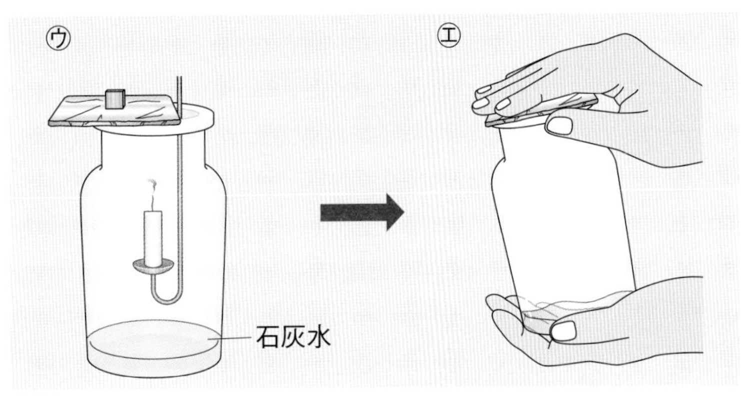

(4) ろうそくが燃えた後の集気びんの中で、ろうそくが燃える前と比べて増えた気体は何ですか。(　　　　)

2 気体検知管の使い方を調べました。次の問いに答えましょう。

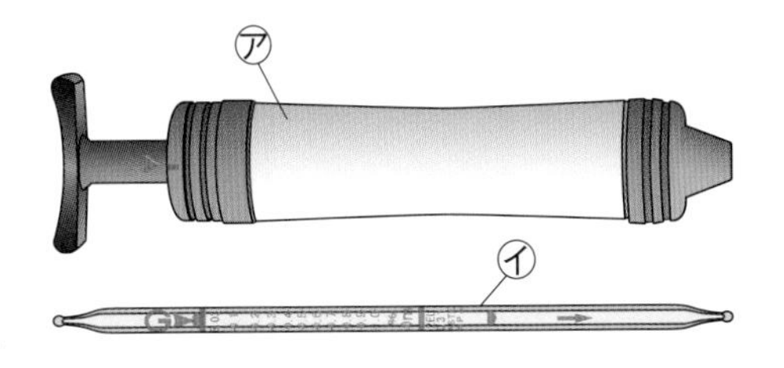

(1) 右の図で気体検知管は㋐、㋑のどちらですか。
(　　　)

(2) 気体検知管で気体を調べる方法として正しいもの2つに○をつけましょう。

①(　　　)気体検知管の片方のはしだけ手で折り取ってから使う。
②(　　　)ポンプのハンドルをおして気体を吸いこむ。
③(　　　)ポンプのハンドルを引いて気体を吸いこむ。
④(　　　)酸素用検知管は、使った後熱くなっているので、取りあつかいに注意する。

(3) 気体検知管を使うと、何を調べられますか。次のア〜ウから選びましょう。(　　　)

ア　気体の重さ(g)　　イ　気体の体積(mL)　　ウ　気体の体積の割合(%)

勉強した日　月　日

3 ものの燃え方と空気の変化②

基本のワーク

学習の目標
ろうそくが燃える前と後の気体の体積の割合のちがいを確認しよう。

教科書 22〜29ページ　答え 3ページ

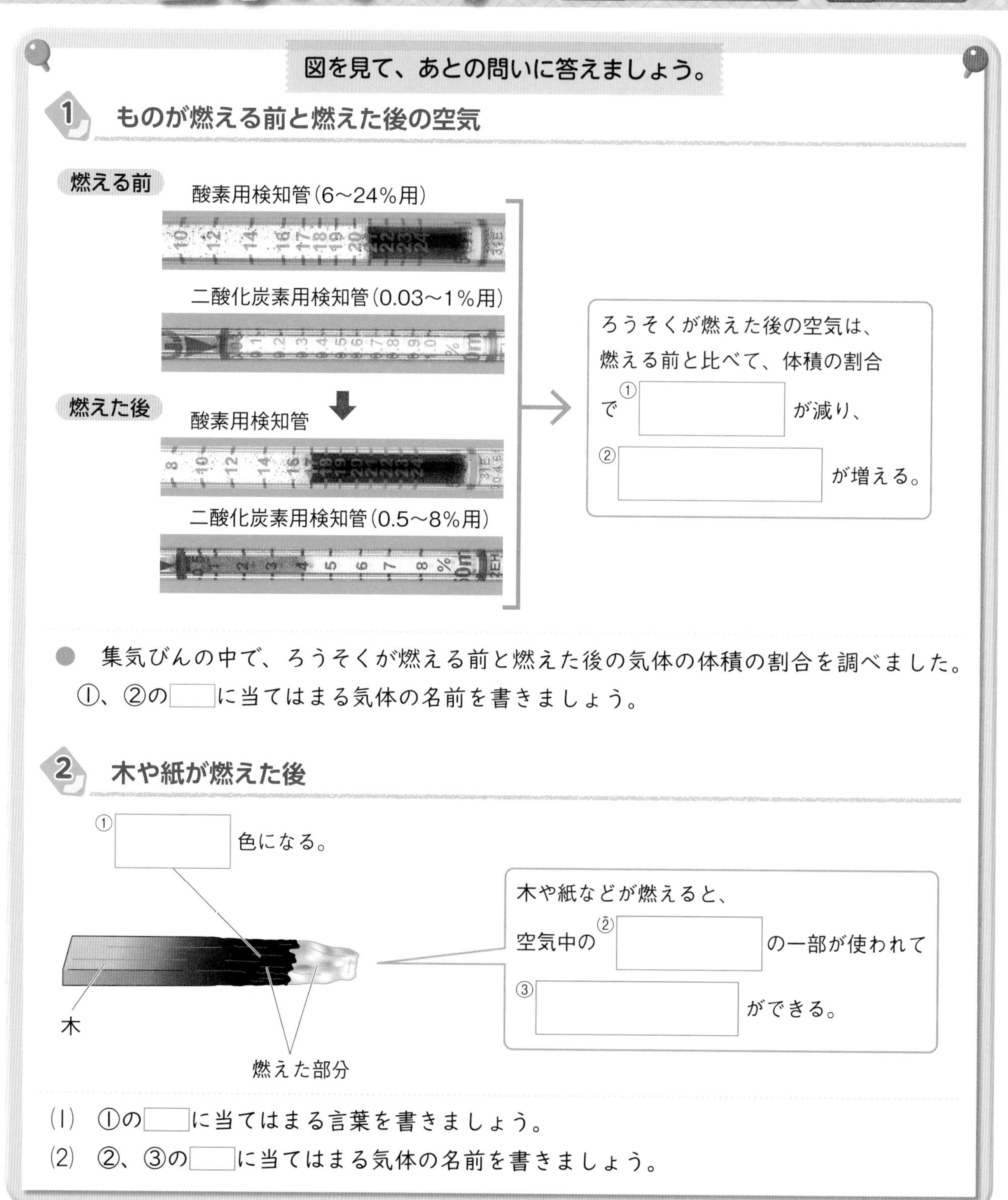

1 ものが燃える前と燃えた後の空気

● 集気びんの中で、ろうそくが燃える前と燃えた後の気体の体積の割合を調べました。①、②の［　］に当てはまる気体の名前を書きましょう。

2 木や紙が燃えた後

(1) ①の［　］に当てはまる言葉を書きましょう。

(2) ②、③の［　］に当てはまる気体の名前を書きましょう。

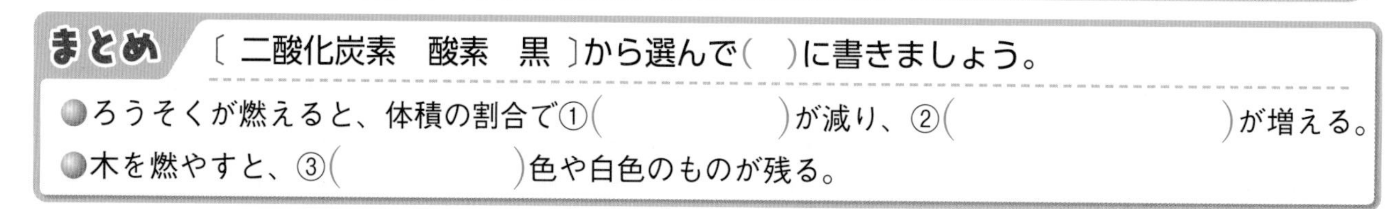

まとめ　〔 二酸化炭素　酸素　黒 〕から選んで（　）に書きましょう。

● ろうそくが燃えると、体積の割合で①（　　　　）が減り、②（　　　　）が増える。

● 木を燃やすと、③（　　　　）色や白色のものが残る。

紙や木など、植物からできているものを燃やすと、ろうそくを燃やしたときと同じように二酸化炭素ができます。しかし、金属は燃やしても二酸化炭素ができません。

1　図のように、ろうそくが燃える前と燃えた後の集気びんの中の気体を、気体検知管で調べました。次の問いに答えましょう。

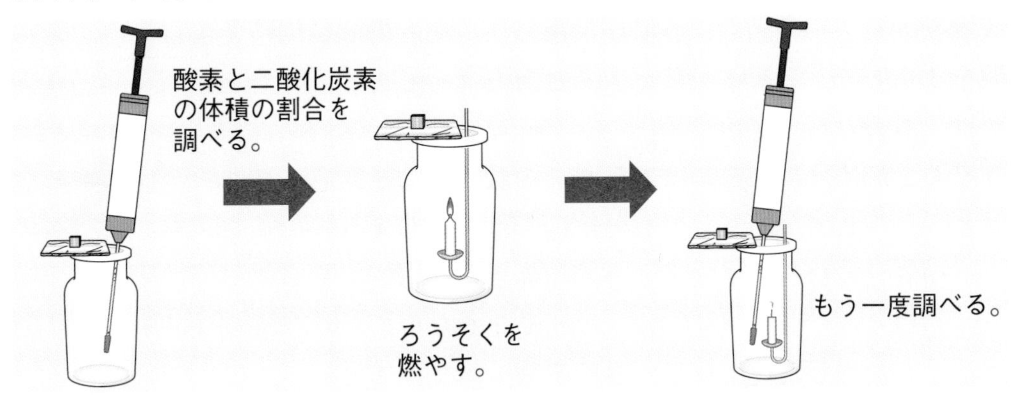

(1)　右の図は、集気びんの中の酸素と二酸化炭素の体積の割合を調べた結果です。正しいもの２つに○をつけましょう。

〈燃える前〉

〈燃えた後〉

①(　　　)ろうそくが燃える前の集気びん中の酸素の割合は約２１％である。

②(　　　)ろうそくが燃えた後の集気びん中の酸素の割合は約0.03％である。

③(　　　)ろうそくが燃える前の集気びん中の二酸化炭素の割合は約１6.5％である。

④(　　　)ろうそくが燃えた後の集気びん中の二酸化炭素の割合は約４％である。

(2)　ろうそくが燃えた後、減った気体は何ですか。　(　　　　　　　)

(3)　ろうそくが燃えた後、集気びんの中に(2)の気体は残っていますか、全てなくなっていますか。　(　　　　　　　)

2　木を燃やすと右の図のようになりました。次の問いに答えましょう。

(1)　紙を燃やすと、木と同じように黒いものや白いものが残りますか。　(　　　　)

(2)　木や紙は、金属、植物のどちらからできていますか。　(　　　　)

(3)　木や紙を燃やしたときの空気について、正しいものを、次のア～ウから選びましょう。　(　　　　)

ア　木や紙を燃やすと、空気中の酸素の一部が使われて、ちっ素ができる。

イ　木や紙を燃やすと、空気中の酸素の一部が使われて、二酸化炭素ができる。

ウ　木や紙を燃やすと、空気中の二酸化炭素の一部が使われて、酸素ができる。

まとめのテスト②

1　ものの燃え方と空気

教科書 18〜29、229ページ　答え 3ページ

1 **ものが燃えた後の空気** **ろうそくを燃やす前とろうそくを燃やした後の集気びんに、それぞれ石灰水を入れ、右の図のようにふりました。あとの問いに答えましょう。**　1つ5〔20点〕

(1)　実験をするとき、石灰水が目に入ると目を痛(いた)めるので、必ずかけるものは何ですか。　(　　　　　)

(2)　ろうそくを燃やす前のびんに石灰水を入れてふると、石灰水はどうなりますか。正しいものに○をつけましょう。

①(　　)青色になる。　②(　　)赤色になる。
③(　　)白くにごる。　④(　　)変化しない。

(3)　ろうそくを燃やした後のびんに石灰水を入れてふると、石灰水はどうなりますか。正しいものに○をつけましょう。

①(　　)青色になる。　②(　　)赤色になる。
③(　　)白くにごる。　④(　　)変化しない。

石灰水

(4)　ろうそくが燃えた後の空気には何という気体ができていることがわかりますか。

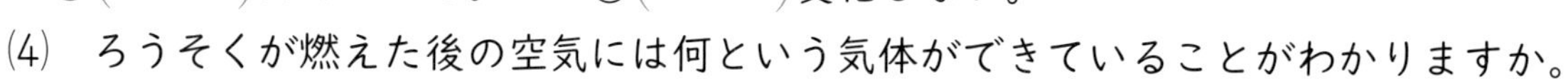

(　　　　　)

2 **空気の変化を調べる** **ろうそくが燃える前と燃えた後の空気中の気体の体積の割合を、次の図の器具で調べます。あとの問いに答えましょう。**　1つ5〔20点〕

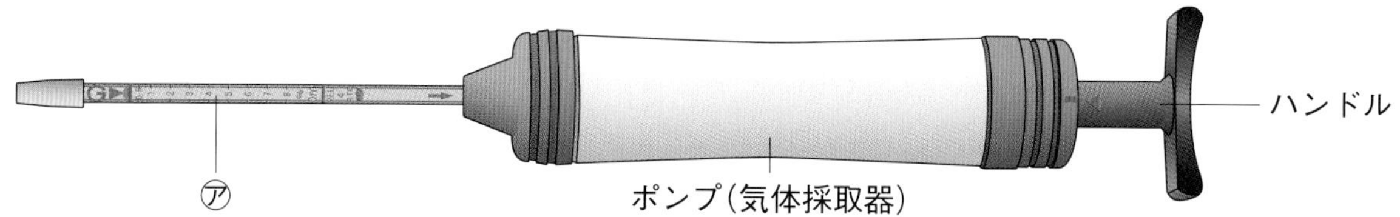

(1)　図の㋐の器具の名前を書きましょう。

(　　　　　)

(2)　㋐の器具には酸素用と二酸化炭素用があります。空気中の酸素の体積の割合を調べるとき、右の図のあ〜うのどれを使いますか。　(　　　)

あ　0.03 0.1 0.2 0.3 0.4 0.5 0.6 0.7 0.8 0.9 1.0 %

い　0.5 1 2 3 4 5 6 7 8

う　14 16 17 18 19 20 21 22 23 24 % 50mL

(3)　㋐の器具を使って気体の体積の割合を調べるとき、正しい使い方の順になるように、次のア〜エを並(なら)べましょう。　(　　→　　→　　→　　)

ア　㋐の先にキャップをつけて、ポンプに差しこむ。
イ　㋐の両はしを折り取る。
ウ　色の変化で表示された気体の割合を読み取る。
エ　調べる気体の中に㋐の先を入れ、ポンプのハンドルを引き、気体を吸いこむ。

(4)　熱くなるので、やけどに注意しないといけないのは、上の図のあ〜うのうち、どれを使ったときですか。　(　　　)

3 **空気の変化** 右の図のように、気体検知管を使って、ろうそくが燃える前とろうそくが燃えた後の空気のちがいを調べました。次の問いに答えましょう。　1つ8〔40点〕

(1) 図のⓌのようにして、集気びんの中の気体の体積の割合を調べます。気体検知管の先を集気びんの中に入れるときに気をつけることに○をつけましょう。

①(　　　)先が底の水にふれるようにする。

②(　　　)先が底の水にふれないようにする。

(2) 気体検知管の目もりを読み取ると、㋐のときは約21％、㋑のときは約16.5％でした。体積の割合を調べたのは酸素、二酸化炭素のどちらですか。　(　　　　　　　)

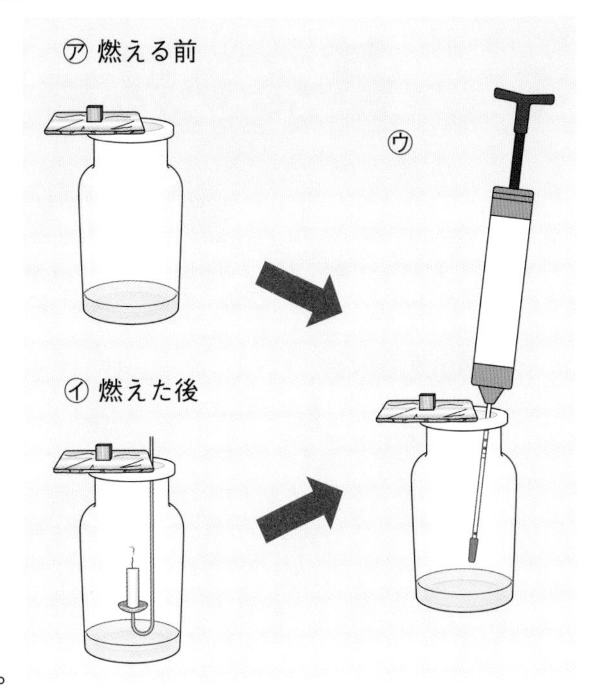

チャレンジ！

(3) 次の図の㋓は、ろうそくが燃える前の空気のようすを図で簡単(かんたん)に表したものです。ろうそくが燃えた後の空気はどのようになりますか。もっともよいものを、図のあ～うから選びましょう。ただし、ちっ素はかいてません。　(　　　)

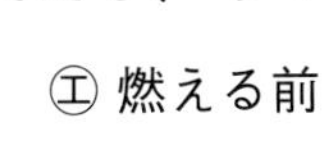

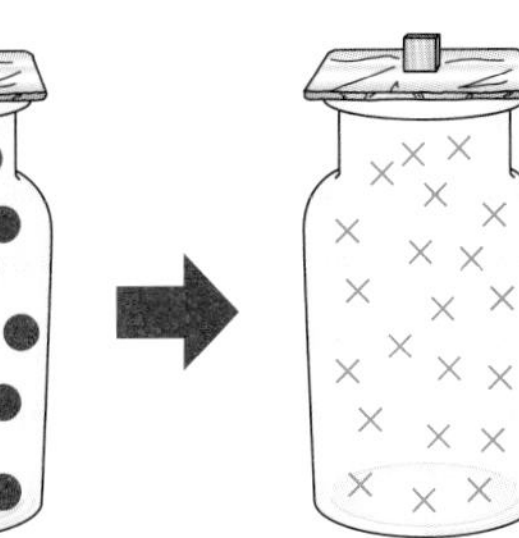

● 酸素
× 二酸化炭素

(4) 次の①～③のうち、燃えた後の空気で、体積の割合が増えた気体に○をつけましょう。

①(　　　)ちっ素　②(　　　)酸素　③(　　　)二酸化炭素

(5) 次の①～③のうち、燃えた後の空気で、体積の割合が減った気体に○をつけましょう。

①(　　　)ちっ素　②(　　　)酸素　③(　　　)二酸化炭素

4 **木が燃えるとき** 木が燃えるときについて、次の問いに答えましょう。　1つ5〔20点〕

(1) 空気中で、木を燃やしました。木が燃えるときの変化について、次の文の(　)に当てはまる言葉を書きましょう。

> 木が燃えるとき、空気中の①(　　　　　　)の一部が使われて、②(　　　　　　　　　)ができる。また、木を燃やすと、③(　　　　　)色や白色のものが残る。

(2) 右の図で、かんの中の木をよく燃やすためには、どのようにすればよいですか。ア～エから選びましょう。　(　　　)

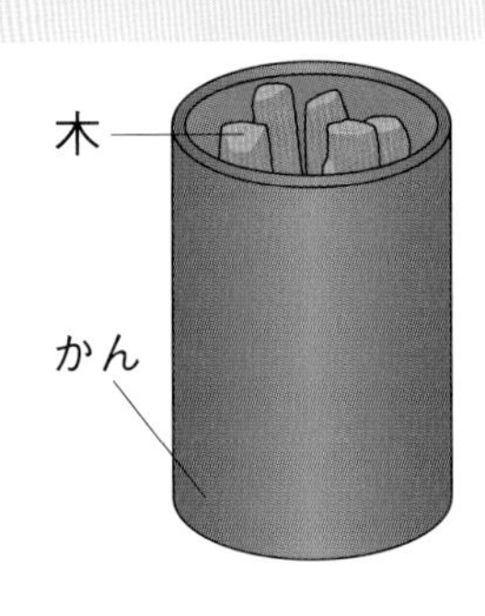

ア　かんの上の方に穴(あな)をあけ、すき間なく木を入れる。

イ　かんの上の方に穴をあけ、すき間ができるように木を入れる。

ウ　かんの下の方に穴をあけ、すき間なく木を入れる。

エ　かんの下の方に穴をあけ、すき間ができるように木を入れる。

勉強した日　月　日

1 呼吸のはたらき

基本のワーク

学習の目標
酸素を取り入れ、二酸化炭素を出す呼吸のはたらきを理解しよう。

教科書 30〜36ページ　答え 4ページ

図を見て、あとの問いに答えましょう。

1 吸いこむ空気とはき出した空気のちがい

石灰水で調べる

石灰水を入れてよくふると、石灰水は①（白くにごる　変化しない）。

石灰水を入れてよくふると、石灰水は②（白くにごる　変化しない）。

吸いこむ空気と比べて、はき出した空気は、③（酸素　二酸化炭素）の体積の割合が増える。

気体検知管（酸素用）で調べる

（吸いこむ空気）

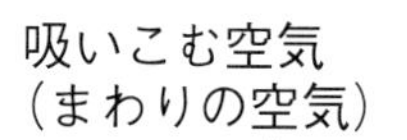

（はき出した空気）

吸いこむ空気と比べて、はき出した空気は、④（酸素　二酸化炭素）の体積の割合が減る。

● ①〜④の（　）のうち、正しい方を◯で囲みましょう。

2 肺(はい)のはたらき

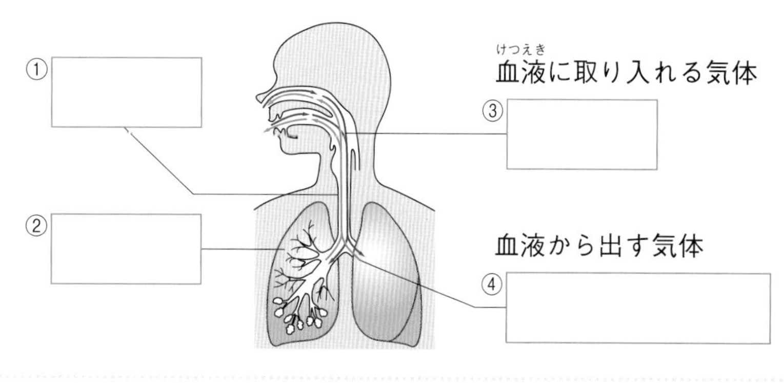

酸素を体の中に取り入れて、二酸化炭素を体の外へ出すはたらきを、⑤［　　］という。

(1) ①、②の［　］に体のつくりの名前を、③、④の［　］に気体の名前を書きましょう。
(2) ⑤の［　］に当てはまる言葉を書きましょう。

まとめ　〔 酸素　二酸化炭素　肺 〕から選んで（　）に書きましょう。

●体の中に①（　　　）を取り入れ、②（　　　）を体の外に出すはたらきを呼吸(こきゅう)といい、人の呼吸は、③（　　　）で行われる。

はってん <肺の中のしくみ>肺の中には、細い血管がとり巻(ま)いている、小さなふくろがたくさんあります。このふくろでは、酸素が血液中に取り入れられ、二酸化炭素が出されます。

教科書　30～36ページ　　答え　4ページ

できた数　/14問中

1 吸いこむ空気（まわりの空気）とはき出した空気を気体検知管で調べました。あとの問いに答えましょう。

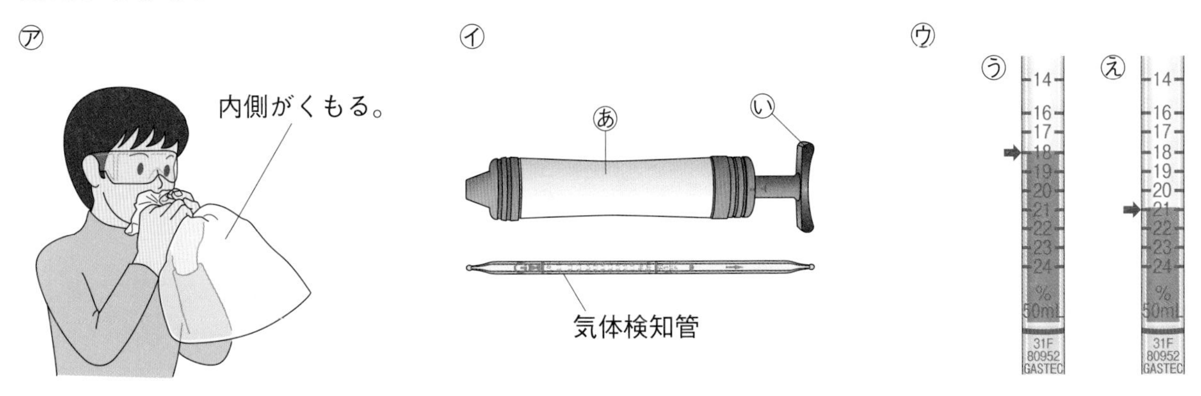

(1) ㋐のようにポリエチレンのふくろに息をふきこむと、ふくろの内側が白くくもりました。これは、はき出した空気に何が多くふくまれているからですか。（　　　）

(2) ㋑のあ、いの部分の名前を書きましょう。
あ（　　　）　い（　　　）

(3) ㋒は、酸素用検知管で吸いこむ空気とはき出した空気を調べた結果です。うとえは、それぞれどちらの空気を調べたものですか。
う（　　　）
え（　　　）

(4) 二酸化炭素用検知管で、吸いこむ空気とはき出した空気を調べました。二酸化炭素の体積の割合が多いのはどちらの空気ですか。（　　　）

(5) 次の文の（　）に当てはまる言葉を書きましょう。

人は、空気中の①（　　　）の一部を体の中に取り入れて、②（　　　）を体の外に出している。このはたらきを、③（　　　）という。

2 人の呼吸について、次の問いに答えましょう。

(1) 右の図は、吸いこむ空気とはき出した空気の変化を調べたものです。㋐～㋒に当てはまるものを、下の〔　〕から選んで書きましょう。

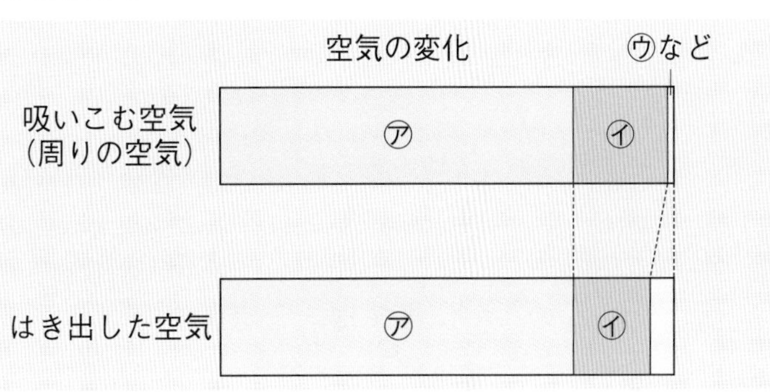

㋐（　　　）
㋑（　　　）
㋒（　　　）

〔 酸素　　二酸化炭素　　ちっ素 〕

(2) 鼻や口で吸いこんだ空気は、何という管を通り、肺に入りますか。
（　　　）

(3) 肺では、空気中の酸素の一部が何に取り入れられますか。（　　　）

勉強した日　月　日

2 消化のはたらき①

基本のワーク

学習の目標
でんぷんはだ液によって変化することを確認しよう。

教科書 37〜40ページ　答え 4ページ

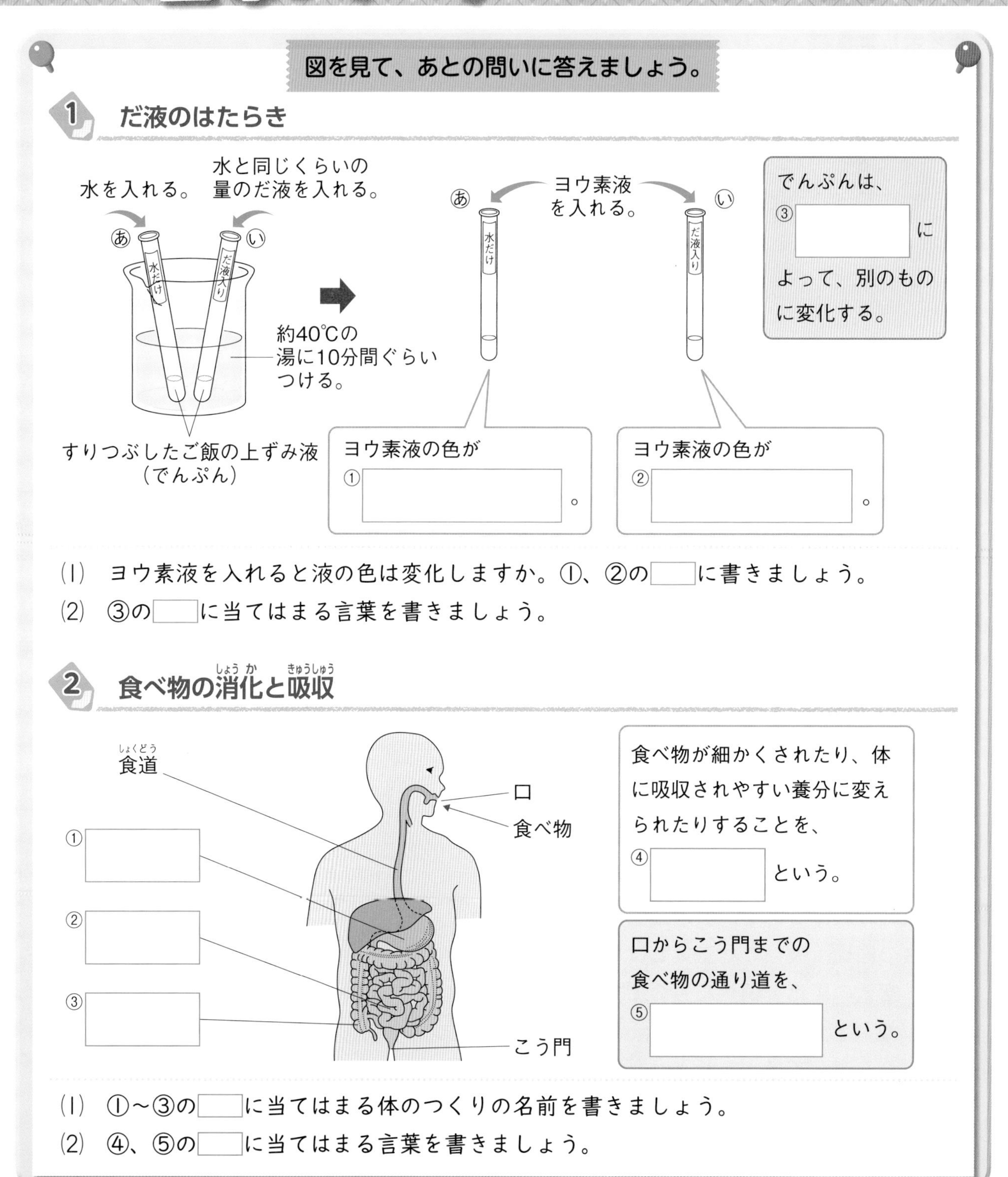

まとめ　〔 消化　だ液 〕から選んで（　）に書きましょう。

- でんぷんは、①（　　　　）のはたらきによって別のものに変化する。
- 食べ物が細かくされたり、体に吸収されやすい養分に変えられたりすることを②（　　　　）という。

はってん　<でんぷんの消化>でんぷんはそのままでは小腸で吸収できません。だ液や腸液などでより小さく分解し、水にとけやすくしてから吸収されます。

練習のワーク

できた数 /11問中

教科書 37〜40ページ　答え 4ページ

1 **次のような実験を行い、だ液のはたらきを調べました。あとの問いに答えましょう。**

① 少量のご飯つぶと湯を乳ばちに入れ、すりつぶす。
② ①の上ずみ液を㋐、㋑の試験管に同じ量だけ入れる。
③ ㋐にはだ液を、㋑には水を同じ量ずつ入れる。
④ ㋐、㋑をふった後、10分間ぐらい湯につける。
⑤ ㋐、㋑にヨウ素液を入れる。

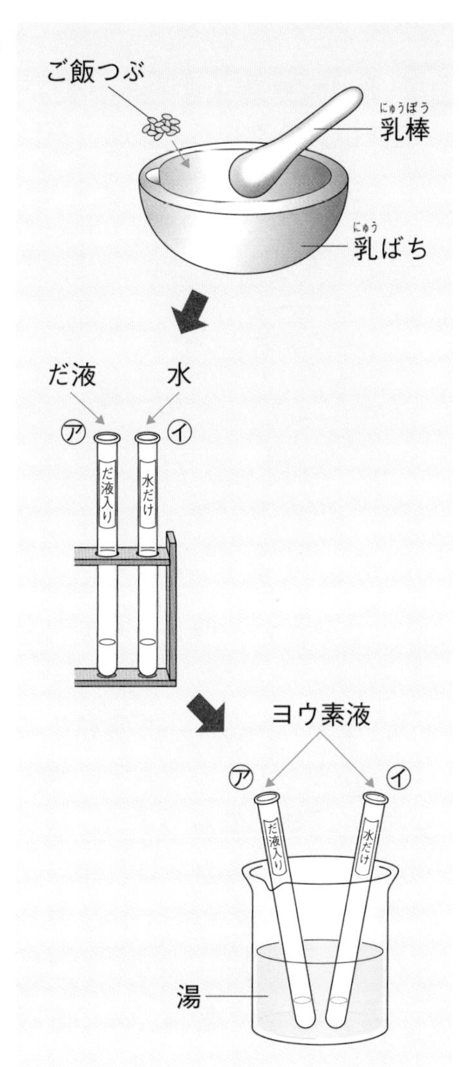

(1) ご飯にふくまれている、ヨウ素液の色を変えるものは何ですか。（　　　　）

(2) ③で、㋑に水を入れたのはなぜですか。次のア〜ウから選びましょう。（　　）
ア 温度以外の条件をそろえるため。
イ 上ずみ液の量以外の条件をそろえるため。
ウ だ液以外の条件をそろえるため。

(3) ④の湯の温度はどれぐらいにしますか。次のア〜ウから選びましょう。（　　）
ア 約10℃　イ 約40℃　ウ 約70℃

(4) ⑤のときに、液の色が青むらさき色に変わったのは、㋐、㋑のどちらですか。（　　）

(5) この実験から、だ液はどのようなはたらきをすることがわかりますか。
（　　　　　　　　）

2 **右の図は、体の中にあるつくりの一部を示したものです。次の問いに答えましょう。**

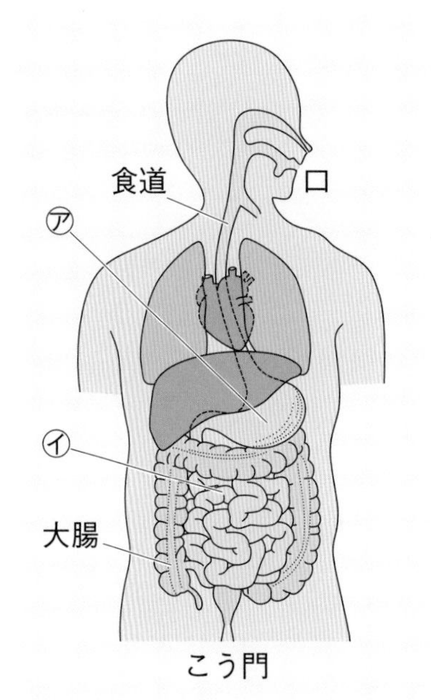

(1) ㋐、㋑のつくりの名前をそれぞれ書きましょう。
㋐（　　　　）㋑（　　　　）

(2) 食べ物が、㋐や㋑などを通る間に、細かくされたり、体に吸収されやすい養分に変えられたりすることを何といいますか。（　　　　）

(3) 食べ物が通る順として正しい方に○をつけましょう。
①（　　）口 → 食道 → ㋐ → 大腸 → ㋑
②（　　）口 → 食道 → ㋐ → ㋑ → 大腸

(4) 口からこう門まで続く、食べ物の通り道を何といいますか。
（　　　　）

(5) 養分は㋐、㋑のどちらから血液に吸収されますか。（　　）

まとめのテスト①

2　人や動物の体

勉強した日　月　日

得点　/100点

教科書　30〜40ページ　答え　5ページ

よく出る

1 吸いこむ空気とはき出した空気　次の図のように、吸いこむ空気とはき出した空気をポリエチレンのふくろに集め、石灰水を入れてよくふりました。あとの問いに答えましょう。

1つ6〔30点〕

(1)　ふくろをふったときに、石灰水が白くにごるのは、㋐、㋑のどちらですか。　(　　　)

(2)　(1)より、二酸化炭素が多くふくまれているのは、㋐、㋑のどちらの空気だとわかりますか。　(　　　)

チャレンジ!

(3)　水蒸気が多くふくまれているのは、㋐、㋑のどちらの空気ですか。　(　　　)

(4)　ふくろの中の空気を、酸素用の気体検知管で調べました。酸素の体積の割合が少ないのは、㋐、㋑のどちらですか。　(　　　)

記述

(5)　はき出した空気は、吸いこむ空気と比べて、どのように変化していますか。

(　　　　　　　　　　　　　　　　　　　　)

2 呼吸　右の図は、人の呼吸のようすを表したものです。次の問いに答えましょう。

1つ4〔20点〕

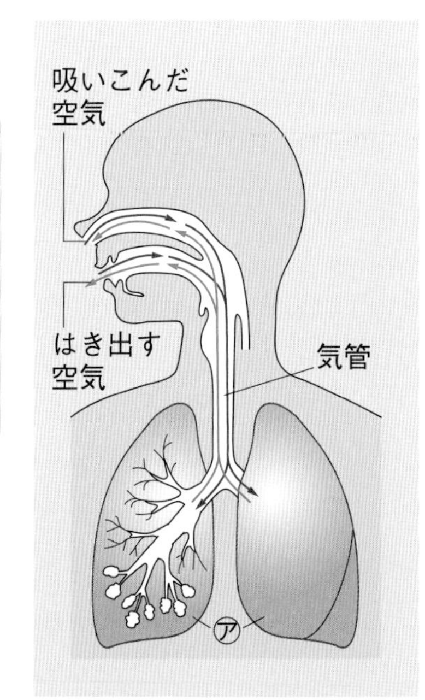

(1)　呼吸について、次の文の(　)に当てはまる言葉を書きましょう。

①(　　　　)や口から吸いこんだ空気は、気管(きかん)を通って㋐に入る。吸いこんだ空気中にふくまれる②(　　　　)の一部は、㋐で血液に取り入れられる。血液からは、③(　　　　　　)が出され、③を多くふくむ空気が、気管を通って①や口から体の外にはき出される。

(2)　図の㋐のつくりを何といいますか。　(　　　　　　)

(3)　次の文で、正しい方に○をつけましょう。

①(　　)吸いこんだ空気に体積の割合でもっとも多くふくまれている気体は、二酸化炭素である。

②(　　)はき出した空気に体積の割合でもっとも多くふくまれている気体は、ちっ素である。

よく出る **3** **だ液のはたらき** ご飯つぶと湯を入れてすりつぶした上ずみ液を2本の試験管に入れて、㋐には水を、㋑にはだ液をそれぞれ同じくらいの量ずつ入れました。次に2本の試験管を約40℃の湯で温めました。あとの問いに答えましょう。

1つ5〔50点〕

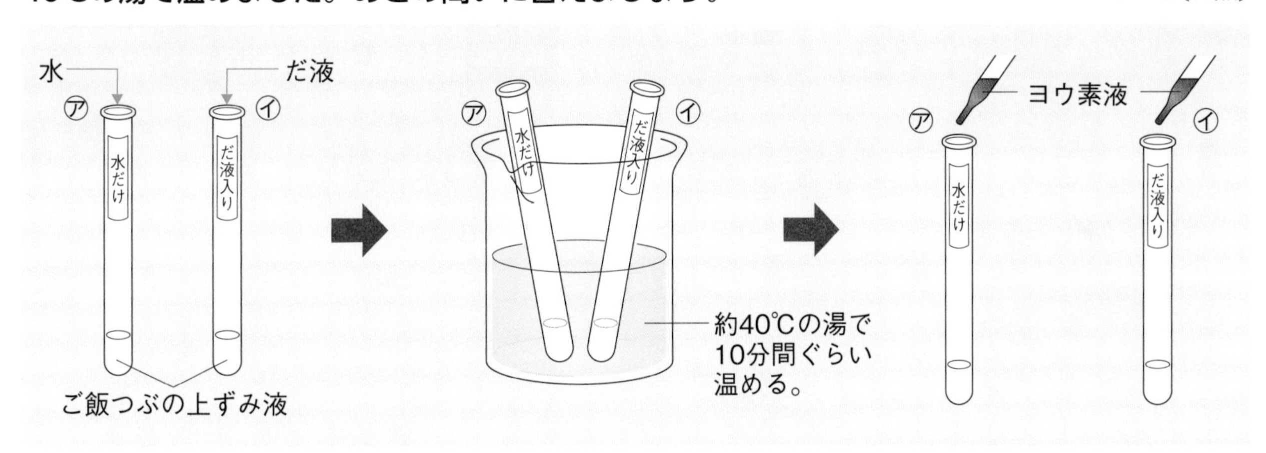

(1) 試験管を入れる湯の温度を、約40℃にするのは、何に近い温度で実験するためですか。正しい方に○をつけましょう。

①(　　)部屋の気温

②(　　)人の体温

(2) 試験管にヨウ素液を入れたとき、液の色が変化したものを、㋐、㋑から選びましょう。(　　)

(3) (2)で、ヨウ素液の色は何色に変化しましたか。(　　)

(4) この実験からわかることは何ですか。次のア～エから選びましょう。(　　)

ア　実験後、でんぷんが㋐にはふくまれていたが、㋑にはふくまれていなかった。

イ　実験後、でんぷんが㋐にはふくまれていなかったが、㋑にはふくまれていた。

ウ　実験後、㋐にも㋑にもでんぷんがふくまれていた。

エ　実験後、㋐にも㋑にもでんぷんがふくまれていなかった。

(5) (4)のようになったのはなぜですか。正しいものに○をつけましょう。

①(　　)でんぷんが、水によって別のものに変化したから。

②(　　)でんぷんが、だ液によって別のものに変化したから。

③(　　)でんぷんが、水とだ液によって別のものに変化したから。

④(　　)でんぷんが、水によっても、だ液によっても別のものに変化しなかったから。

(6) だ液のように、食べ物を消化する液を何といいますか。(　　)

記述 (7) 消化とはどのようなはたらきですか。「食べ物」、「吸収」、「養分」という言葉を使って書きましょう。

(　　)

(8) でんぷんなどが消化された養分や水は、体の何というつくりで血液に吸収されますか。(　　)

(9) (8)で吸収されなかったものは大腸に運ばれます。大腸では主に何が吸収されますか。(　　)

(10) 人の消化管(しょうかかん)は1本の通り道になっています。消化管のうちでもっとも長いものを、次のア～エから選びましょう。(　　)

ア　食道　　イ　小腸　　ウ　大腸　　エ　胃(い)

勉強した日　月　日

2　消化のはたらき②

基本のワーク

学習の目標
食べ物が消化されて、体の中に吸収されるしくみを確認しよう。

教科書　40～42ページ　答え　5ページ

図を見て、あとの問いに答えましょう。

1　消化と吸収

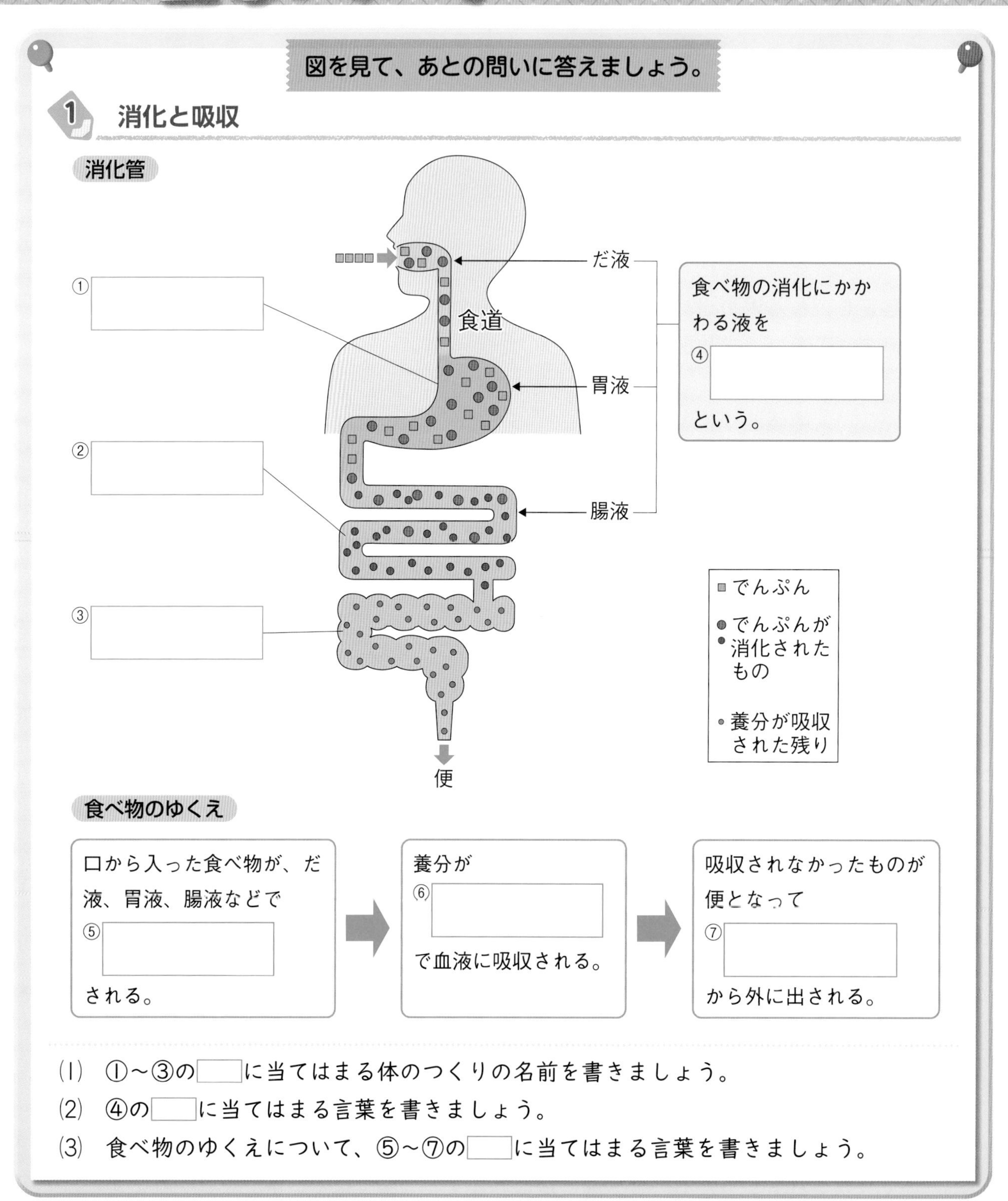

(1)　①～③の□に当てはまる体のつくりの名前を書きましょう。

(2)　④の□に当てはまる言葉を書きましょう。

(3)　食べ物のゆくえについて、⑤～⑦の□に当てはまる言葉を書きましょう。

まとめ　〔 吸収　消化 〕から選んで(　)に書きましょう。

- 食べ物を①(　　　　　)するはたらきがある、だ液や胃液などを消化液（しょうかえき）という。
- 養分は小腸で水とともに血液に②(　　　　　)される。

はってん <小腸のつくり>小腸にたくさんあるひだはたくさんのとっきでおおわれています。とっきの中にある細い血管で消化されたものを養分として吸収します。

勉強した日　月　日

教科書 40～42ページ　答え 5ページ

できた数 /15問中

1 右の図は、でんぷんが消化、吸収されるしくみを表したものです。次の問いに答えましょう。

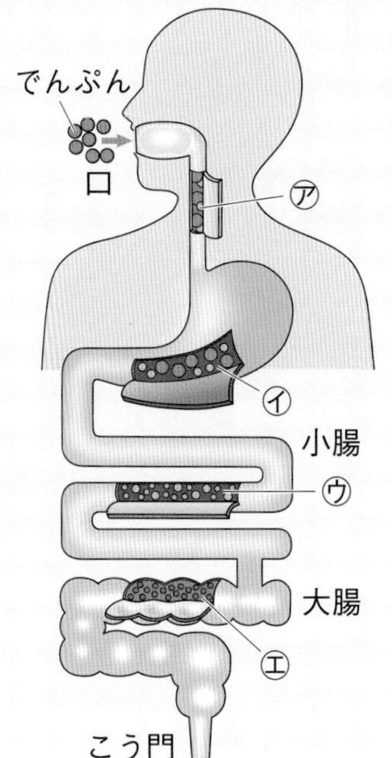

(1) 消化とは、どのようなはたらきですか。次の文の(　)に当てはまる言葉を書きましょう。

食べ物が、口、食道、(　　　)、小腸を通る間に、細かくされたり、体に吸収されやすい養分に変えられたりするはたらき

(2) 食べ物を消化するはたらきをもつ液を何といいますか。
(　　　)

(3) 口の中に出される(2)の液を何といいますか。
(　　　)

(4) 胃ではたらく(2)の液を何といいますか。
(　　　)

(5) 図の㋐～㋓では、でんぷんは消化されてどのようになっていますか。それぞれ次のア～ウから選びましょう。

㋐(　　)　㋑(　　)
㋒(　　)　㋓(　　)

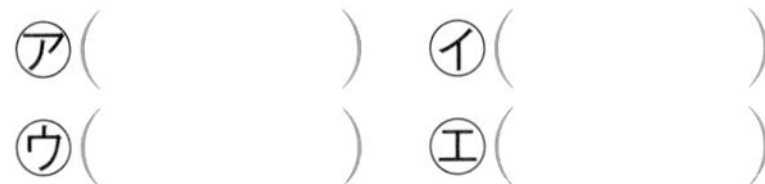

ア　でんぷんと、でんぷんが消化されたもの
イ　でんぷんが消化されたもの　　ウ　養分が吸収された残り

(6) 消化された養分は、どのつくりで、水とともに吸収されますか。
(　　　)

(7) 消化されなかったものは、どこから便として体の外へ出されますか。
(　　　)

2 右の図は、人の体の一部を表したものです。次の問いに答えましょう。

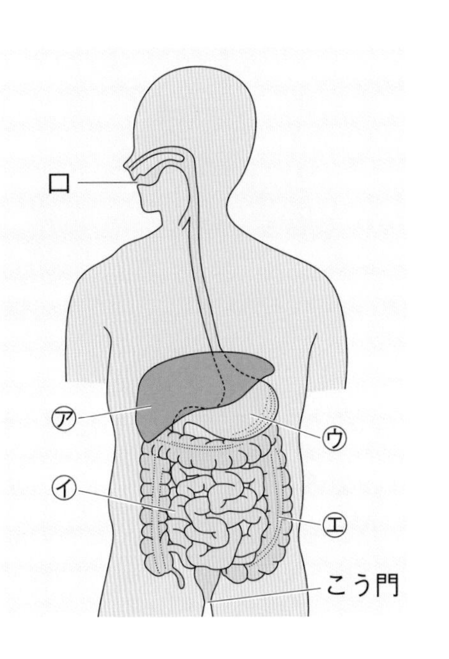

(1) 口からこう門までの、食べ物の通り道を何といいますか。
(　　　)

(2) 図の㋐～㋓で、もっとも長くたくさんのひだがあるつくりはどこですか。図の記号と名前を書きましょう。
記号(　　　)
名前(　　　)

(3) 吸収されなかったものが送られ、主に水を吸収するつくりはどこですか。図の記号と名前を書きましょう。
記号(　　　)
名前(　　　)

勉強した日　月　日

3　血液のはたらき

基本のワーク

学習の目標
血液が全身をめぐる間にどのようなはたらきをしているか確認しよう。

教科書　43〜49ページ　答え　6ページ

図を見て、あとの問いに答えましょう。

1　血液の流れ

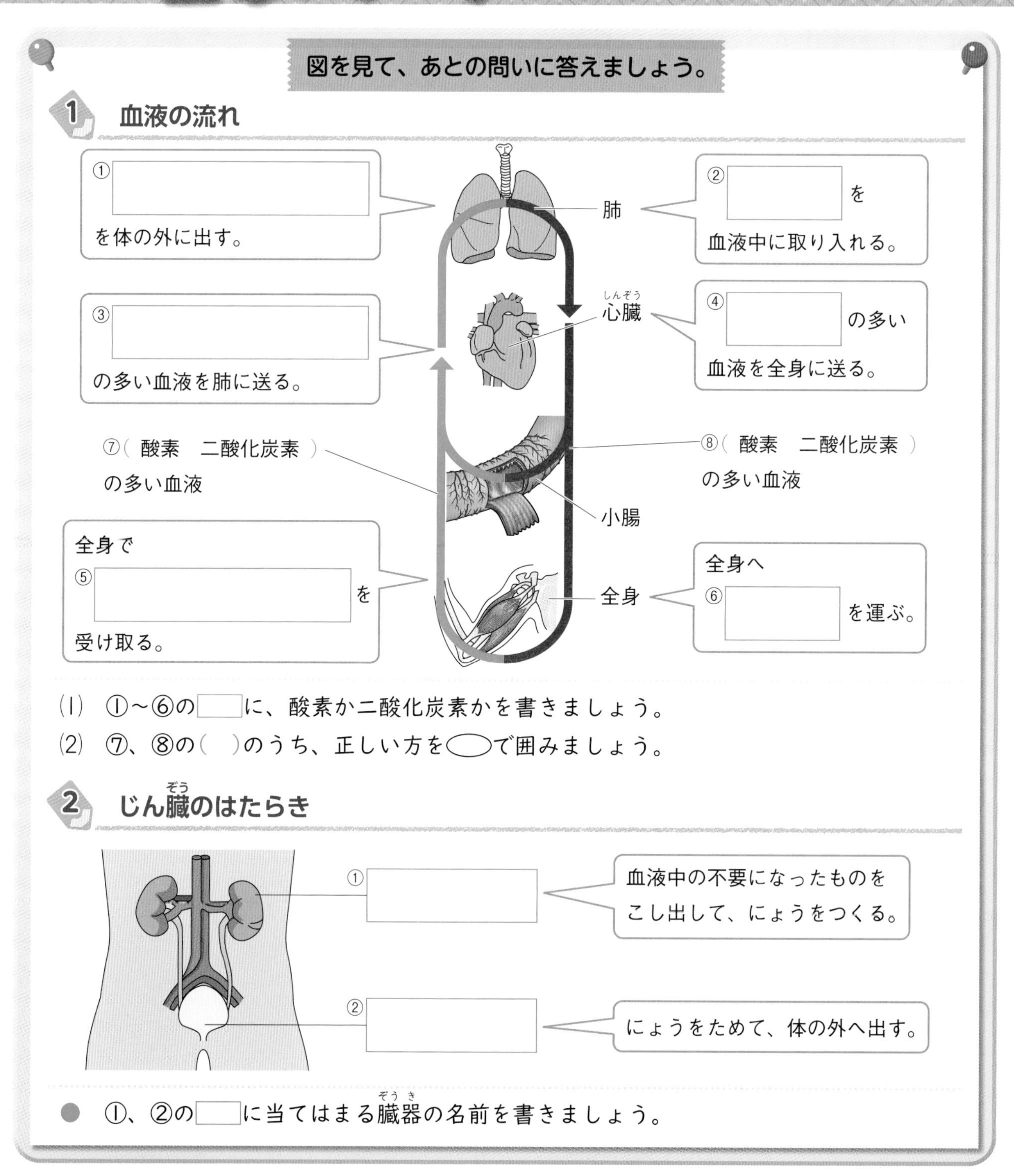

(1)　①〜⑥の□に、酸素か二酸化炭素かを書きましょう。

(2)　⑦、⑧の（　）のうち、正しい方を◯で囲みましょう。

2　じん臓（ぞう）のはたらき

●　①、②の□に当てはまる臓器（ぞうき）の名前を書きましょう。

まとめ　〔 心臓　じん臓　臓器 〕から選んで（　）に書きましょう。

- 血液は、①（　　　　）から送り出され、全身に酸素や養分を運ぶ。
- 血液中の不要になったものは、②（　　　　）で血液からこし出される。
- 胃、小腸、大腸、肺、心臓、かん臓、じん臓などのつくりを③（　　　　）という。

<へそのおとたいばん>母親が取り入れた酸素や養分、たい児からの二酸化炭素や不要なものは、へそのおの中の血管を流れる血液によって運ばれ、たいばんで交かんされます。

練習のワーク

教科書 43～49ページ　答え 6ページ

できた数 /15問中

1 右の図は、体のすみずみを流れる血液のようすを表したものです。次の問いに答えましょう。

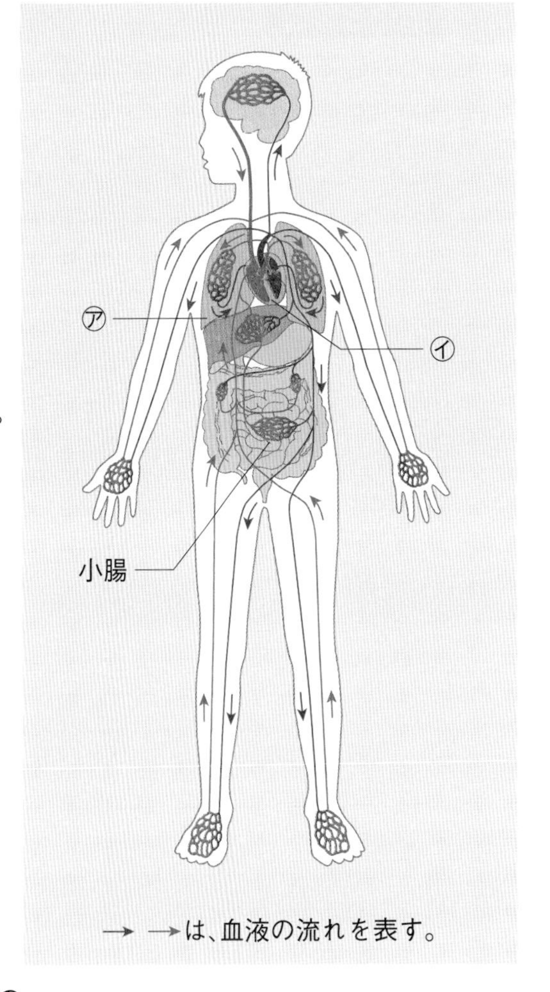

→ →は、血液の流れを表す。

(1) ㋐、㋑の臓器を、それぞれ何といいますか。

㋐(　　　　) ㋑(　　　　)

(2) ㋑は、全身に何を送り出すはたらきをしていますか。(　　　　)

(3) 図の赤い血管を流れる血液は、青い血管を流れる血液に比べて、酸素と二酸化炭素のどちらが多いですか。(　　　　)

(4) ㋐で、①血液中から体の外に出される気体と、②血液中に取り入れられる気体は、それぞれ何ですか。

①(　　　　)
②(　　　　)

(5) 小腸では、血液中に水や何を取り入れますか。(　　　　)

(6) 血液によって運ばれた(5)の一部は、何という臓器にたくわえられますか。(　　　　)

(7) ①血液が体の各部に運ぶものと、②血液が体の各部から受け取るものは何ですか。それぞれ次のア～エから選びましょう。

①(　　　　) ②(　　　　)

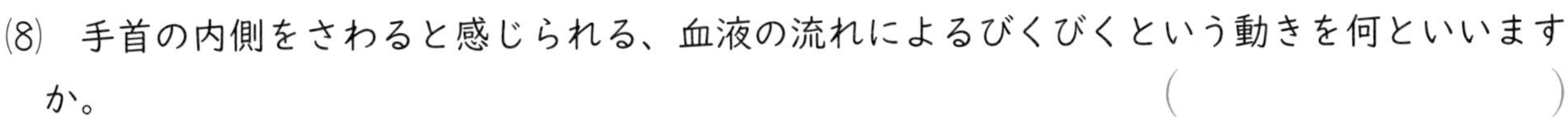

ア　酸素と養分　　イ　酸素と不要なもの
ウ　二酸化炭素と養分　　エ　二酸化炭素と不要なもの

(8) 手首の内側をさわると感じられる、血液の流れによるぴくぴくという動きを何といいますか。(　　　　)

2 右の図は、不要になったものを体の外へ出す臓器を表したものです。次の問いに答えましょう。

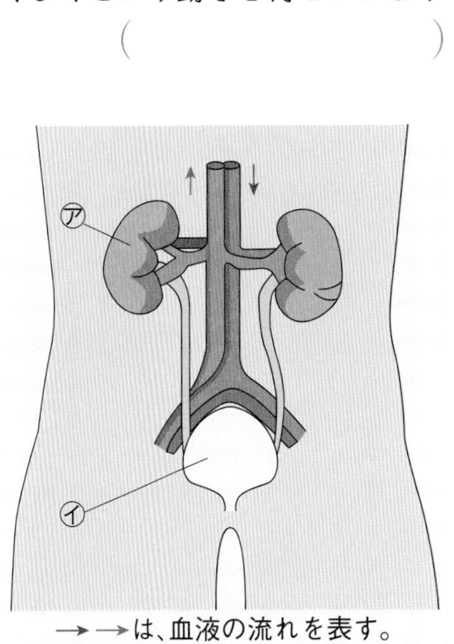

→ →は、血液の流れを表す。

(1) 左右に1つずつあり、体の各部で不要になったものを血液からこし出す、㋐の臓器を何といいますか。(　　　　)

(2) ㋐の臓器は、体の腹(はら)側にありますか、背中(せなか)側にありますか。(　　　　)

(3) ㋐でこし出され、㋑にためられるものを何といいますか。(　　　　)

(4) ㋑は何という臓器ですか。(　　　　)

まとめのテスト②

2　人や動物の体

勉強した日　　月　　日

時間 20分

得点　　/100点

教科書　40〜49ページ

答え　6ページ

1　消化と吸収　右の図は、人の体のつくりの一部を表したものです。人の消化や吸収のしくみについて、次の問いに答えましょう。　1つ4〔44点〕

(1)　次の①〜④のはたらきをしているのは、それぞれどのつくりですか。図の㋐〜㋗から選びましょう。また、そのつくりの名前を書きましょう。

①　食べ物と胃液をよく混ぜて、吸収しやすい養分に変える。

記号（　　　）　名前（　　　　　）

②　食べ物を細かくし、だ液を出して食べ物とよく混ぜる。

記号（　　　）　名前（　　　　　）

③　細長い管で、内側にはたくさんのひだがあり、養分を吸収する。

記号（　　　）　名前（　　　　　）

④　吸収されなかったものを、便として体の外へ出す。　記号（　　　）　名前（　　　　　）

記述　(2)　消化とは、どのようなはたらきですか。

（　　　　　　　　　　　　　　　　　　）

(3)　㋐から入り、㋗で出されるまでの食べ物の通り道を何といいますか。（　　　　　）

(4)　ウシや鳥、魚などの動物の食べ物の通り道は、人と同じように㋐から㋗の１本の通り道になっていますか。（　　　　　）

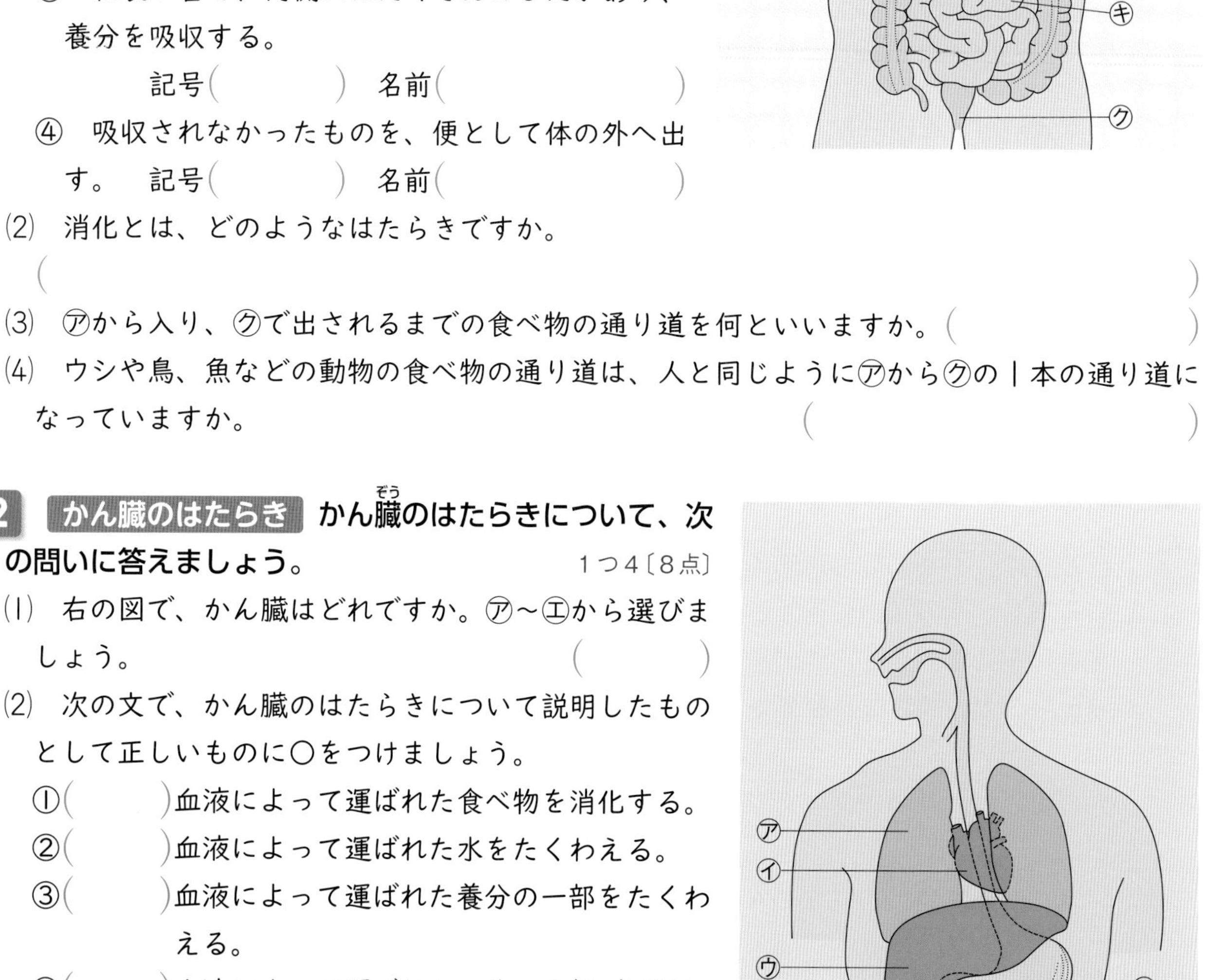

2　かん臓のはたらき　かん臓のはたらきについて、次の問いに答えましょう。　1つ4〔8点〕

(1)　右の図で、かん臓はどれですか。㋐〜㋓から選びましょう。（　　　）

(2)　次の文で、かん臓のはたらきについて説明したものとして正しいものに○をつけましょう。

①（　　）血液によって運ばれた食べ物を消化する。

②（　　）血液によって運ばれた水をたくわえる。

③（　　）血液によって運ばれた養分の一部をたくわえる。

④（　　）血液によって運ばれた、体の各部で不要になったものをたくわえる。

3 血液の流れ 血液の流れについて、次の問いに答えましょう。

1つ3〔36点〕

(1) 図1の㋐、㋑の臓器をそれぞれ何といいますか。

㋐(　　　　　　)

㋑(　　　　　　)

図1

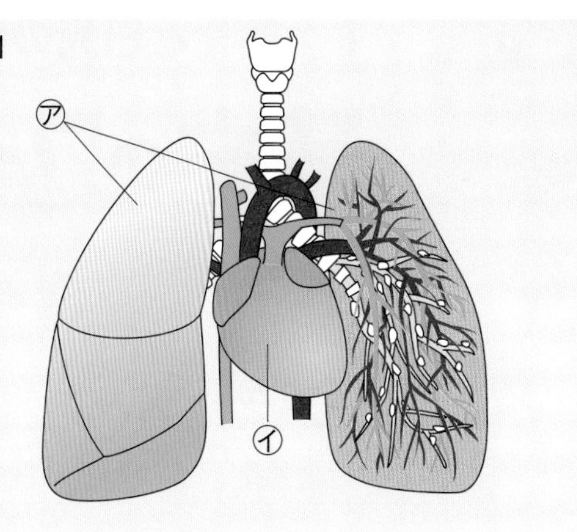

(2) ㋐で血液中に取り入れられる気体は何ですか。

(　　　　　　)

(3) ㋐で血液中から体外に出される気体は何ですか。

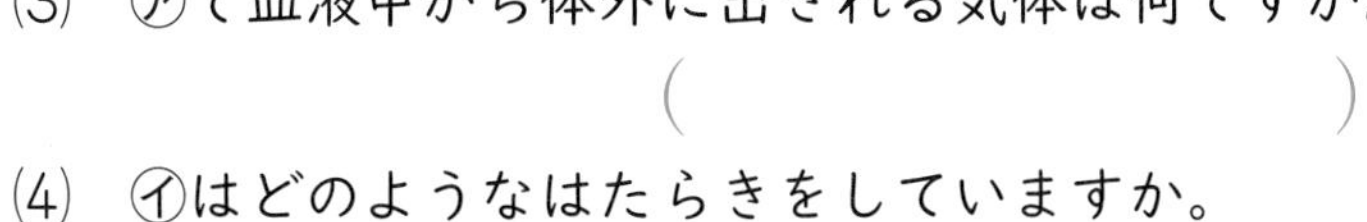

(　　　　　　)

記述 (4) ㋑はどのようなはたらきをしていますか。

(　　　　　　)

(5) 血液は、どのような順で体の中をめぐりますか。次のア〜ウから選びましょう。(　　　)

図2

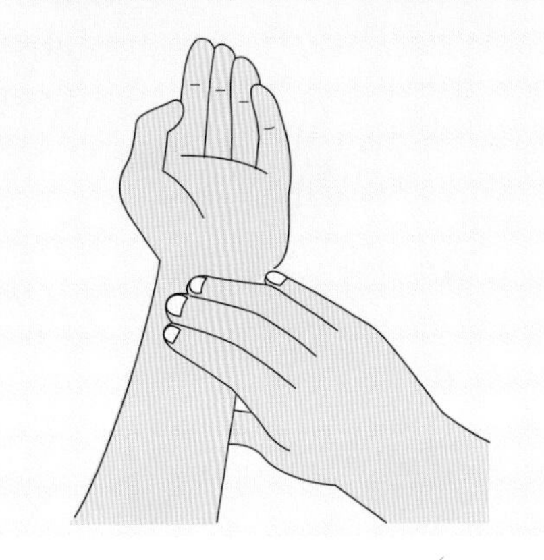

ア　全身 → 肺 → 心臓 → 全身

イ　全身 → 心臓 → 肺 → 全身

ウ　全身 → 心臓 → 肺 → 心臓 → 全身

(6) 血液は、全身に何を運んでいますか。2つ書きましょう。

(　　　　　　)

(　　　　　　)

(7) 酸素が多い血液を、次のア〜ウから選びましょう。(　　　)

ア　肺から心臓へ向かう血液

イ　心臓から肺へ向かう血液

ウ　全身から心臓へ向かう血液

(8) 血液は、体の各部で酸素、二酸化炭素のどちらを受け取り、㋐にもどりますか。

(　　　　　　)

(9) 血液は、消化された養分をどの臓器で血液に取り入れますか。次のア〜エから選びましょう。(　　　)

ア　食道　　イ　胃　　ウ　小腸　　エ　大腸

(10) 図2で、指を手首に当てると感じる血管の動きを何といいますか。(　　　　)

よく出る 4 体の各部で不要になったもの 右の図は、体の中のあるつくりを表したものです。次の問いに答えましょう。

1つ3〔12点〕

(1) ㋐、㋑の臓器をそれぞれ何といいますか。

㋐(　　　　　　)　㋑(　　　　　　)

(2) ㋐はどのようなはたらきをしていますか。正しいものに○をつけましょう。

①(　　)小腸で吸収した養分をたくわえている。

②(　　)血液中の養分をこし出している。

③(　　)血液中の不要になったものを水とともにこし出している。

(3) ㋑には何がためられますか。(　　　　　　)

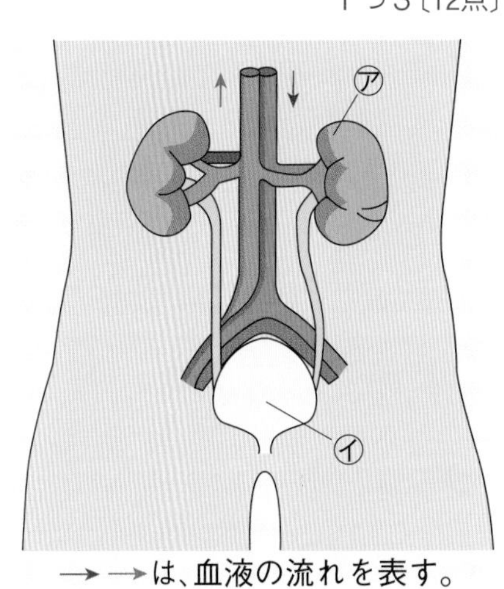

→ →は、血液の流れを表す。

勉強した日 月 日

1 植物と日光の関係

基本のワーク

学習の目標
葉に日光が当たるとでんぷんができることを確認しよう。

教科書 50〜57ページ　答え 7ページ

図を見て、あとの問いに答えましょう。

1 日光とでんぷん

前の日の午後	次の日の午前中		4〜5時間後
葉をアルミニウムはくでおおう。	アルミニウムはくをはずす。	日光に当てない。（冷蔵庫に入れて保管する。）	うすいヨウ素液に入れると色が①［　］。
葉をアルミニウムはくでおおう。	アルミニウムはくをはずす。	葉に日光を当てる。	うすいヨウ素液に入れると色が②［　］。
葉をアルミニウムはくでおおう。	アルミニウムはくでおおったまま。	葉に日光を当てない。	うすいヨウ素液に入れると色が③［　］。

うすいヨウ素液に入れると、でんぷんがふくまれている葉は④［　］色になる。

葉に⑤［　］が当たると、⑥［　］ができる。

(1) ①〜③の［　］に、変わるか、変わらないかを書きましょう。
(2) ④の［　］に当てはまる色を書きましょう。
(3) ⑤、⑥の［　］に当てはまる言葉を書きましょう。

まとめ　〔 でんぷん　日光 〕から選んで（　）に書きましょう。

●植物の葉に①（　　　　）が当たると、葉には②（　　　　）ができる。

<日光と植物の養分>ジャガイモは、日光によく当てて育てると、じょうぶでたくさんのいもができます。これは、葉にできたでんぷんがいもにたくわえられるからです。

練習のワーク

教科書 50〜57ページ　答え 7ページ

できた数　/7問中

1 じゅうぶんに日光に当てた葉と、アルミニウムはくでおおって日光に当てなかった葉にでんぷんがふくまれているかどうかを、エタノールで葉の色をぬく方法を使って調べました。あとの問いに答えましょう。

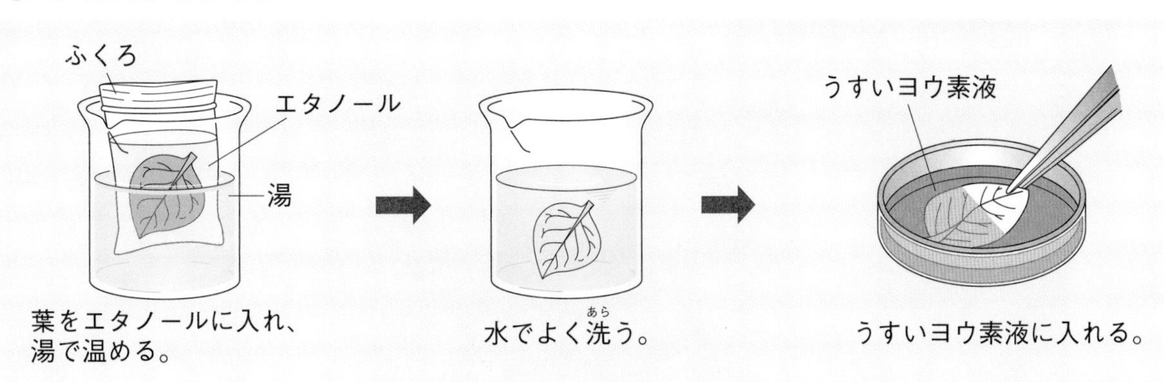

(1) エタノールに入れる前に、葉を湯に入れます。これは何のためですか。ア、イから選びましょう。（　　）

ア　葉をかたくするため。　　イ　葉をやわらかくするため。

(2) エタノールで葉の色をぬくのは、何のためですか。正しいものに○をつけましょう。

①（　　）葉にヨウ素液をしみこみやすくするため。
②（　　）葉の色の変わり方を速くするため。
③（　　）葉の色の変わり方を調べやすくするため。

調べるとき、葉の色がうすい方がいいんだ。

(3) 水で洗った葉を、うすいヨウ素液に入れたとき、でんぷんがふくまれている葉は何色に変わりますか。（　　）

(4) うすいヨウ素液に入れると(3)の色に変わるのは、日光に当てた葉と当てなかった葉のどちらですか。（　　）

(5) 葉にでんぷんができるには、葉に何が当たることが必要ですか。（　　）

2 次の図のようにして、葉にできたでんぷんを調べました。あとの問いに答えましょう。

㋐ 緑色をぬき、㋐の液に入れる。

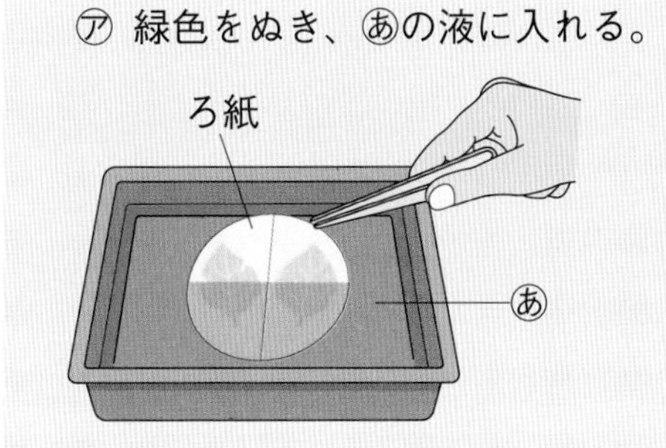

㋑ ろ紙ではさむ。

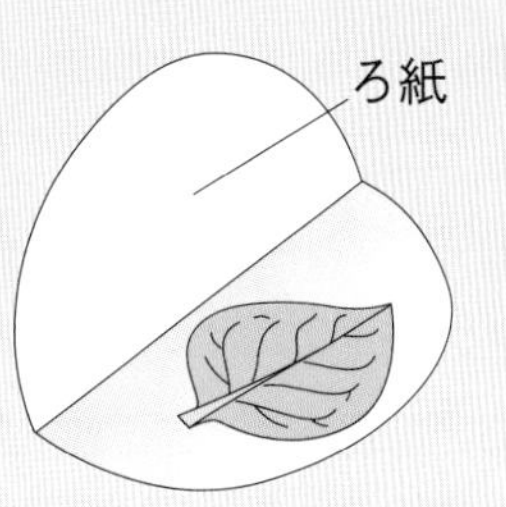

㋒ 木づちでたたく。

(1) ㋐〜㋒を正しい実験の順に並べましょう。（　　→　　→　　）

(2) でんぷんがふくまれているかどうかを調べるために使ったあの液は何ですか。（　　）

2 植物の中の水の通り道①

基本のワーク

学習の目標
植物の根、くき、葉には水の通り道があることを確認しよう。

教科書 58~61ページ　答え 7ページ

図を見て、あとの問いに答えましょう。

1 植物の中の水の通り道

葉の裏側

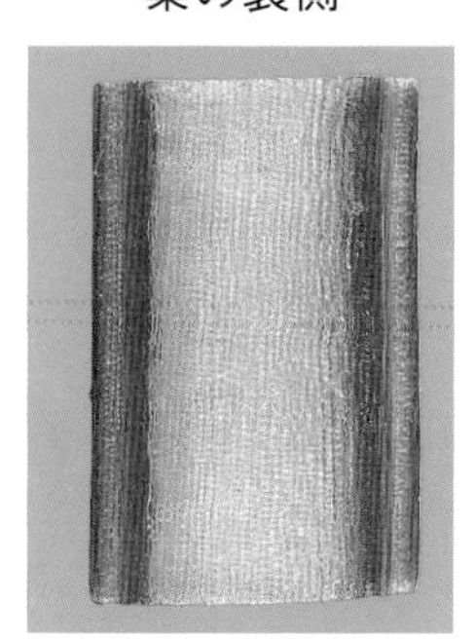
くきを縦に切ったところ

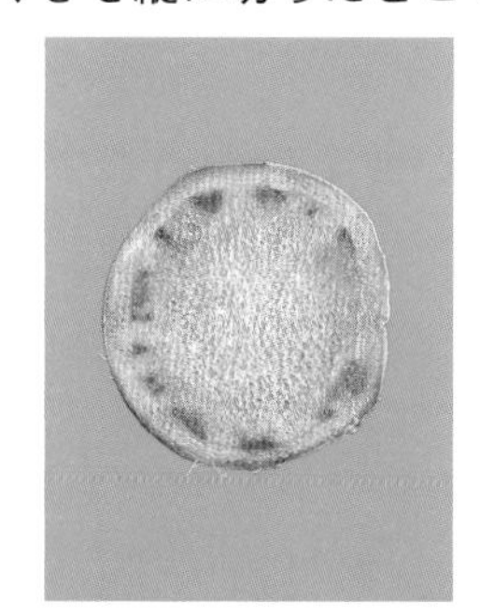
くきを横に切ったところ

ホウセンカを色水にさし、色がついたらようすを観察する。

だっし綿でふさぐ。

はじめの水面の位置

色水

くきや葉の色がついたところには、水が通る細い管がある。

根から取り入れられた水は、根から①（ 葉　くき ）、そして②（ 葉　くき ）へと運ばれる。

しばらくすると、水面の位置が下がってくるよ。

水は、植物の体のすみずみまで ③［　　　　］。

(1) ①、②の（　）のうち、正しい方を◯で囲みましょう。

(2) ③の［　］に、水がいきわたるか、いきわたらないかを書きましょう。

まとめ　〔 葉　根 〕から選んで（　）に書きましょう。

●①（　　　　）から取り入れられた水は、くきや②（　　　　）の中にある細い管を通って、体のすみずみまでいきわたる。

根から取り入れられた水が通る管と、葉でつくられた養分が水にとけてくきや根に運ばれる管はちがいます。水が通る管を道管、養分が通る管を師管といいます。

練習のワーク

教科書　58〜61ページ　答え　7ページ

1 **右の図のように、ジャガイモを根をつけたままほり出し、土を洗い落としてから色水にさして、くきや葉のようすを調べました。次の問いに答えましょう。**

(1) 葉に色がついた後、くきを横や縦に切って切り口のようすを調べました。くきはどのようになっていますか。それぞれ次の㋐〜㋒から選びましょう。

① 横に切った切り口（　　）

㋐ 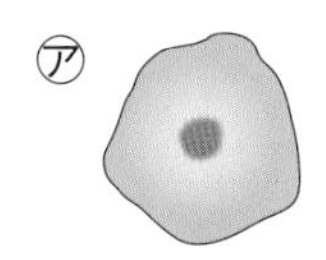　㋑ 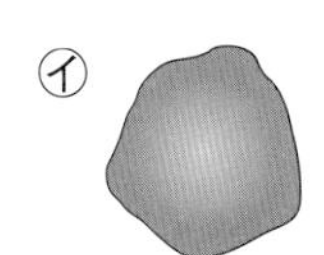　㋒ 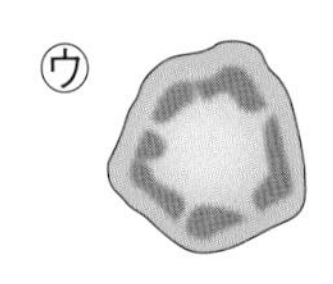

② 縦に切った切り口（　　）

㋐ 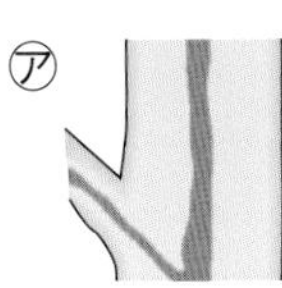　㋑ 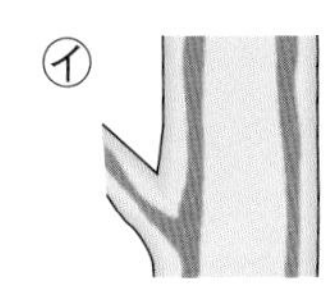　㋒ 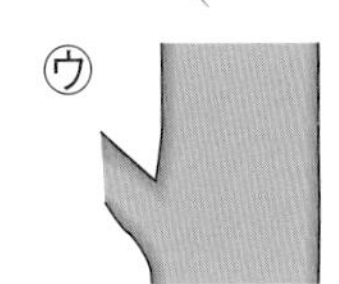

(2) 色水はどのような順に通りますか。正しいものを、次のア〜ウから選びましょう。（　　）

ア　根 → くき → 葉
イ　根 → 葉 → くき
ウ　葉 → くき → 根

(3) 根の水の吸い上げをよくするには、根をどのようにしてから色水にさすとよいですか。
（　　　　　　　　）

2 **右の図のように、ホウセンカのくきを2つに分け、根の部分を赤色と青色の色水につけて、水の通り道を調べました。次の問いに答えましょう。**

(1) しばらく置いておくと、くきや花の色はどのようになっていますか。ア〜エから選びましょう。（　　）

ア　赤色と青色が混ざって、むらさき色になっている。
イ　赤色になっている部分と青色になっている部分がある。
ウ　赤色だけになっている。
エ　青色だけになっている。

(2) (1)のことから、どのようなことがわかりますか。ア〜ウから選びましょう。（　　）

ア　水の通り道は、と中でとぎれずに根・くき・葉とつながっている。
イ　水の通り道は、と中で1本にまとまっている。
ウ　水の通り道は、と中でとぎれている。

勉強した日 月 日

学習の目標
植物の体の中の水は、蒸散で出ていくことを確認しよう。

2 植物の中の水の通り道②

基本のワーク

教科書 62~65ページ 答え 8ページ

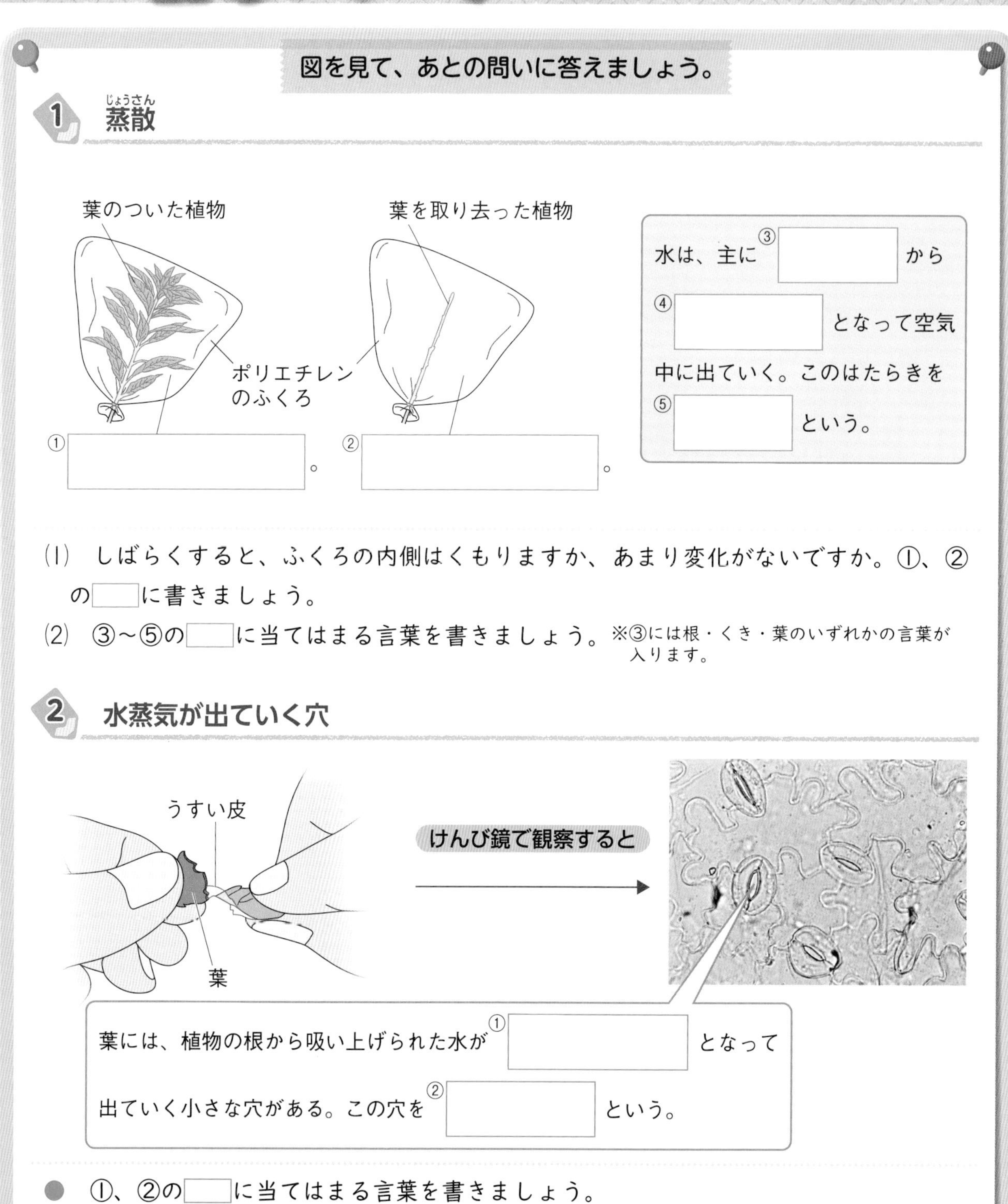

まとめ 〔 蒸散 葉 〕から選んで（ ）に書きましょう。

● 水が、植物の体から水蒸気となって出ていくことを①（　　　）といい、水蒸気は主に②（　　　）にある気孔（きこう）から出ていく。

わくわくたんてい団
秋や冬は日光が弱く、植物の葉では養分ができにくくなります。そこで、大きな葉をもつ一部の木は、葉を落として葉からの蒸散をなくし、体に水分を保ちます。

練習のワーク

教科書 62～65ページ　答え 8ページ

1 ホウセンカの根から吸い上げられた水がどのようになるのかを調べるため、よく晴れた日に、図1のように、葉のついたものと、葉を取り去ったものにポリエチレンのふくろをかぶせて調べました。また、葉の裏側をけんび鏡で観察すると、図2のようなものが見えました。あとの問いに答えましょう。

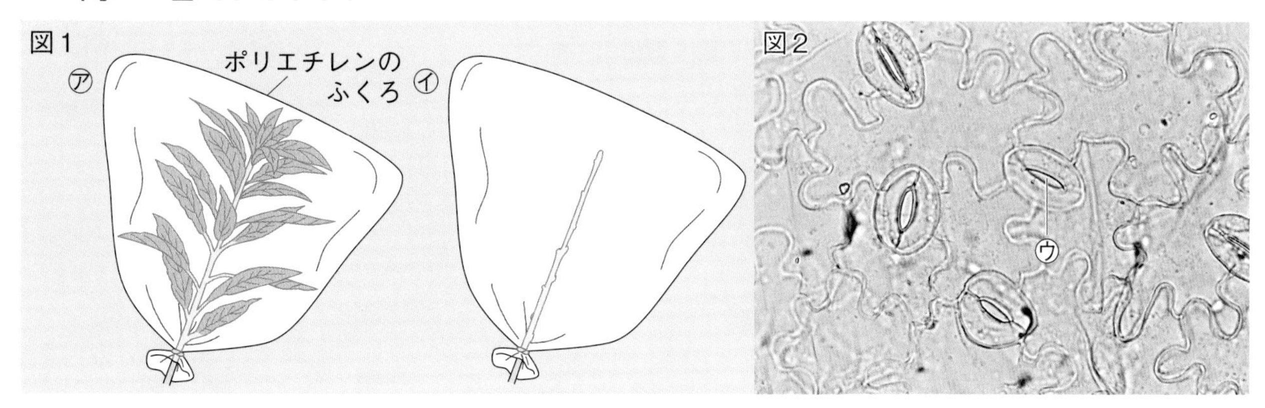

(1) 1時間後にポリエチレンのふくろを調べたときに、次の①、②のようになっているのは、図1の㋐、㋑のどちらですか。

① ふくろの内側が白くくもっている。 (　　　)

② ふくろの内側がほんの少しだけくもっている。 (　　　)

(2) (1)の結果から、水は主に植物の体の葉、くき、根のうち、どの部分から空気中に出ていくことがわかりますか。 (　　　)

(3) 図2の㋒は水が空気中に出ていく穴です。水はこの穴から、水てき、水蒸気のどちらの姿(すがた)で空気中に出ていきますか。 (　　　)

(4) (3)のような姿になって植物の体から水が出ていくことを、何といいますか。

(　　　)

2 右の図は、植物の体を表したものです。次の問いに答えましょう。

(1) 図の→は、何が移動するようすを表していますか。

(　　　)

(2) 次の文の(　)に当てはまる言葉を書きましょう。

> 植物の根から取り入れられた水は、くきを通って①(　　　)まで運ばれ、主に①から水蒸気となって空気中に出ていく。このことを②(　　　)という。

(3) ア～エのうち、正しいものを2つ選びましょう。

(　　　)(　　　)

ア 植物には、水が出ていく穴がある。

イ 水が出ていく穴からは、雨水が取り入れられる。

ウ 水が出ていく穴は、1まいの葉に1つある。

エ 水が出ていく穴は、1まいの葉にたくさんある。

まとめのテスト

勉強した日　月　日

3　植物の養分と水

時間20分

得点　/100点

教科書　50〜65ページ　答え　8ページ

よく出る **1** 植物の葉と日光　植物の葉と日光との関わりについて調べるために、図1、図2のような実験をしました。あとの問いに答えましょう。　1つ8〔32点〕

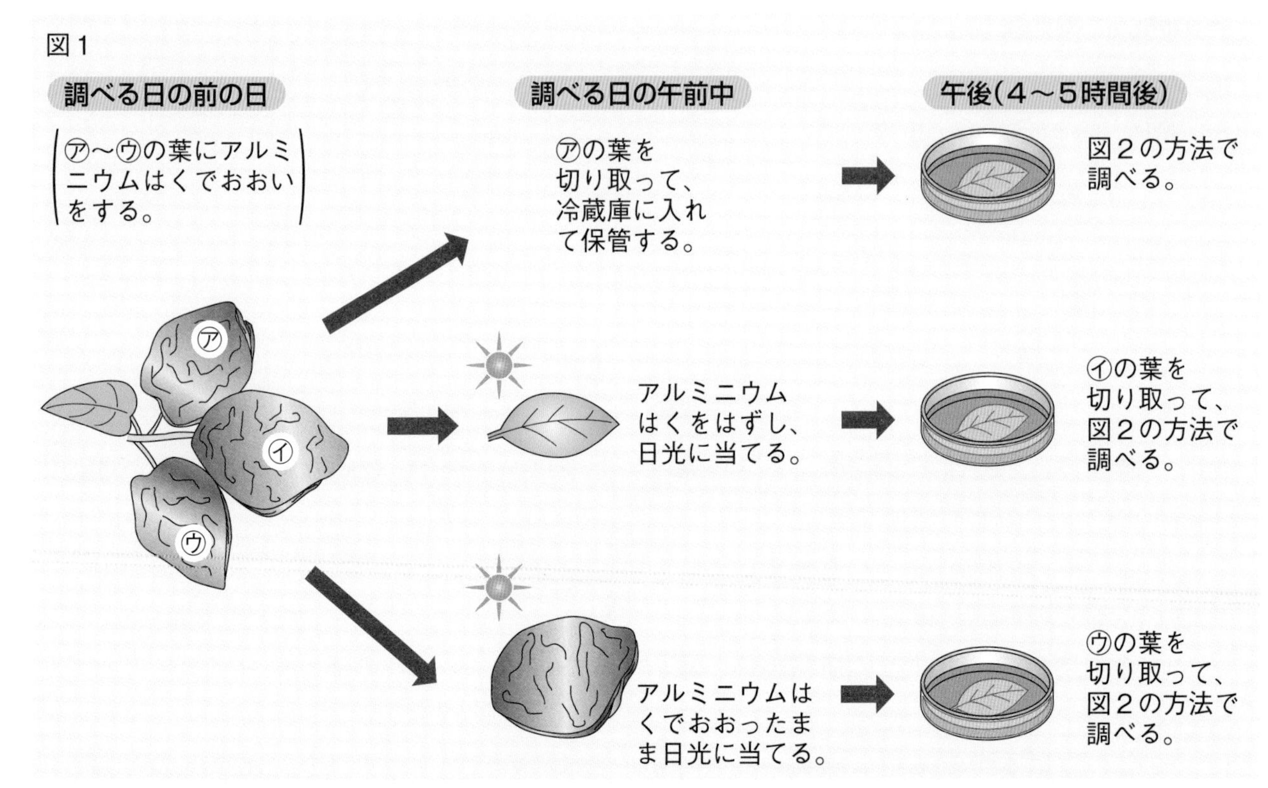

⑴　図2で、葉をエタノールにつけたのはなぜですか。正しいものに○をつけましょう。

①(　　)葉をやわらかくするため。

②(　　)洗って、葉のよごれを落とすため。

③(　　)葉の緑色をぬくため。

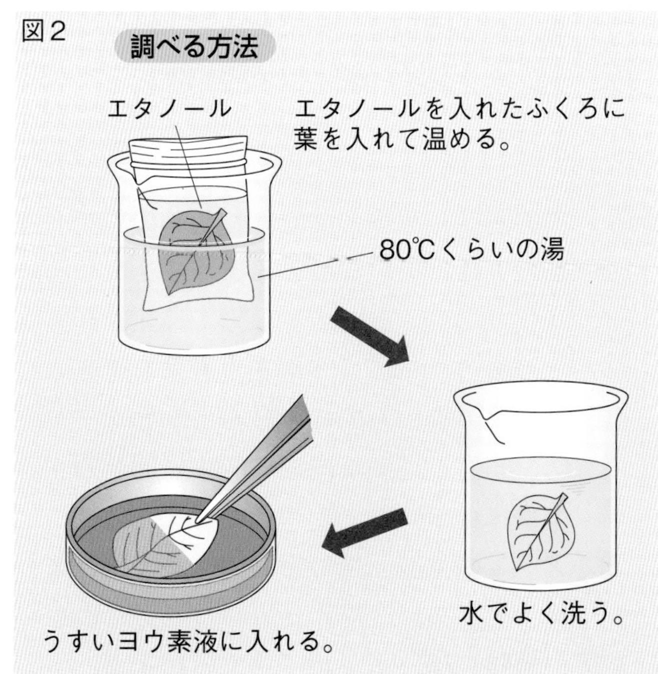

⑵　うすいヨウ素液に入れたとき、青むらさき色に変わった葉はどれですか。図1の㋐〜㋒から選びましょう。

(　　)

⑶　でんぷんがふくまれていた葉はどれですか。図1の㋐〜㋒から選びましょう。

(　　)

記述　⑷　この実験から、どのようなことがわかりますか。「葉」と「日光」という言葉を使って書きましょう。

(　　)

2 **水の通り道** 右の図のように、赤色の色水にジャガイモをさしました。しばらくして、くきや葉に色がついたら、それぞれの部分を切って観察しました。次の問いに答えましょう。

1つ8〔32点〕

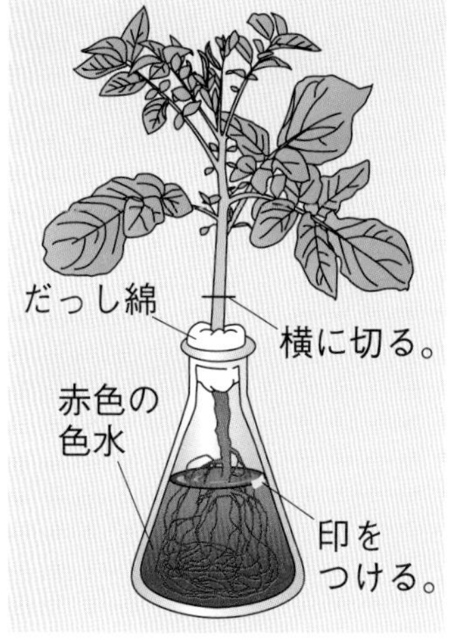

(1) くきの切り口のようすとして、正しいものに○をつけましょう。

①(　　)　②(　　)　③(　　)

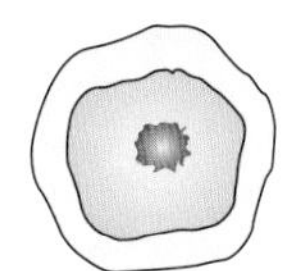
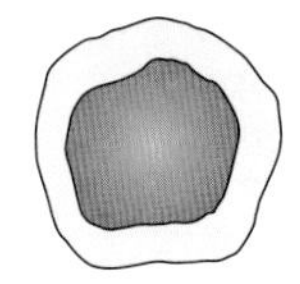
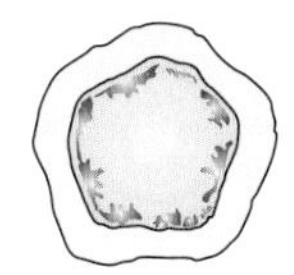

(2) 葉のようすとして、正しいものに○をつけましょう。

①(　　)　②(　　)　③(　　)

(3) くきや葉に色がついたときの水面の位置は、はじめの水面の位置と比べて、上がっていますか、下がっていますか。(　　　　)

(4) この実験から、植物の根、くき、葉には何があることがわかりますか。

(　　　　)

3 **植物の体の中の水のゆくえ** 図1のように、葉のついた植物と葉を取り去った植物に、ポリエチレンのふくろをかぶせました。しばらくすると、片方のふくろの内側が白くくもっていました。次の問いに答えましょう。

1つ4〔36点〕

図1

(1) 2つの植物を使って調べたのはなぜですか。その理由として正しいものを、次のア～ウから選びましょう。(　　)

ア　葉が空気中から取り入れた水の量を調べるため。

イ　葉から水が空気中へ出ることを確かめるため。

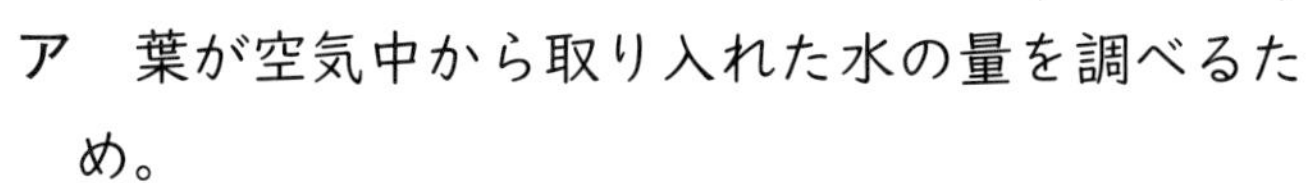

ウ　空気中へ出た水の量の平均を調べるため。

(2) ふくろの内側が白くくもっていたのは、図1の㋐、㋑のどちらですか。(　　)

図2

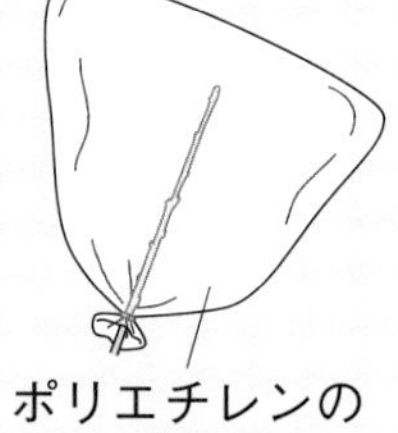

(3) (2)より、植物の体の中の水は、主にくきと葉のどちらから出ていくことがわかりますか。(　　)

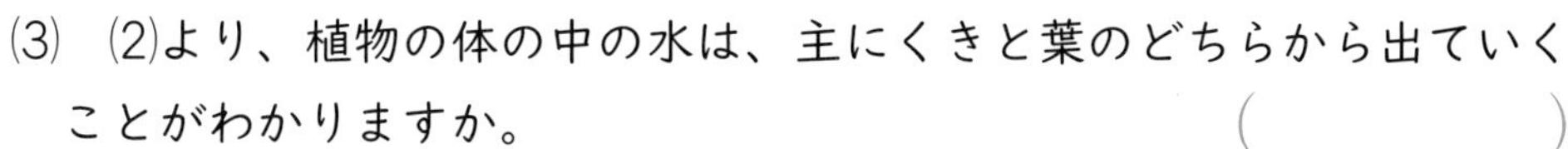

(4) 図2は、葉の裏側をけんび鏡で観察したものです。水は㋒、㋓のどちらから空気中に出ていきますか。(　　)

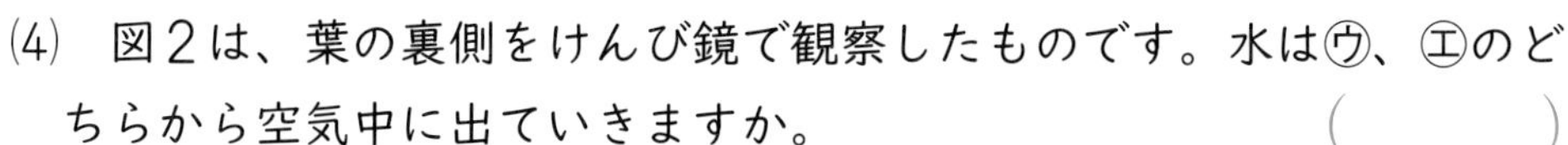

(5) 植物が体の中に取り入れた水について、次の文の(　)に当てはまる言葉を書きましょう。

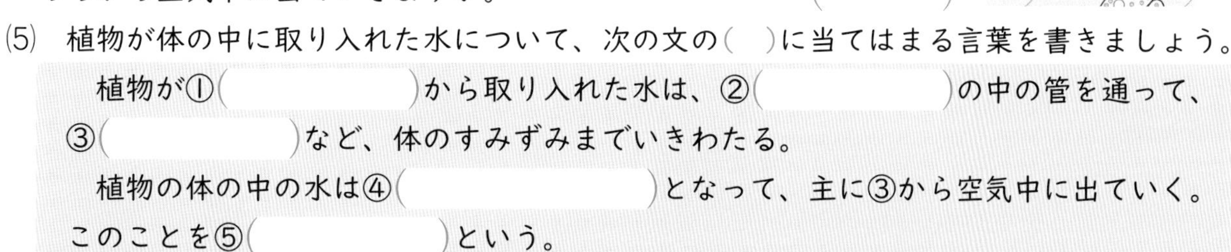

植物が①(　　　　)から取り入れた水は、②(　　　　)の中の管を通って、③(　　　　)など、体のすみずみまでいきわたる。

植物の体の中の水は④(　　　　)となって、主に③から空気中に出ていく。このことを⑤(　　　　)という。

勉強した日　月　日

1　食物を通した生物どうしの関わり

学習の目標
生物どうしの「食べる」「食べられる」の関係を確認しよう。

基本のワーク

教科書 66~74ページ　答え 9ページ

図を見て、あとの問いに答えましょう。

1 水の中の小さな生物

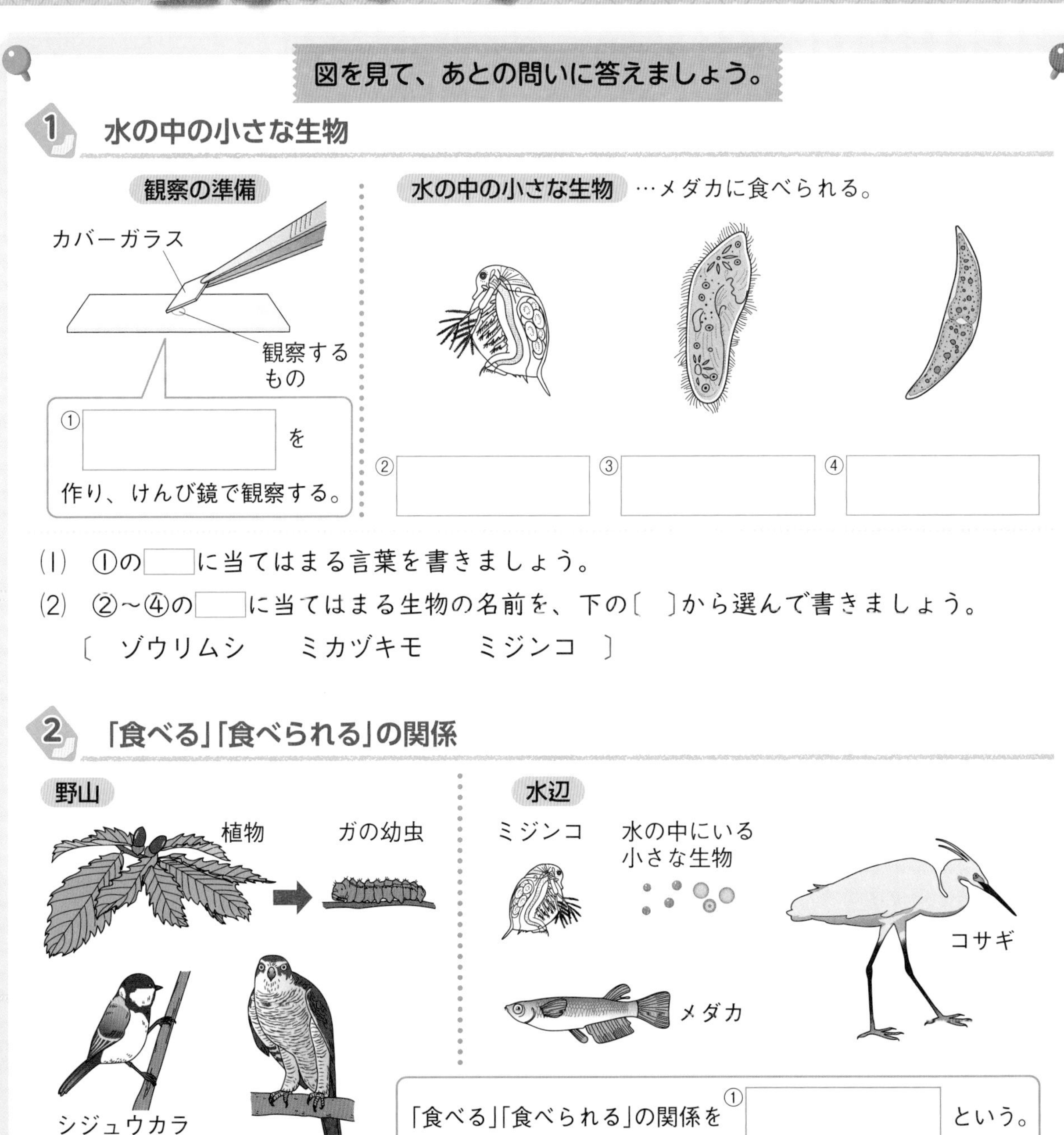

(1) ①の□に当てはまる言葉を書きましょう。

(2) ②~④の□に当てはまる生物の名前を、下の〔　〕から選んで書きましょう。

〔 ゾウリムシ　ミカヅキモ　ミジンコ 〕

2 「食べる」「食べられる」の関係

(1) 野山と水辺の生物について、植物とガの幼虫を例に、食べられる生物と食べる生物を→でつなぎましょう。

(2) ①の□に当てはまる言葉を書きましょう。

まとめ 〔 食物(しょくもつ)れんさ　小さな生物 〕から選んで(　)に書きましょう。

● 水の中の①(　　　　)は、メダカに食べられる。

● 生物どうしの「食べる」「食べられる」という関係を②(　　　　)という。

水の中の小さな生物には、動くものと動かないものがいます。ミジンコは自由に動くことができますが、ミカヅキモは自由に動くことができません。

練習のワーク

教科書 66〜74ページ　答え 9ページ

1 次の図は、池や川の中にすむ小さな生物を表したものです。あとの問いに答えましょう。ただし、(　)の数字は、観察したときのけんび鏡の倍率を表しています。

図1

㋐ 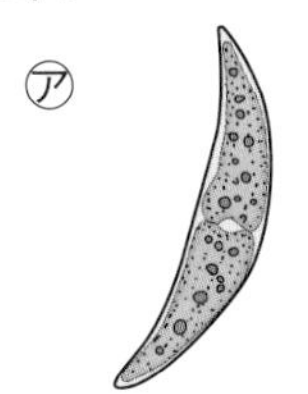
(約100倍)

㋑ 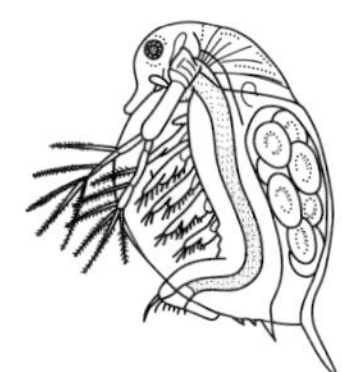
(約20倍)

㋒ 
(約600倍)

図2

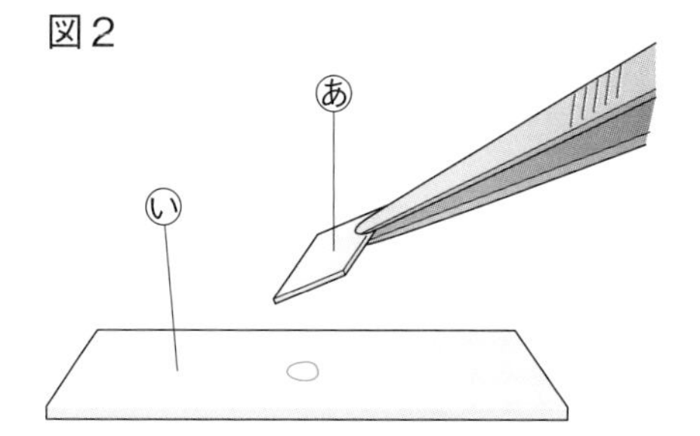

(1) 図1の㋐〜㋒の生物はそれぞれ何ですか。下の〔　〕から選んで書きましょう。

㋐(　　　　)　㋑(　　　　)　㋒(　　　　)

〔 ゾウリムシ　クンショウモ　ミジンコ　ミカヅキモ 〕

(2) 図2で、プレパラートを作るときに使う、あ、いのガラスをそれぞれ何といいますか。

あ(　　　　)　い(　　　　)

(3) 図1のような小さな生物をメダカにあたえると、メダカは食べますか、食べませんか。

(　　　　)

2 次の図は、野山で見られる生物の「食べる」「食べられる」の関係を表したものです。あとの問いに答えましょう。

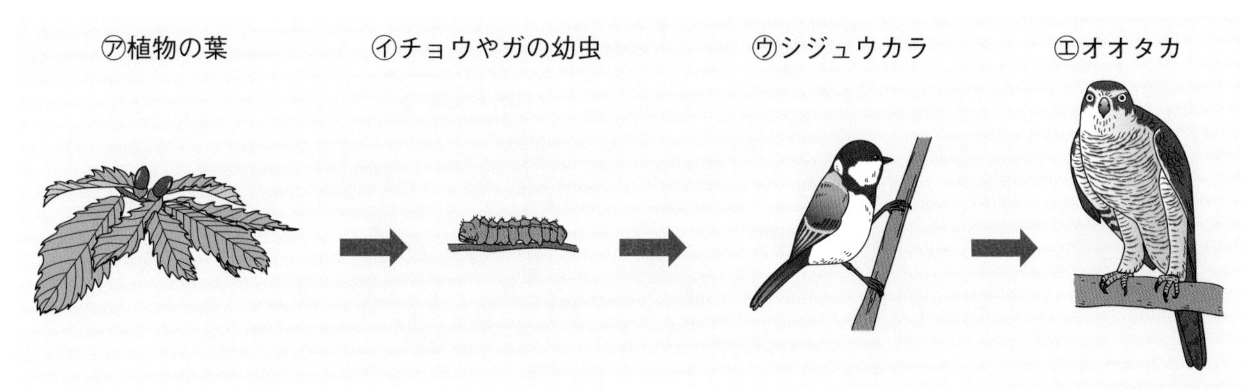

(1) 図の矢印(➡)のもとの生物と、先の生物は、それぞれ食べる生物、食べられる生物のどちらですか。矢印の両側に書きましょう。

(　　　　　➡　　　　　)

(2) ㋐〜㋓の生物の中で、日光が当たることによって自分で養分をつくり出すことができるのは、どれですか。

(　　)

記述

(3) 動物は、どのようにして養分を取り入れていますか。

(　　　　)

(4) 生物どうしの「食べる」「食べられる」という1本のくさりのようなつながりを何といいますか。

(　　　　)

勉強した日　月　日

2　生物と水との関わり

基本のワーク

学習の目標
動物や植物が、水とどのように関わって生きているかを確認しよう。

教科書 75~76ページ　答え 9ページ

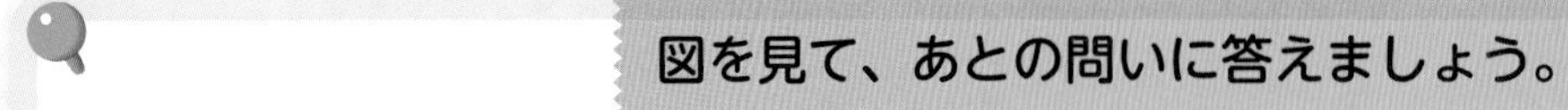

1 生物と水との関わり

植物

植物は①［　　　］から土の中の水を取り入れている。

人

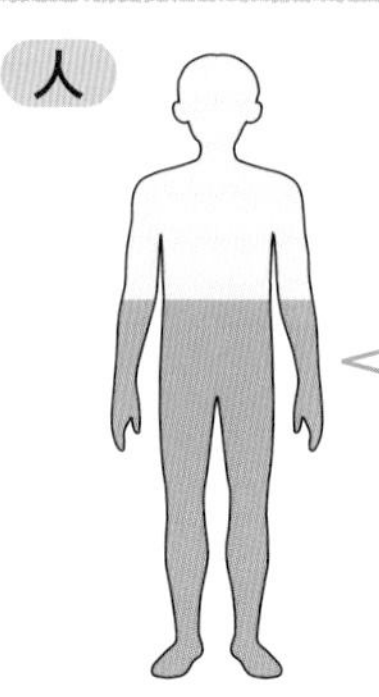

人は、直接飲んだり、食べ物から取り入れたりして、体の中に②［　　　］を取り入れている。
人(成人)の体は、約60%が水でできている。

植物や動物の体の中にはたくさんの③［　　　］がふくまれている。水は命を支えるはたらきをしている。

● 生物と水との関わりについて、①~③の［　］に当てはまる言葉を書きましょう。

2 自然の中の水のめぐり

地上の水は、①［　　　］となって空気中に出ていき、②［　　　］や雪となって地上にもどってくる。このように、水は姿を変えながらめぐっている。

● 自然の中の水のめぐりについて、①、②の［　］に当てはまる言葉を書きましょう。

まとめ　〔 水　植物 〕から選んで(　)に書きましょう。

● 水は、動物や①(　　　　)の体にたくさんふくまれていて、命を支えている。
● ②(　　　　)が無いと生物は生きていくことができない。

わくわくたんてい団
地球上の水は、体積の割合で、海にあるものが97.4%、陸にあるものが2.6%、大気中にあるものが0.001%といわれています。

練習のワーク

教科書 75〜76ページ　答え 9ページ

できた数 /12問中

1 生物と水との関わりについて、次の問いに答えましょう。

(1) 人の体にふくまれる水の割合はどのくらいですか。ア〜ウから選びましょう。（　　）

ア 約10%　イ 約30%　ウ 約60%

(2) 人の体の中を流れている血液は、ほとんどが何でできていますか。ア〜ウから選びましょう。（　　）

血液は、肺や小腸で取り入れたものを運んでいるよ。

ア 空気　イ 水　ウ 養分

(3) 植物は、水をどこから吸い上げていますか。（　　）

(4) 次の文の（　）に当てはまる言葉を、下の〔　〕から選んで書きましょう。

動物や植物にふくまれる水は、①（　　）を支えるはたらきがあり、水が②（　　）、生物は生きていくことができない。

〔 あると　無くては　命　蒸散　運動 〕

2 次の図は、自然の中を水がめぐるようすを表したものです。あとの問いに答えましょう。

(1) 自然の中で、水は気体、液体、固体と姿を変えながらめぐっています。気体の姿の水、固体の姿の水をそれぞれ何といいますか。

気体の姿の水（　　）
固体の姿の水（　　）

記述 (2) 人や他の動物は、水をどのようにして外から体の中に取り入れていますか。2つ書きましょう。
（　　）
（　　）

(3) 自然の中の水について、（　）に当てはまる言葉を、下の〔　〕から選んで書きましょう。

地面や水面から水が蒸発してできた①（　　）は、やがて水てきとなり、それが集まって②（　　）になる。②は地上に③（　　）や雪を降らせる。このように、水は自然の中をめぐっている。

〔 雨　雲　風　水蒸気 〕

勉強した日 月 日

学習の目標

動物や植物が、空気とどのように関わっているか確認しよう。

3 生物と空気との関わり

基本のワーク

教科書 77～81ページ　答え 10ページ

図を見て、あとの問いに答えましょう。

1 植物と空気との関わり

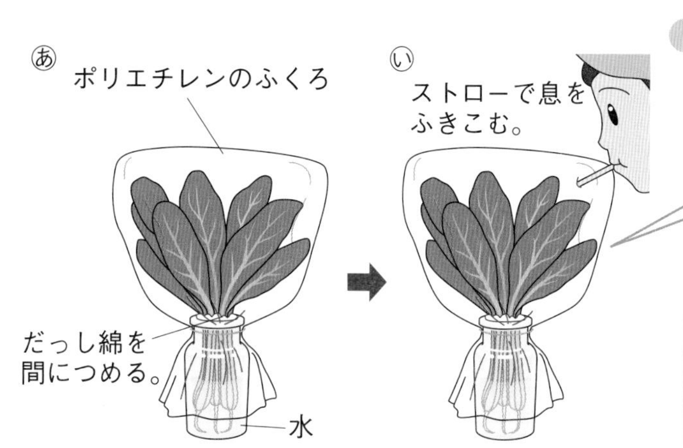

気体検知管でふくろの中の空気を調べる

息をふきこむと、ふくろの中の
①（ 酸素　二酸化炭素 ）が増える。

いの後、しばらく日光に当てると、
②（ 酸素　二酸化炭素 ）が増え、
③（ 酸素　二酸化炭素 ）
が減っている。

● ①～③の（　）のうち、正しい方を◯で囲みましょう。

2 植物の呼吸

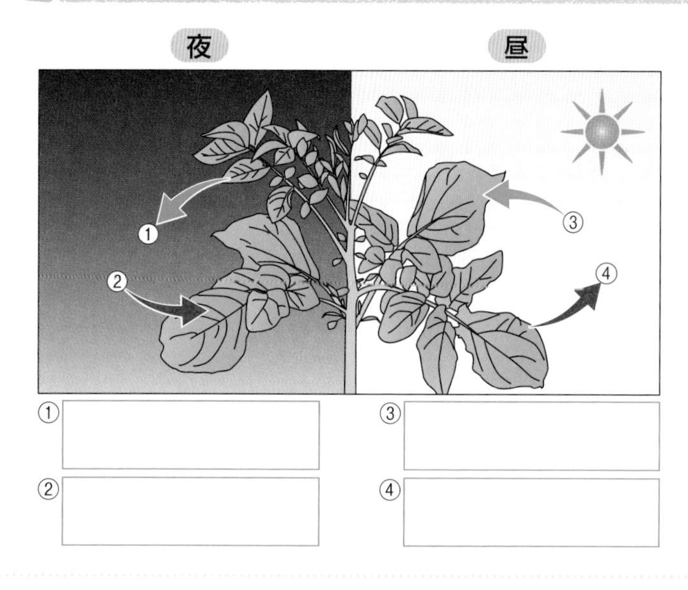

① ______　③ ______

② ______　④ ______

植物は絶えず呼吸を行っていて、
⑤ ______ を取り入れ、
⑥ ______ を出している。
昼間は、呼吸で取り入れるよりも多くの⑦ ______ を出している。

● ①～⑦の□に、酸素か二酸化炭素かを書きましょう。

まとめ 〔 酸素　二酸化炭素　呼吸 〕から選んで（　）に書きましょう。

●植物は、日光が当たると、①（　　　　）を取り入れ、②（　　　　）を出す。
●植物も、動物と同じように③（　　　　）をしている。

わくわくたんてい団

冬には、植物の葉が減ってしまいますが、地球上の酸素の量は減らないのでしょうか。実は、葉を落とさない植物や、他の場所で夏をむかえた植物が酸素を出しています。

できた数　/9問中

1 次の図のような実験をして、植物と空気との関係について調べました。あとの問いに答えましょう。

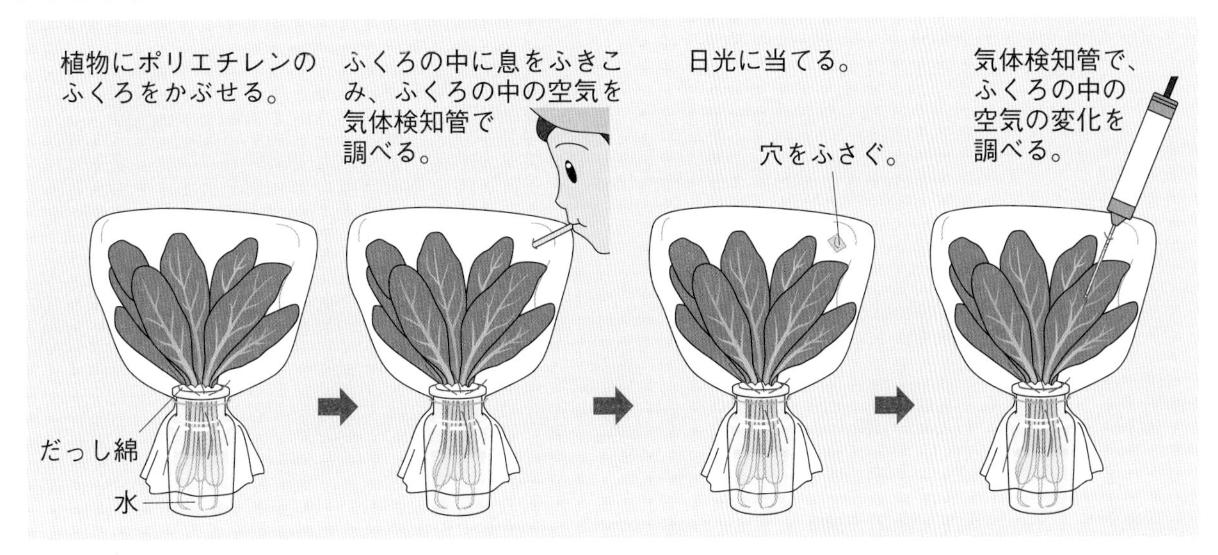

(1) はじめにふくろの中に息をふきこむと、ふくろの中の酸素と二酸化炭素のどちらの割合を増やすことができますか。（　　　　）

(2) 1時間日光に当てた後、気体検知管で酸素と二酸化炭素の割合を測りました。日光に当てる前と比べて、それぞれの割合は増えていますか、減っていますか。

酸素（　　　　）
二酸化炭素（　　　　）

(3) 日光が当たっているときに、植物が空気中から取り入れている気体、出している気体はそれぞれ何ですか。

①取り入れている気体（　　　　）
②出している気体（　　　　）

(4) 植物が絶えず空気中から取り入れている気体、出している気体はそれぞれ何ですか。

①取り入れている気体（　　　　）
②出している気体（　　　　）

2 植物と空気との関わりについて、次の問いに答えましょう。

(1) 植物に日光が当たっているときの酸素の出入りについて、正しいものに○をつけましょう。

①（　　）植物が取り入れる酸素の量より、植物が出す酸素の量の方が少ない。

②（　　）植物が取り入れる酸素の量より、植物が出す酸素の量の方が多い。

③（　　）植物が取り入れる酸素の量と、植物が出す酸素の量は同じぐらいである。

(2) 植物が酸素を取り入れて二酸化炭素を出すはたらきを何といいますか。（　　　　）

まとめのテスト

勉強した日　月　日

4　生物のくらしと環境

時間 20分

得点　/100点

教科書　66~81ページ　答え　10ページ

よく出る

1　生物と食べ物　生物と食べ物の関わりについて、次の問いに答えましょう。　1つ4〔24点〕

(1)　人や動物の食べ物について、次の(　)に植物か動物かを書きましょう。

私(わたし)たちは、ウシなどの①(　　　　)の肉や、野菜や米などの②(　　　　)を食べている。
ウシは、③(　　　　)を食べている。

(2)　自分で養分をつくることができるのは、動物と植物のどちらですか。　(　　　　)

(3)　動物と養分について正しいものを、次のア～ウから選びましょう。　(　　)

ア　全ての動物は、植物だけを食べて養分を取り入れている。
イ　全ての動物は、他の生物を食べて養分を取り入れている。
ウ　全ての動物は、必要な養分を自分でつくり出している。

(4)　私たちの食べ物のもとをたどると、生物どうしにはどのような関係があることがわかりますか。　(　　　　　　　　　　　　　　)

チャレンジ!

2　生物どうしの関わり　図1は野山の生物、図2は川の中の生物を表しています。あとの問いに答えましょう。　1つ6〔24点〕

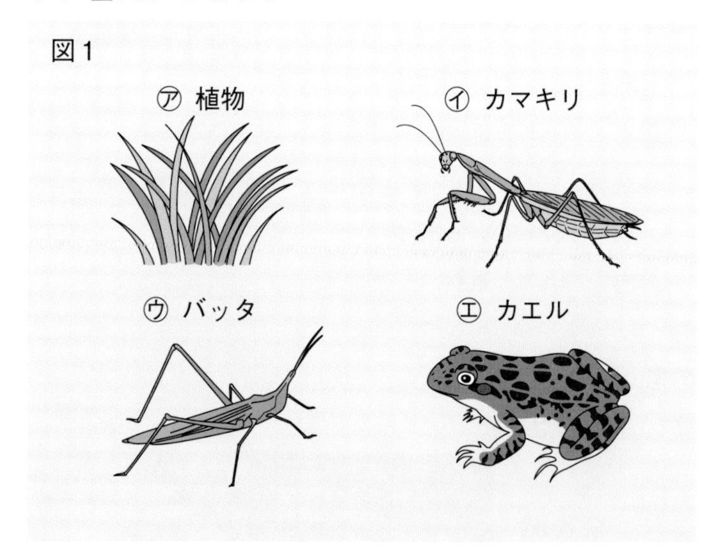

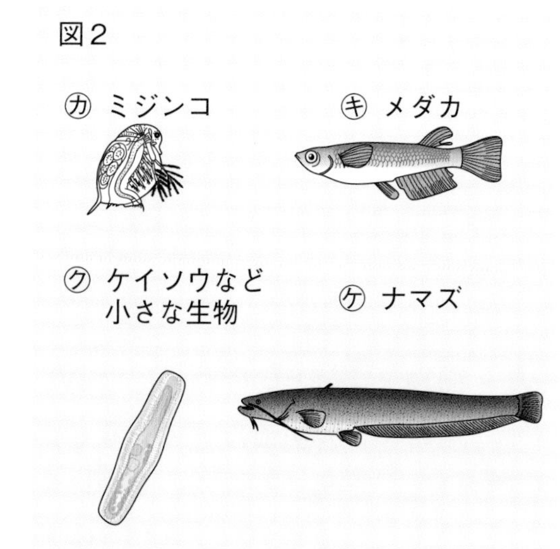

(1)　バッタは何を食べますか。図1の㋐、㋑、㋓から選びましょう。　(　　)

(2)　カマキリは何に食べられますか。図1の㋐、㋒、㋓から選びましょう。　(　　)

(3)　図2で、食べられる生物から食べる生物の順になるように、㋕～㋘を並べましょう。
(　　　→　　　→　　　→　　　)

(4)　生物どうしの「食べる」「食べられる」という1本のくさりのようなつながりを何といいますか。　(　　　　)

3 **プレパラートの作り方** 右の図のようにしてプレパラートを作りました。次の問いに答えましょう。

1つ5〔10点〕

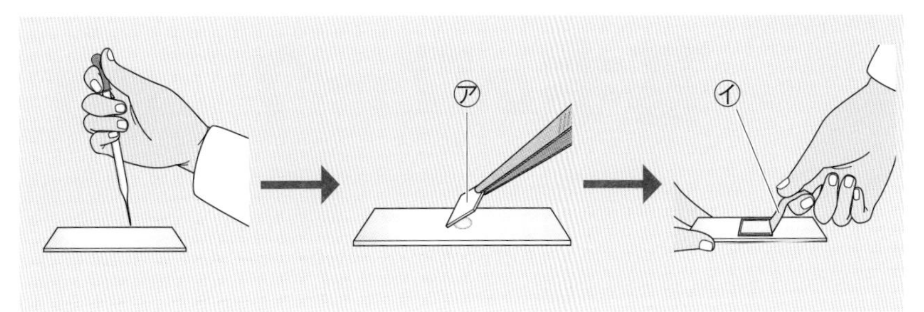

(1) ㋐のガラスの名前を書きましょう。

(　　　　　　　　)

(2) 周りの水を吸い取るのに使う㋑の紙は何ですか。

(　　　　　　　　)

4 **植物と空気** 次の図のように、よく晴れた日に植物の葉にポリエチレンのふくろをかぶせ、ストローでふくろの中に息をふきこみました。気体検知管でふくろの中の酸素と二酸化炭素の割合を調べた後、よく日光に当て、1時間後にもう一度割合を調べました。あとの問いに答えましょう。

1つ6〔18点〕

(1) はじめに息をふきこむと、ふくろの中の何という気体の割合を増やすことができますか。

(　　　　　　　　)

(2) 1時間後に調べたとき、ふくろの中の酸素の割合はどのようになっていますか。

(　　　　　　　　)

(3) 1時間後に調べたとき、ふくろの中の二酸化炭素の割合はどのようになっていますか。

(　　　　　　　　)

5 **生物と水や空気** 生物と水や空気の関わりについて、次の問いに答えましょう。

1つ4〔24点〕

(1) 次のうち、酸素に当てはまる文に4つ○をつけましょう。

①(　　　)動物が呼吸するときに、体に取り入れる気体

②(　　　)動物が呼吸するときに、体から出す気体

③(　　　)植物が呼吸するときに、体に取り入れる気体

④(　　　)植物が呼吸するときに、体から出す気体

⑤(　　　)日光が当たると、植物の葉で取り入れる気体

⑥(　　　)日光が当たると、植物の葉から出される気体

⑦(　　　)ものを燃やすときに、使われる気体

⑧(　　　)ものを燃やしたときに、できる気体

(2) 動物や植物の体に、水はふくまれていますか、ふくまれていませんか。 (　　　　　　　　)

(3) 自然の中で水はめぐっていますか。 (　　　　　　　　)

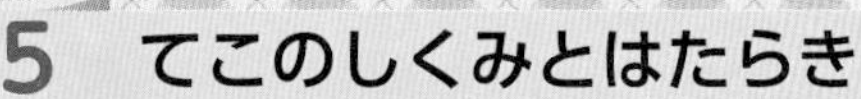

勉強した日　　月　　日

1 てこのはたらき
基本のワーク

学習の目標
てこを使って、ものを楽に持ち上げる方法を確認しよう。

教科書 84～91ページ　答え 11ページ

図を見て、あとの問いに答えましょう。

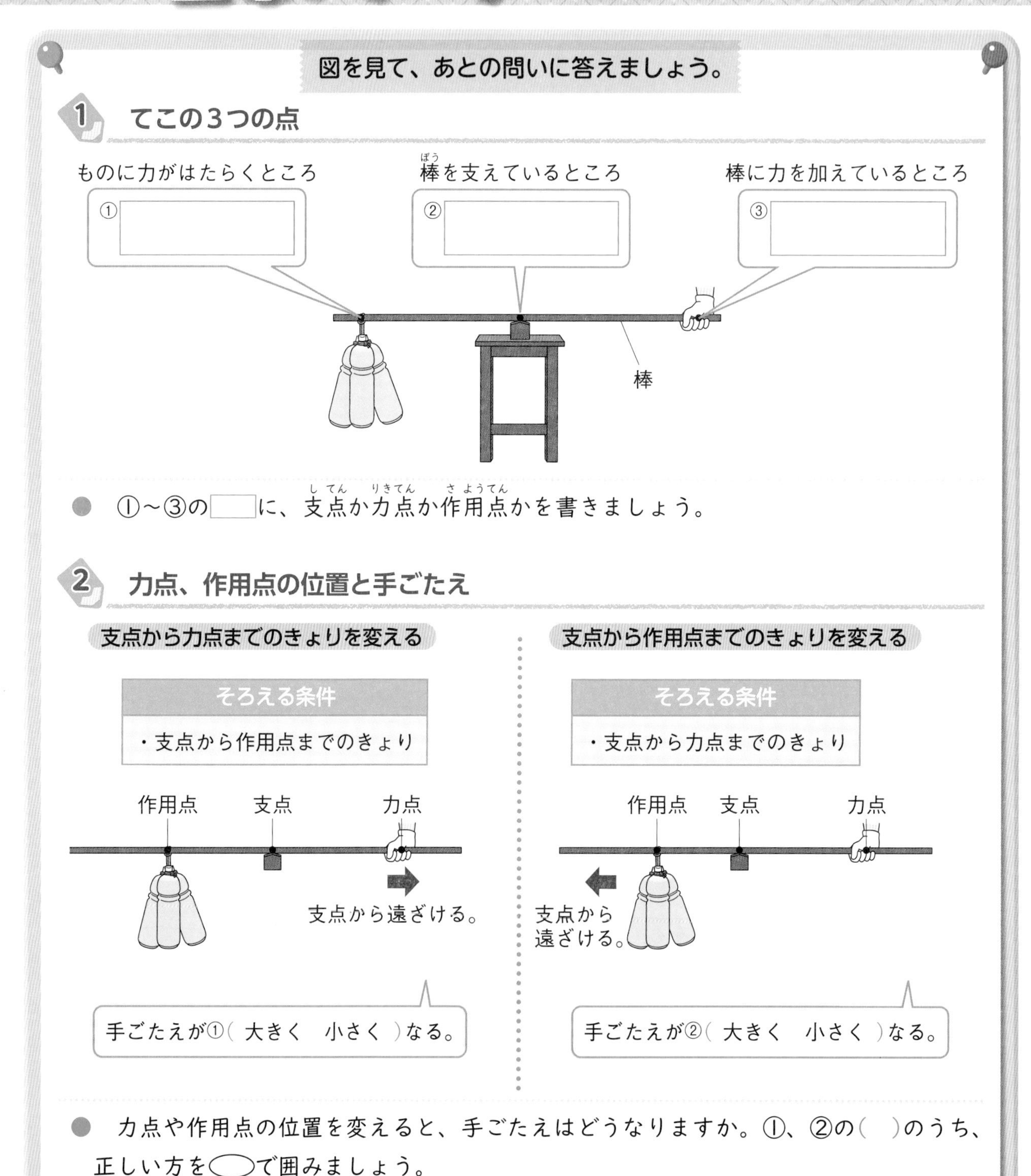

まとめ　〔 力点　支点　作用点 〕から選んで（　）に書きましょう。

●てこには、棒を支える①（　　　　）、棒に力を加える②（　　　　）、ものに力がはたらく③（　　　　）の3つの点がある。

紀元前3世紀、アルキメデスという人は、てこのしくみを考えていました。そして、「とても長い棒と支点があれば、地球だって動かせる」と言った、と記録に残っています。

練習のワーク

できた数 /13問中

教科書 84～91ページ　答え 11ページ

1 てこを使って、重いものを持ち上げました。次の問いに答えましょう。

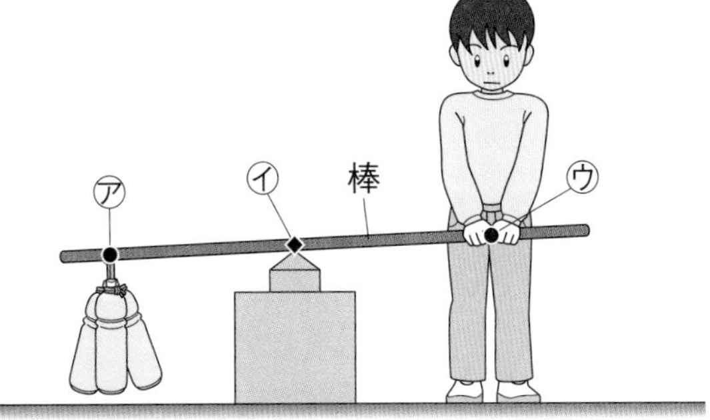

(1) 図の㋐～㋒の点をそれぞれ何といいますか。

㋐(　　　　) ㋑(　　　　)

㋒(　　　　)

(2) 棒を支えているのは、どの点ですか。㋐～㋒から選びましょう。(　　　)

(3) 棒に力を加えているのは、どの点ですか。㋐～㋒から選びましょう。(　　　)

(4) ものに力がはたらいているのは、どの点ですか。㋐～㋒から選びましょう。(　　　)

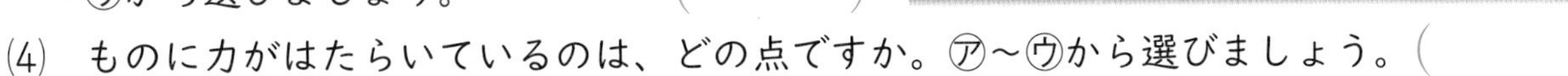

2 次の図のようにして、てこをどのように使うと小さな力で重いものを持ち上げられるのかを調べました。あとの問いに答えましょう。

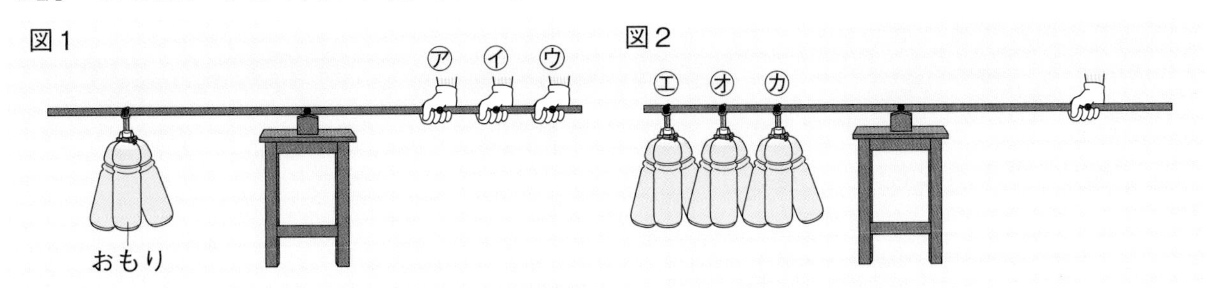

(1) 1つの条件について調べるとき、調べる条件以外の条件は、全て同じにそろえますか、変えますか。(　　　　)

(2) 図1のようにして、支点から力点までのきょりを変えたときに、手ごたえがどのようになるかを調べました。このとき、そろえる条件は何ですか。次の(　)に当てはまる言葉を書きましょう。

支点から(　　　　)までのきょり

(3) 図1で、もっとも小さな力でおもりを持ち上げることができるのは、㋐～㋒のどこを力点にしたときですか。(　　　)

(4) 小さな力でものを持ち上げるには、支点から力点までのきょりをどのようにすればよいですか。(　　　　)

(5) 図2のようにして、支点から作用点までのきょりを変えたときに、手ごたえがどのようになるのかを調べました。このとき、そろえる条件は何ですか。次の(　)に当てはまる言葉を書きましょう。

支点から(　　　　)までのきょり

(6) 図2で、手ごたえがもっとも小さくなるのは、㋓～㋕のどこを作用点にしたときですか。(　　　)

(7) 小さな力でものを持ち上げるには支点から作用点までのきょりをどのようにすればよいですか。(　　　　)

まとめのテスト①

勉強した日 月 日

5 てこのしくみとはたらき

教科書 84～91ページ

1 てこのしくみ てこのしくみやはたらきについて、次の問いに答えましょう。 1つ2〔18点〕

(1) 次の①～③を表しているのは、どの点ですか。図の㋐～㋒から選びましょう。また、その点の名前も書きましょう。

① 棒を支えているところ

記号(　　　)　名前(　　　　　)

② ものに力がはたらいているところ

記号(　　　)　名前(　　　　　)

③ 棒に力を加えているところ

記号(　　　)　名前(　　　　　)

(2) 次の文の(　)に当てはまる言葉を、下の〔　〕から選んで書きましょう。

棒のある点を①(　　　　　)にして、棒の一部に②(　　　　　)を加え、③(　　　　　)を動かせるようにしたものをてこという。

〔 力　　地面　　もの　　支え 〕

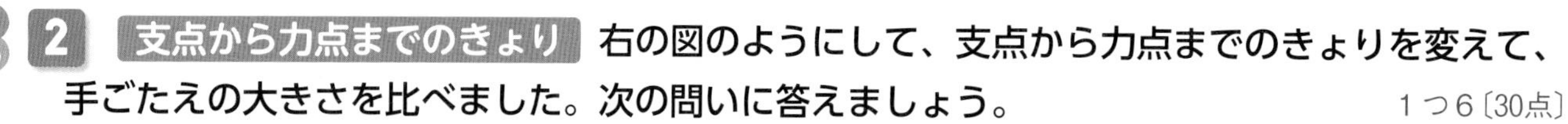

2 支点から力点までのきょり 右の図のようにして、支点から力点までのきょりを変えて、手ごたえの大きさを比べました。次の問いに答えましょう。 1つ6〔30点〕

(1) この実験で、位置を変えない点はどれですか。次のア～ウからすべて選びましょう。

(　　　　　)

ア 支点　　イ 力点　　ウ 作用点

(2) この実験で、そろえる条件は何ですか。次のア～ウから選びましょう。(　　　)

ア 力点から作用点までのきょり

イ 支点から力点までのきょり

ウ 支点から作用点までのきょり

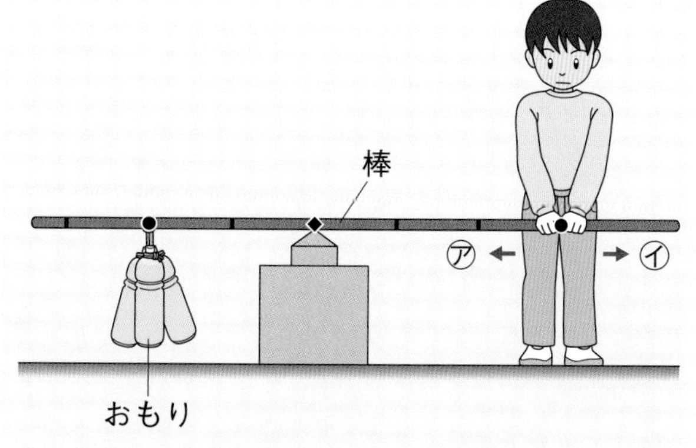

(3) (2)の条件をそろえて、力点の位置を図の㋐の方へ変えました。力点の位置を変える前と比べて、手ごたえはどのようになりますか。

(　　　　　　　　　)

(4) (2)の条件をそろえて、力点の位置を図の㋑の方へ変えました。力点の位置を変える前と比べて、手ごたえはどのようになりますか。(　　　　　　　　　)

記述 (5) 支点から力点までのきょりと手ごたえの大きさについて、この実験からどのようなことがわかりますか。

(　　　　　　　　　　　　　　　　　　　　)

3 **支点から作用点までのきょり** 次の図のようにして、支点から作用点までのきょりを変えて、手ごたえの大きさを比べました。あとの問いに答えましょう。 1つ7〔28点〕

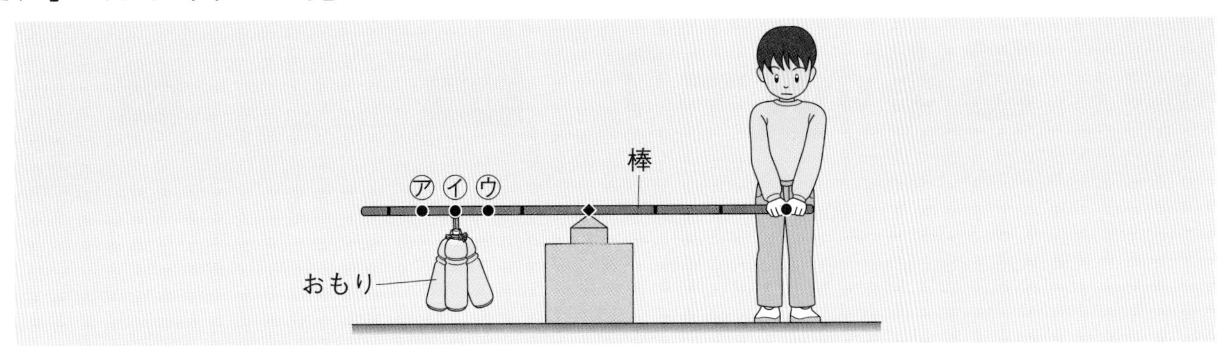

(1) この実験で、位置を変えない点はどれですか。次のア～ウからすべて選びましょう。
( )

ア 支点　　イ 力点　　ウ 作用点

(2) この実験で、そろえる条件は何ですか。次のア～ウから選びましょう。 ( )

ア 力点から作用点までのきょり　　イ 支点から力点までのきょり

ウ 支点から作用点までのきょり

(3) (2)の条件をそろえて、おもりの位置を㋐、㋑、㋒の順に変えました。手ごたえはどのようになっていきますか。 ( )

記述 (4) 支点から作用点までのきょりと手ごたえの大きさについて、この実験からどのようなことがわかりますか。

( )

4 **力点に加わる力の大きさ** 次の図のように、棒を手でおすかわりにバケツに砂(すな)を入れたものを用いて、棒を水平につり合わせたときのバケツの重さをはかりました。あとの問いに答えましょう。 1つ8〔24点〕

(1) バケツをつるしたところは、支点、力点、作用点のどのはたらきをしていますか。
( )

(2) 棒が水平につり合ったときのバケツの重さをはかると、3.5kgでした。この重さは何と等しいですか。次のア、イから選びましょう。 ( )

ア バケツをつるした位置に手で力を加えて、棒が水平になったときの力の大きさ

イ 支点が支えている棒の重さ

(3) てこの力点に加える力の大きさを、バケツの重さで表すことはできますか、できませんか。
( )

2　てこがつり合うときのきまり

基本のワーク

学習の目標

てこが水平につり合うときのきまりを確認しよう。

教科書 92～97ページ　答え 12ページ

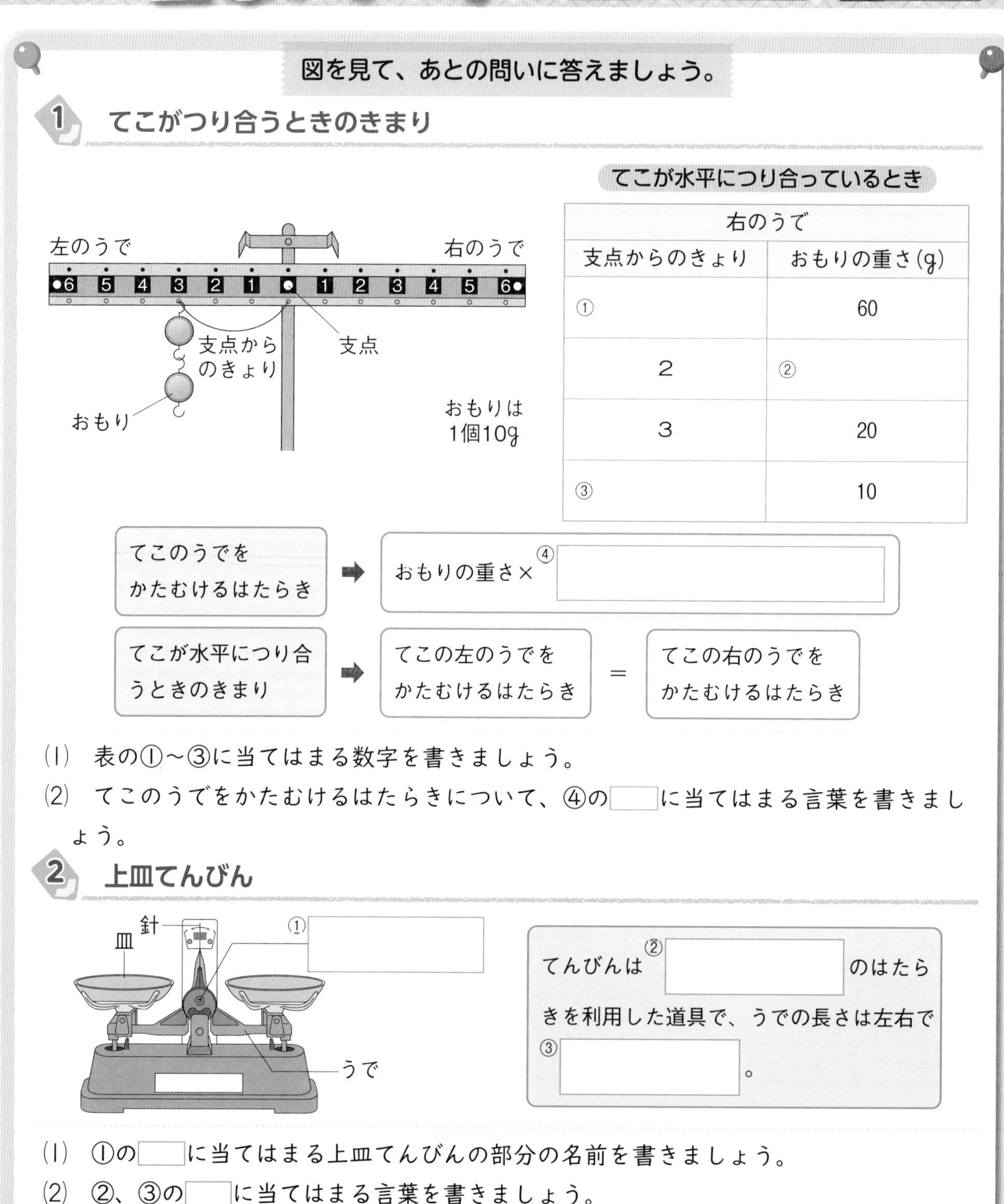

図を見て、あとの問いに答えましょう。

1 てこがつり合うときのきまり

てこが水平につり合っているとき

右のうで	
支点からのきょり	おもりの重さ(g)
①	60
2	②
3	20
③	10

てこのうでをかたむけるはたらき ➡ おもりの重さ×④

てこが水平につり合うときのきまり ➡ てこの左のうでをかたむけるはたらき ＝ てこの右のうでをかたむけるはたらき

(1) 表の①～③に当てはまる数字を書きましょう。

(2) てこのうでをかたむけるはたらきについて、④の□に当てはまる言葉を書きましょう。

2 上皿てんびん

てんびんは②□のはたらきを利用した道具で、うでの長さは左右で③□。

(1) ①の□に当てはまる上皿てんびんの部分の名前を書きましょう。

(2) ②、③の□に当てはまる言葉を書きましょう。

まとめ　〔つり合う　等しく〕から選んで(　)に書きましょう。

●てこが水平に①(　　　)とき、左右のうででおもりの重さと支点からのきょりの積が②(　　　)なっている。

わくわくたんてい団

シーソーで遊んだことはありますか。シーソーは、てこのしくみを利用した遊び道具です。真ん中の支点からのきょりを変えることで、体重のちがう人たちとも遊べます。

練習のワーク

教科書 92～97ページ　答え 12ページ

1 右の図のような実験用てこを使って、てこが水平につり合うときのきまりを調べました。次の問いに答えましょう。

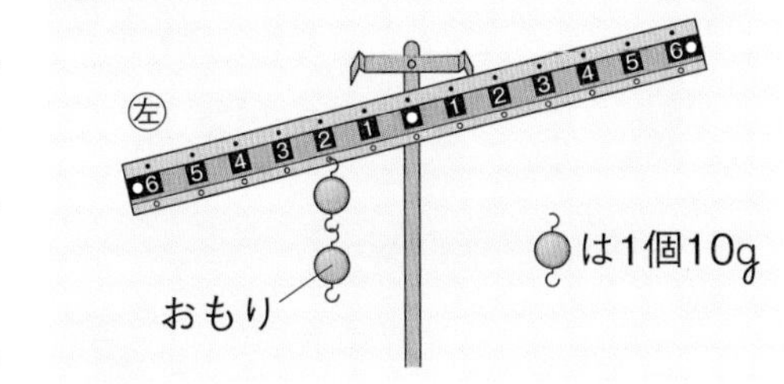

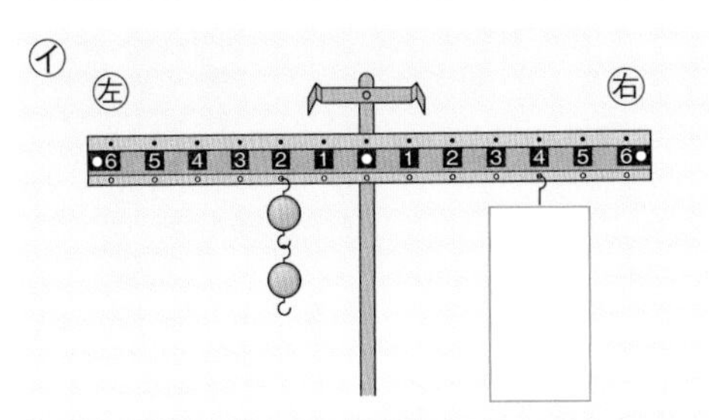

(1) アのてこの左のうでにつるしたおもりの重さは何gですか。（　　　）

(2) 実験用てこの左右のうでの目もりは、何を表していますか。次のア～エから選びましょう。（　　　）

ア　作用点からのきょり
イ　力点からのきょり
ウ　支点からのきょり
エ　てこをかたむけるはたらき

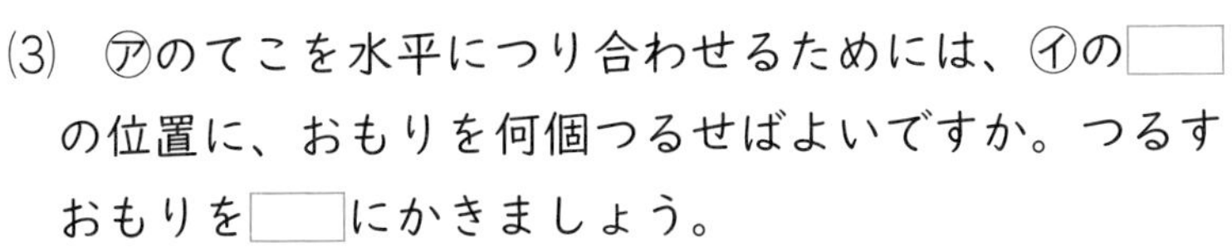

作図 (3) アのてこを水平につり合わせるためには、イの□の位置に、おもりを何個つるせばよいですか。つるすおもりを□にかきましょう。

(4) てこが水平につり合っているとき、左右のうでで、何が等しくなっていますか。次の（　）に当てはまる言葉を書きましょう。

①（　　　　　）と支点からの②（　　　　　）の積

2 次の①～④のてこは、それぞれどのようになりますか。右にかたむくときは右、左にかたむくときは左、水平につり合うときは○を書きましょう。

①（　　）　②（　　）　③（　　）　④（　　）

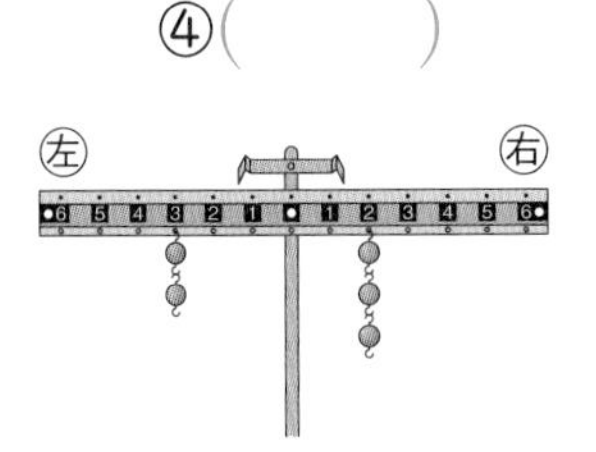

3 右の図は、てこのはたらきを利用した、ある道具です。次の問いに答えましょう。

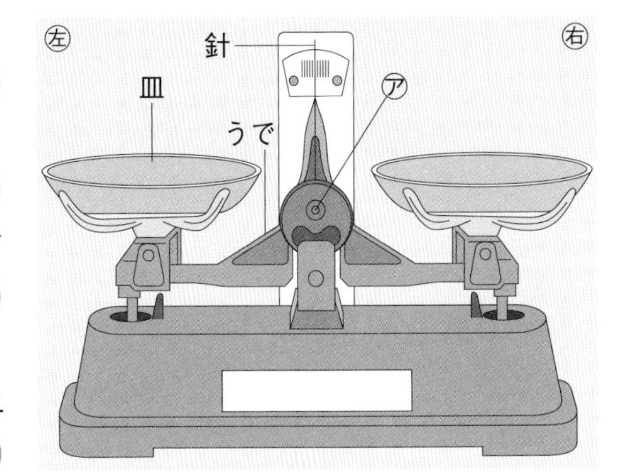

(1) 図は、何という道具ですか。
（　　　　　）

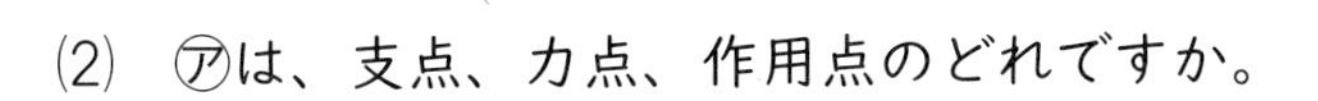

(2) アは、支点、力点、作用点のどれですか。（　　　）

(3) うでの長さは、左右で同じですか、ちがいますか。（　　　）

(4) ものの重さをはかるとき、片方の皿の上には、重さをはかるものをのせます。もう片方の皿の上には、何をのせますか。（　　　）

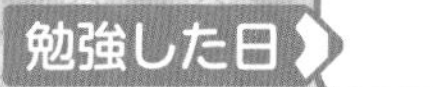

3　てこの利用

基本のワーク

学習の目標
てこを利用したさまざまな道具があることを確認しよう。

教科書 98～103ページ　答え 12ページ

図を見て、あとの問いに答えましょう。

1 てこを利用した道具

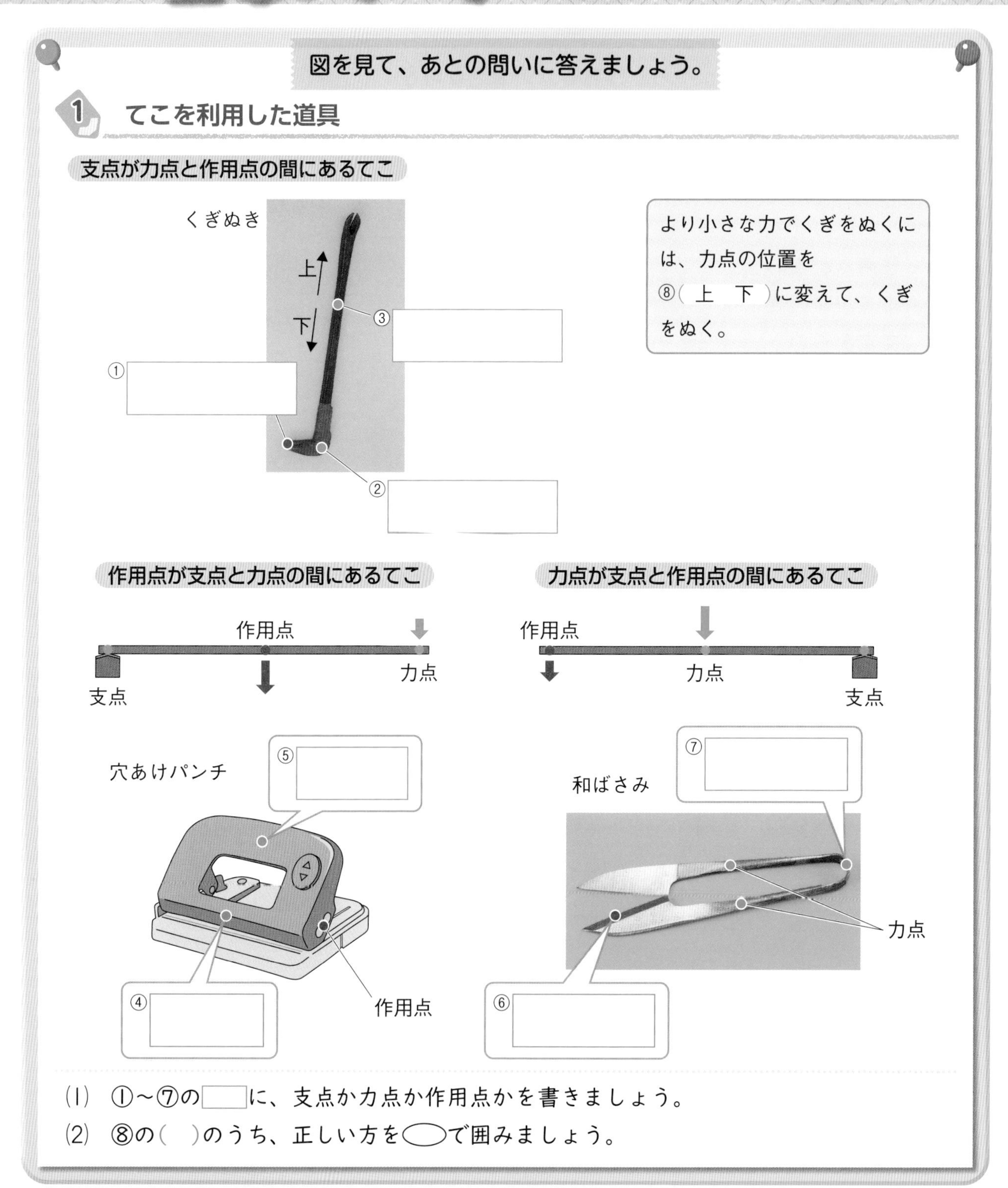

(1)　①～⑦の□に、支点か力点か作用点かを書きましょう。
(2)　⑧の（　）のうち、正しい方を◯で囲みましょう。

まとめ　〔 はさみ　てこ 〕から選んで（　）に書きましょう。

●①（　　　　）を利用した道具には、くぎぬき、穴あけパンチ、ピンセット、
②（　　　　）などがある。

わくわくたんてい団
木の枝を切るためのはさみは、支点から力点までのきょりが長くなっています。そのため、太い枝も、それほど大きな力を入れなくても切ることができます。

できた数 /13問中

教科書 98〜103ページ 答え 12ページ

1 次の図は、てこのはたらきを利用した道具です。あとの問いに答えましょう。

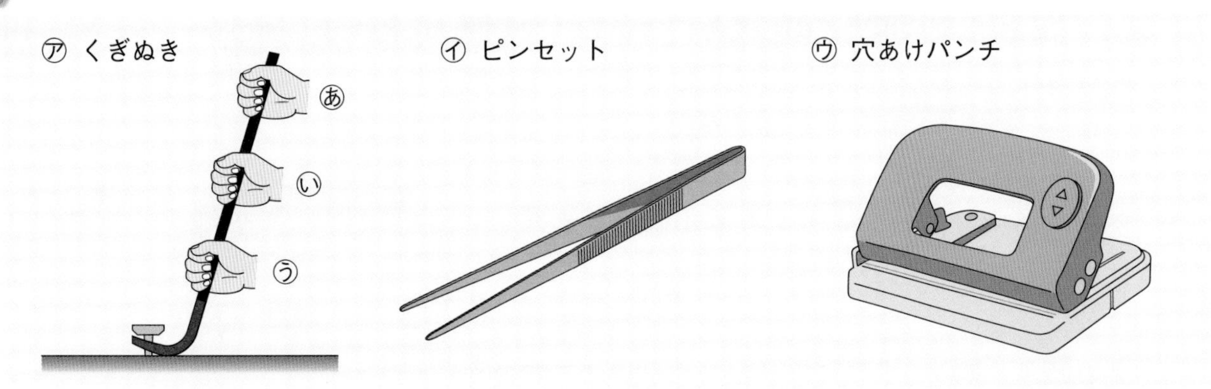

(1) 図の㋐で、くぎをぬくとき、もっとも小さな力でくぎがぬける手の位置はどこですか。あ〜うから選びましょう。 (　　)

(2) (1)の位置で持つと小さな力でくぎがぬけるのはなぜですか。次の(　)に当てはまる言葉を、下の〔　〕から選んで書きましょう。

①(　　　　)から②(　　　　)までのきょりが③(　　　　)なるから。

〔 支点　力点　作用点　長く　短く 〕

(3) 支点、力点、作用点が次のように並んでいる道具を㋐〜㋒から選びましょう。(　　)

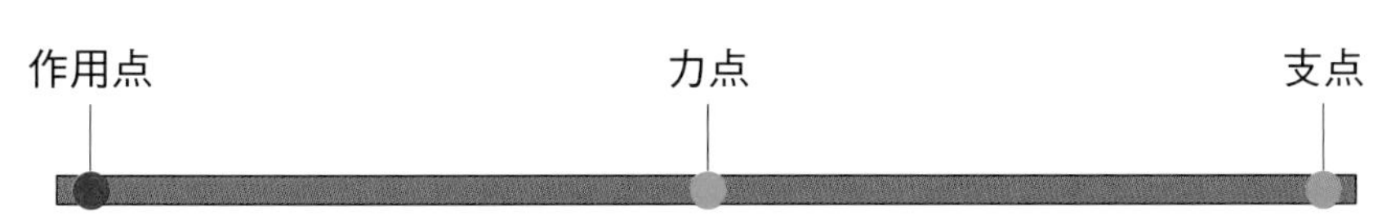

(4) (3)で選んだ道具の作用点にはたらく力は、力点に加えた力より大きいですか、小さいですか。 (　　)

(5) ㋐〜㋒のうち、力点に加えた力の向きと作用点にはたらく力の向きが同じものをすべて選びましょう。 (　　)

(6) ㋐〜㋒のうち、力点に加えた力の向きと作用点にはたらく力の向きがちがうものをすべて選びましょう。 (　　)

2 右の図のように、水道のじゃ口は、輪じくという大きな輪と小さな輪からできているてこを利用しています。次の問いに答えましょう。

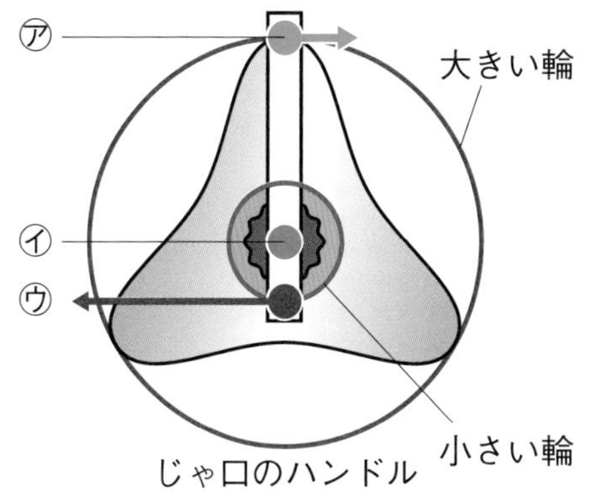

(1) 図の㋐、㋑、㋒はそれぞれ支点、力点、作用点のどれですか。

㋐(　　)

㋑(　　)

㋒(　　)

(2) 輪じくを利用した例を、次のア〜エから2つ選びましょう。 (　　)(　　)

ア 穴あけパンチ　　イ ドライバー

ウ ドアノブ　　エ ペットボトルのふた

まとめのテスト②

5　てこのしくみとはたらき

教科書 92〜103ページ　答え 13ページ

1 実験用てこ　**実験用てこのしくみについて、次の問いに答えましょう。**　1つ3〔12点〕

(1)　左右のうでにおもりをつるしていないとき、実験用てこは、どのようになっていますか。
(　　　　　　　　　　)

(2)　図の㋐の位置に10gのおもりを1個つるすと、てこは右、左のどちらにかたむきますか。
(　　　　　)

(3)　(2)のとき、てこを水平につり合わせるには、左のうでの支点からのきょり3の位置に、10gのおもりを何個つるせばよいですか。(　　　　　)

(4)　(2)のとき、てこを水平につり合わせるには、左のうでの支点からのきょり2の位置に、10gのおもりを何個つるせばよいですか。(　　　　　)

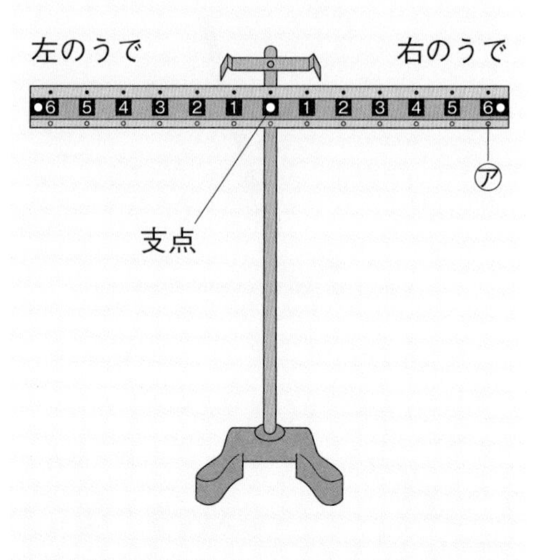

よく出る **2** てこがつり合うときのきまり　**てこがつり合うときのきまりについて、次の問いに答えましょう。**　1つ4〔40点〕

(1)　次の表は、右の図のように、てこが水平につり合うときの、おもりの重さと支点からのきょりについてまとめたものです。①〜⑧に当てはまる数字を書きましょう。

左のうで		右のうで	
支点からのきょり(cm)	おもりの重さ(g)	支点からのきょり(cm)	おもりの重さ(g)
2	①	4	30
4	②	4	30
③	20	4	30
④	40	4	30
4	60	6	⑤
4	60	8	⑥
4	60	⑦	20
4	60	⑧	80

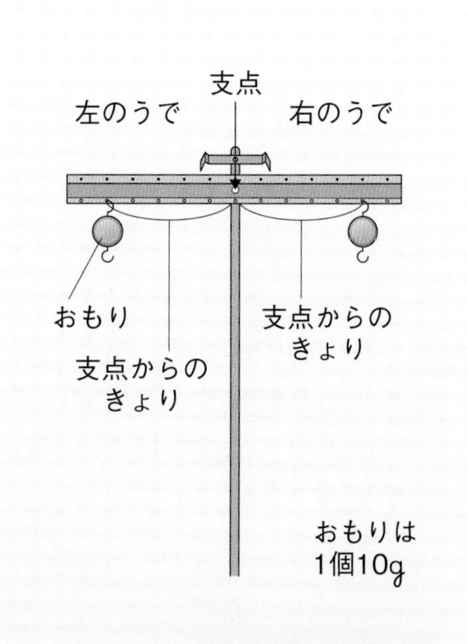

(2)　てこが水平につり合うための条件は何ですか。(　)に当てはまる言葉を書きましょう。

左右のうでで、①(　　　　　　　　)と②(　　　　　　　　)の積が等しいとき、てこは水平につり合う。

3 **てこのつり合い** 実験用てこを使って、つり合いを調べました。あとの問いに答えましょう。

1つ3〔12点〕

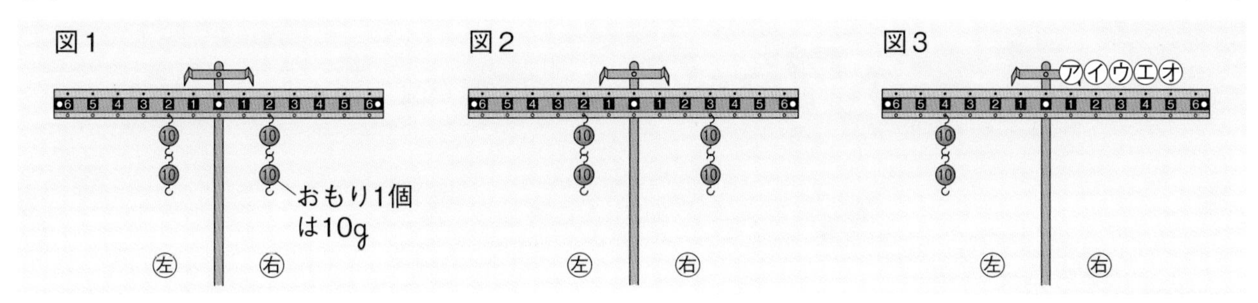

(1) 図1、図2のてこは、右にかたむきますか、左にかたむきますか、水平につり合いますか。

図1（　　　　　　）　図2（　　　　　　）

(2) 図3で、20gのおもりをどこにつるすと、てこが水平につり合いますか。㋐～㋔から選びましょう。（　　　）

(3) 図3で、右のうでにつるすおもりを40gにしたとき、てこが水平につり合うためには、右のうでのどこにつるすとよいですか。正しい方に○をつけましょう。

①（　　）支点からのきょりが、(2)の半分のところ

②（　　）支点からのきょりが、(2)の2倍のところ

4 **てこの利用** てこのはたらきを利用した次の道具の中で、支点が力点と作用点の間にある道具にはア、作用点が支点と力点の間にある道具にはイ、力点が支点と作用点の間にある道具にはウを、（　）に書きましょう。

1つ4〔24点〕

①（　　）穴あけパンチ　②（　　）くぎぬき　③（　　）ピンセット

④（　　）洋ばさみ　⑤（　　）和ばさみ　⑥（　　）ステープラー

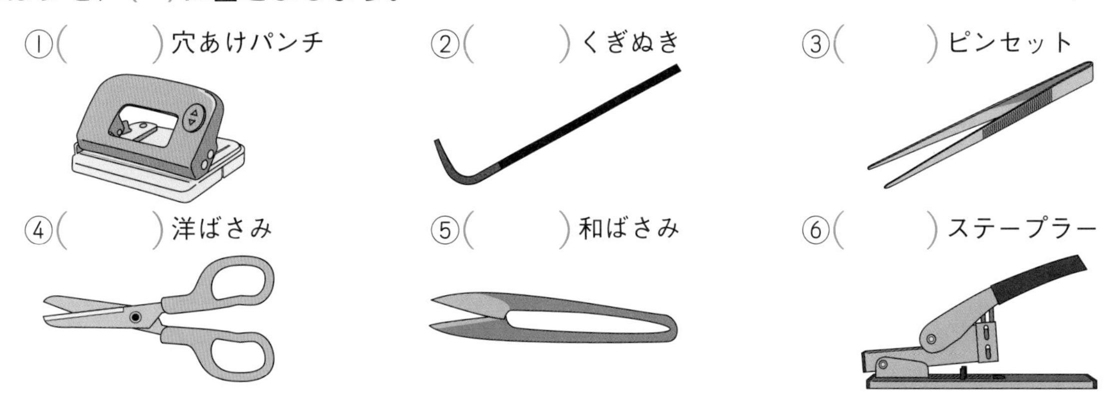

5 **てんびん** 実験用てこをてんびんに見立ててものの重さをはかりました。次の問いに答えましょう。

1つ4〔12点〕

(1) てんびんについて、次の文の（　）に当てはまる言葉を書きましょう。

てんびんは、水平につり合っているてこの①（　　　　）からのきょりが左右で等しいところに、②（　　　　）重さのものをつるすと、てこが水平になってつり合うことを利用している。

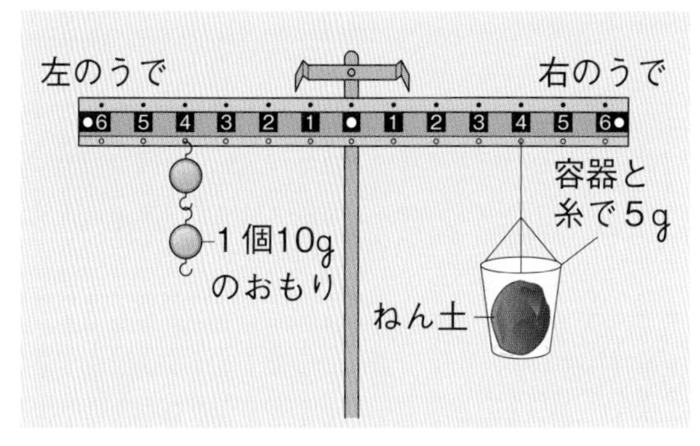

(2) 右の図のてこは水平につり合っています。おもりが1個10g、容器と糸の重さが合わせて5gのとき、容器の中のねん土の重さは何gですか。（　　　）

勉強した日 月 日

1 月の形とその変化

基本のワーク

学習の目標
日がたつにつれて月の形の見え方や位置が変わることを確認しよう。

教科書 104~109ページ　答え 13ページ

図を見て、あとの問いに答えましょう。

1 夕方見える月

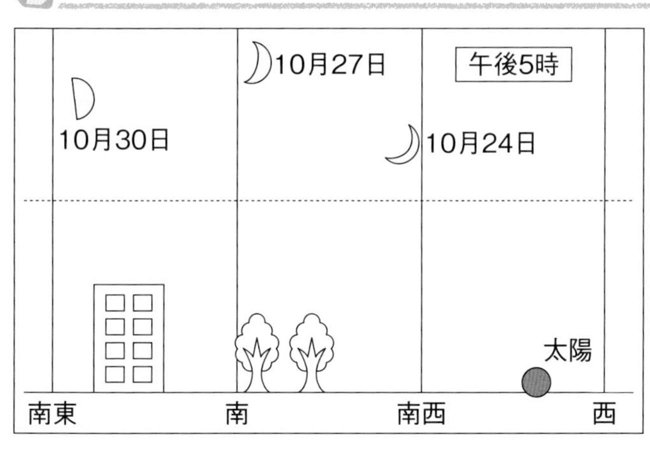

夕方見える月は、日がたつにつれて、明るく見える部分が①（ 増える　減る ）。
また、日がたつにつれて、②（ 東　西 ）へと、位置が変わる。

③［　　　］のかがやいている側に、④［　　　］がある。

(1) ①、②の（　）のうち、正しい方を◯で囲みましょう。

(2) ③、④の［　］に当てはまる言葉を、下の〔　〕から選んで書きましょう。

〔 太陽　月 〕

2 朝見える月

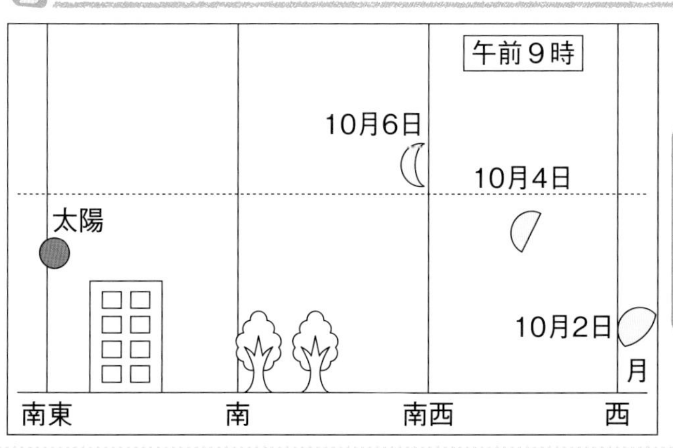

朝見える月は、日がたつにつれて、明るく見える部分が①（ 増える　減る ）。
また、日がたつにつれて、②（ 東　西 ）へと、位置が変わる。

● ①、②の（　）のうち、正しい方を◯で囲みましょう。

まとめ 〔 位置　太陽 〕から選んで（　）に書きましょう。

● 月は、日がたつにつれ、見える形と①（　　　）が変わる。
● 月がかがやいて見える側には②（　　　）がある。

わくわくたんてい団　月から見ると、地球と太陽の位置関係によって、細長く見えたり、丸く見えたりと、地球の形が変わって見えます。

教科書 104〜109ページ　答え 13ページ

できた数　/8問中

1 午後6時に、右の図のような月を観察しました。次の問いに答えましょう。

(1) この月が見えたのはどの方位ですか。正しいものに○をつけましょう。

①(　　)南東
②(　　)南西
③(　　)北

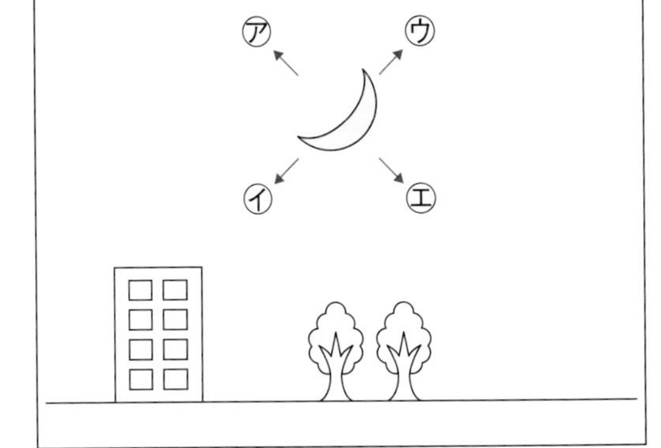

(2) 太陽は、㋐〜㋓のどの方向にありますか。

(　　)

(3) この日から4日後の午後6時に、同じ場所で月を観察しました。月の見える位置はどのようになりますか。正しいものに○をつけましょう。

①(　　)㋐の方向に位置が変わる。
②(　　)㋓の方向に位置が変わる。
③(　　)4日前と同じ位置に見える。

夕方見える月は、どのように変化したかな？

(4) (3)のとき、見える月はどのような形ですか。正しいものに○をつけましょう。

①(　　)　②(　　)　③(　　)　④(　　)

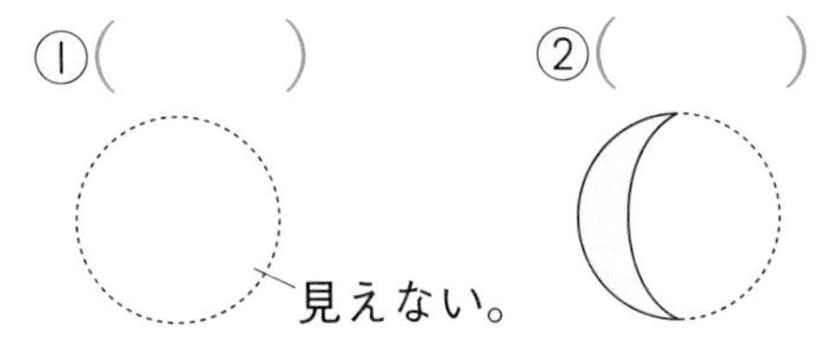

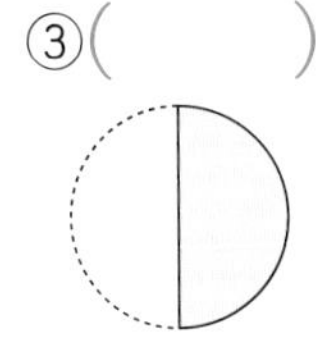

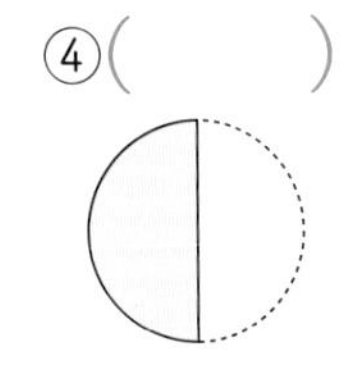

2 10月3日の午前9時に、右の図のような月を観察しました。次の問いに答えましょう。

(1) この月は、どの方位の空に、どのように見えますか。正しいものに○をつけましょう。

①(　　)北の空に、黄色く見える。
②(　　)東の空に、白く見える。
③(　　)南の空に、黄色く見える。
④(　　)西の空に、白く見える。

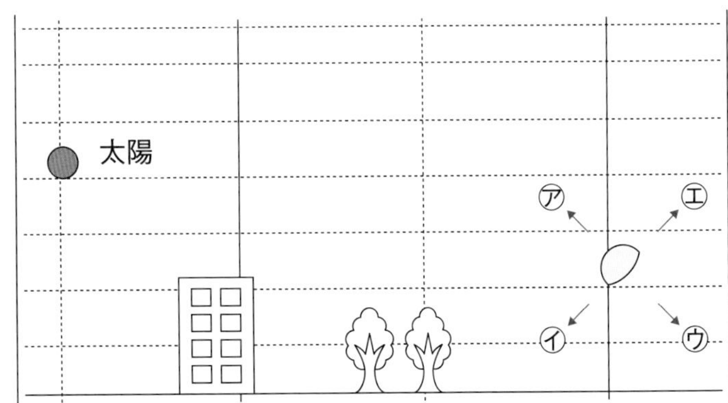

(2) 月と太陽の位置関係について、正しいのは、次のア、イのどちらですか。

(　　)

ア　月がかがやいている側に太陽がある。
イ　月がかがやいていない側に太陽がある。

月は、太陽の光を反射してかがやいているよ。

(3) 10月6日の午前9時の月は、明るく見える部分が、図と比べて増えていますか、減っていますか。

(　　)

(4) 10月6日の午前9時の月の位置は、図の月から見て、どの方向に変わっていますか。㋐〜㋓から選びましょう。

(　　)

勉強した日 月 日

2 月の形の変化と太陽

基本のワーク

学習の目標
月の形の変化は、太陽と月の位置関係によることを理解しよう。

教科書 110〜119ページ　答え 14ページ

図を見て、あとの問いに答えましょう。

1 月の形や表面

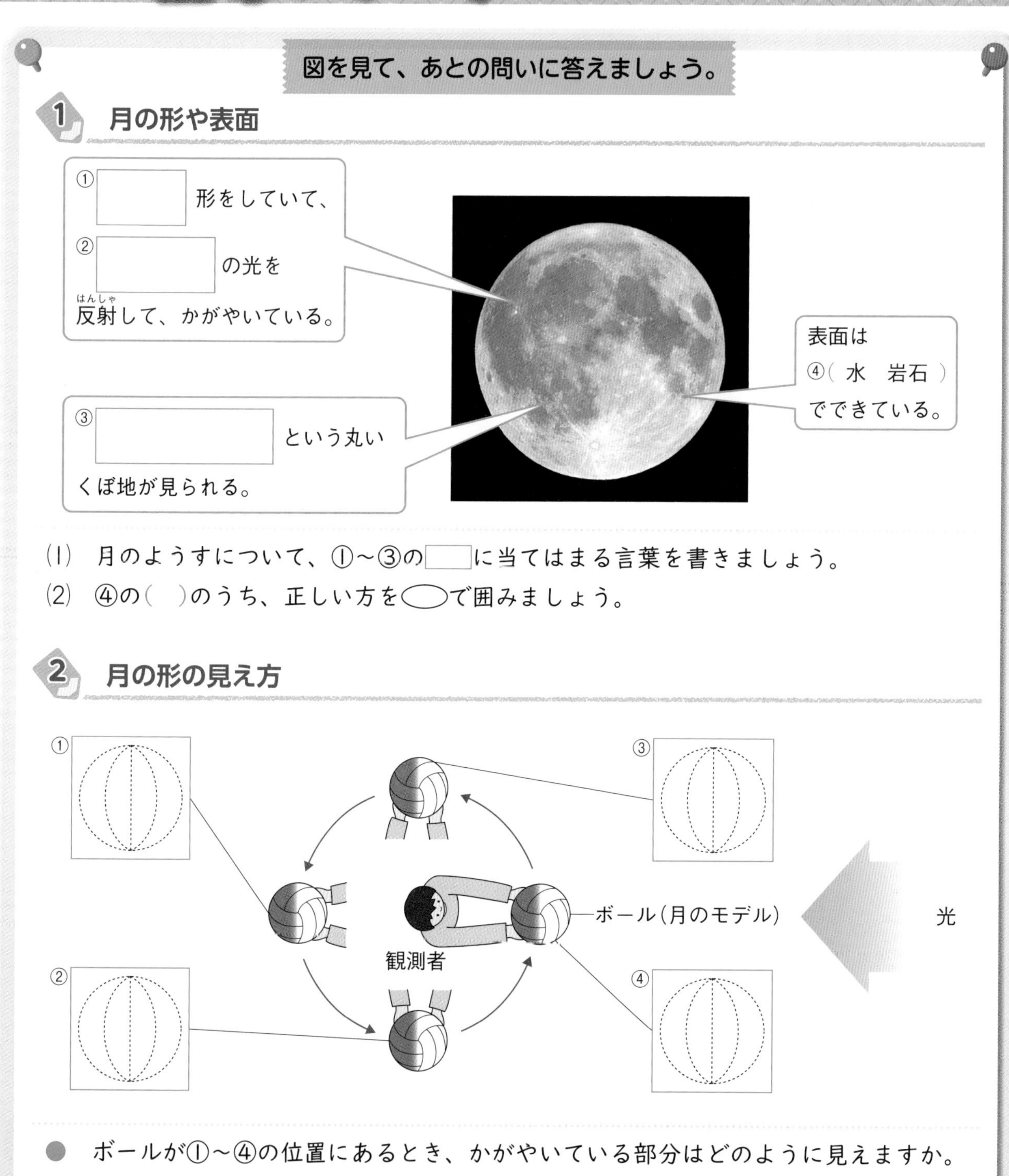

(1) 月のようすについて、①〜③の□に当てはまる言葉を書きましょう。

(2) ④の（ ）のうち、正しい方を◯で囲みましょう。

2 月の形の見え方

● ボールが①〜④の位置にあるとき、かがやいている部分はどのように見えますか。□の中の線をなぞり、色をぬりましょう。見えないときは×を書きましょう。

まとめ　〔 変化　反射 〕から選んで（ ）に書きましょう。

● 月は、自らは光を出さず、太陽の光を①（　　　）してかがやいている。

● 月と太陽の位置関係が②（　　　）して、月の形が変わって見えると考えられる。

見える月の形は変わっても、月の表面の姿は変わりません。これは、月が地球にいつも同じ面を向けているからです。地球上からは、月の表面積のおよそ59%が見られます。

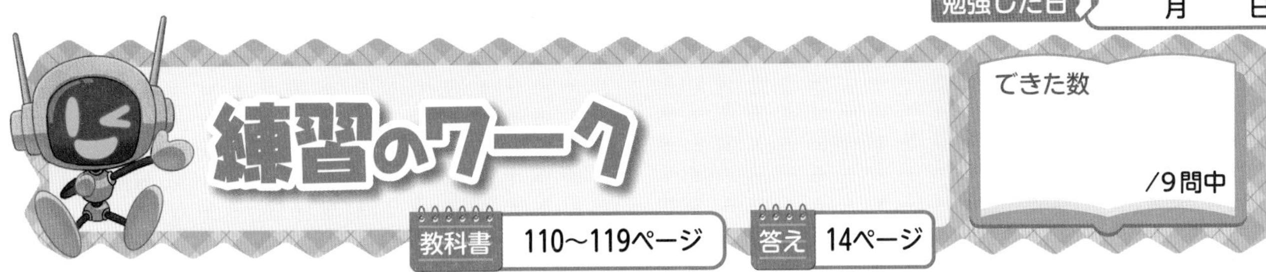

1 **右の図は、望遠鏡で月の表面のようすを観察したものです。次の問いに答えましょう。**

(1) 欠けぎわの丸いくぼ地のかげが同じ方向にできていることから、月がかがやいて見える理由として、正しい方に○をつけましょう。

①(　　　)太陽の光を反射しているから。

②(　　　)自ら光を出しているから。

(2) 月はどのような形をしていますか。

(　　　　　　)

(3) 月の表面にある丸いくぼ地を何といいますか。

(　　　　　　　　　　)

欠けぎわの丸いくぼ地

(4) 月の表面のようすについて、正しい方に○をつけましょう。

①(　　　)岩石でできている。

②(　　　)氷におおわれている。

2 **次の図のように、ボールを月のモデルとして、太陽と月の位置関係と月の見え方について調べました。あとの問いに答えましょう。**

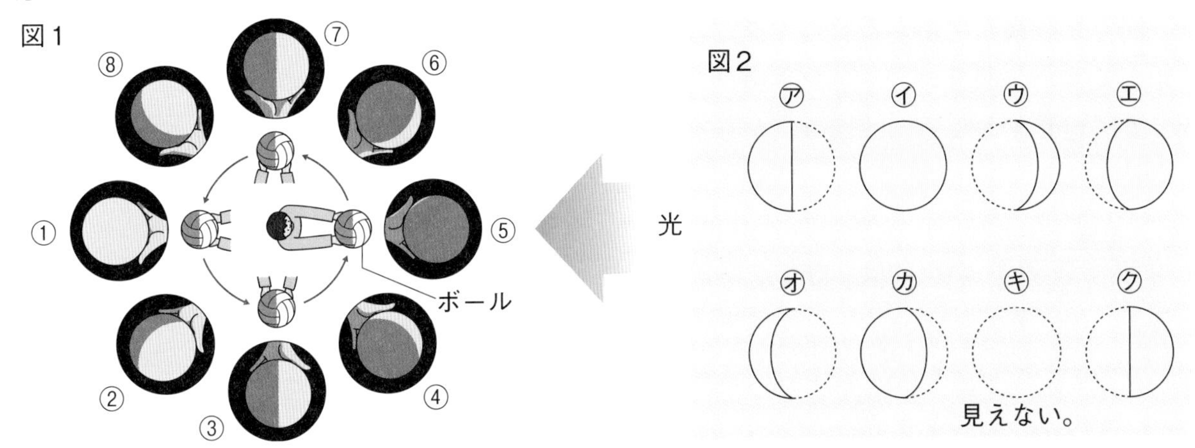

(1) 図１の⑤に月があるとき、地球から月は見えますか、見えませんか。

(　　　　　　　　)

(2) 図１の③に月があるとき、地球から見ると、月は右半分、左半分のどちらがかがやいて見えますか。

(　　　　　　　　)

(3) 図１で、①から⑧まで月の位置が変わる間に、見える月の形はどのように変わりますか。図２の㋐～㋗を並べましょう。

(①　　→②　　→③　　→④　　→⑤　　→⑥　　→⑦　　→⑧　　)

(4) 次の文の(　)に当てはまる言葉を書きましょう。

月の形の見え方が変わるのは、月と①(　　　　　　)の位置関係によって、月が②(　　　　　　)を反射している部分の見え方が変わるからである。

勉強した日　月　日

6　月の形と太陽

教科書 104〜119ページ　答え 14ページ

よく出る **1** **月の形** 図1は、ある日の夕方に見えた月を観察し、記録したものです。あとの問いに答えましょう。

1つ5〔25点〕

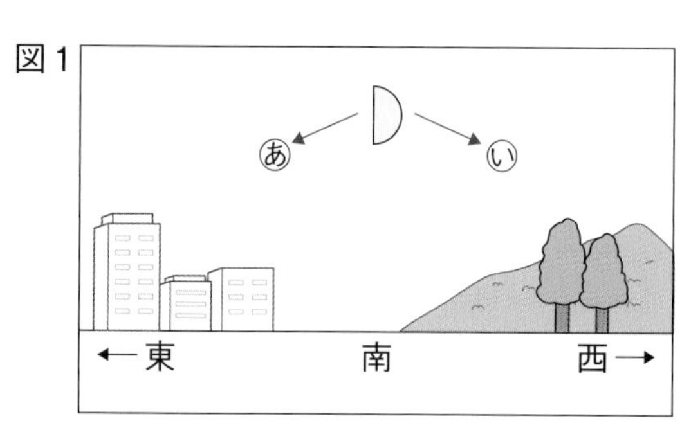

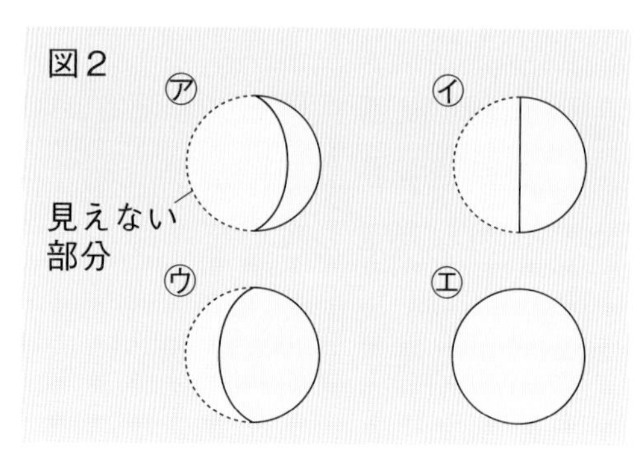

(1)　図1のように、月の半分がかがやいているような月の形を何といいますか。

(　　　　　)

(2)　図1で、太陽があるのは、あ、いのどちらの方向ですか。　(　　　　)

(3)　(2)と答えた理由として、正しいものに○をつけましょう。

①(　　　)月が南の空に見えるとき、太陽はいつも(2)の方向にあるから。

②(　　　)太陽はいつも、月のかがやいていない側にあるから。

③(　　　)太陽はいつも、月のかがやいている側にあるから。

(4)　図1を観察してから4日後の夕方に、同じ場所で月を観察しました。月の形はどのように見えますか。図2のア〜エから選びましょう。　(　　　　)

(5)　太陽がしずむころに、東の空から出てくる月の形は、図2のア〜エのどれですか。

(　　　　)

2 **朝見える月** 右の図は、朝見える月を観察して、記録したものです。次の問いに答えましょう。

1つ5〔15点〕

(1)　月のかがやいている側について正しいのは、次のア、イのどちらですか。　(　　　　)

ア　太陽の方を向いている。

イ　太陽の方を向いていない。

(2)　2日後の同じ時刻(じこく)に観察すると、月の見える位置は、ア、イのどちらの方に変わっていますか。

(　　　　)

(3)　2日後の同じ時刻に観察すると、月のかがやいている部分は、図と比べて、どのようになっていますか。正しいものに○をつけましょう。

①(　　　)増えている。

②(　　　)減っている。

③(　　　)変化していない。

3 **月の観察** **右の図は、月の表面を観察したものです。次の問いに答えましょう。**

1つ5〔30点〕

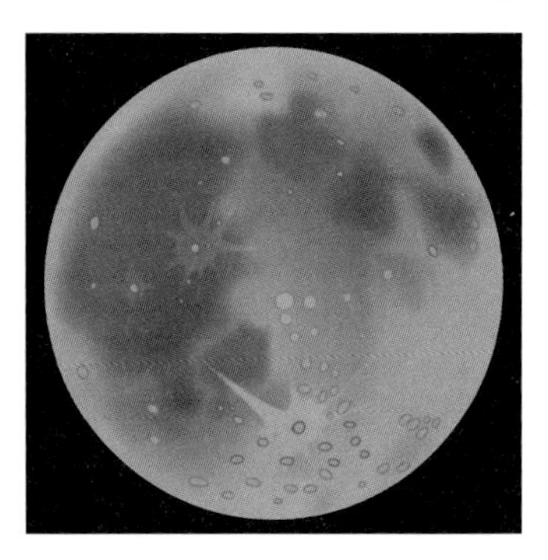

(1) 月の表面は、何でできていますか。

(　　　　　　)

(2) 月の表面にたくさんある、くぼ地を何といいますか。

(　　　　　　)

(3) 月はどのような形をしていますか。ア、イから選びましょう。

(　　)

ア　円形　　イ　球形

(4) ある日、月を観察すると満月が見られました。次に、満月が見られるのはおよそ何日後ですか。ア～エから選びましょう。(　　)

ア　10日後　　イ　15日後　　ウ　30日後　　エ　60日後

記述 (5) 月がかがやいて見えるのは、なぜですか。

(　　　　　　　　　　　　　　　　　　　　)

(6) 次の文のうち、正しいものに○をつけましょう。

①(　　)太陽と月は、いつも同時に見ることができる。

②(　　)太陽が出ているときは、月を見ることができない。

③(　　)月と太陽が同時に見えるときも、月しか見えないときもある。

4 **月の見え方** **図1のように、ボールと電灯を使って、月の見え方について調べました。あとの問いに答えましょう。**

1つ3〔30点〕

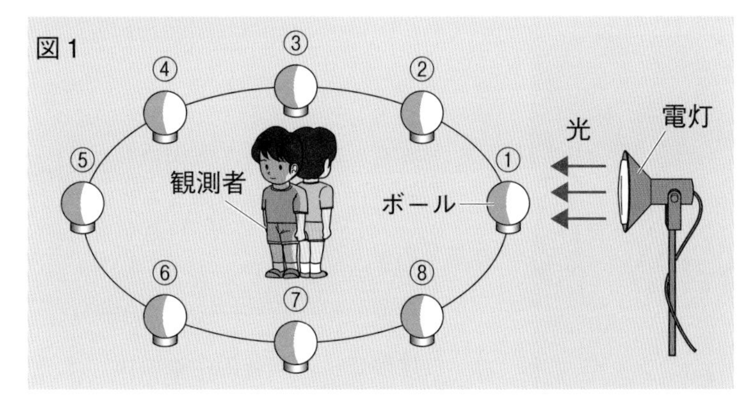

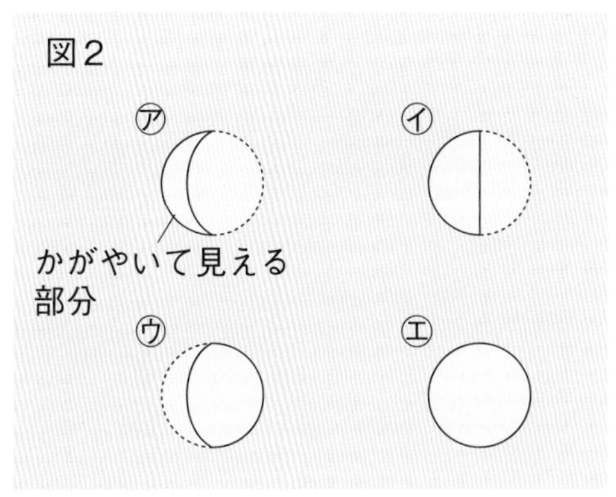

(1) この実験では、観測者、電灯、ボールをそれぞれ月、太陽、地球のどれのモデルとしていますか。　観測者(　　　　)　電灯(　　　　)　ボール(　　　　)

(2) 観測者から見て、ボールが図2の㋐～㋓のようにかがやいて見えるのは、どの位置にあるときですか。それぞれ図1の①～⑧から選びましょう。

㋐(　　)　㋑(　　)　㋒(　　)　㋓(　　)

(3) ボールのかがやいている部分が見えないのは、図1の①～⑧のどの位置にあるときですか。

(　　)

(4) (3)のように、かがやいている部分が見えない月を何といいますか。

(　　　　)

記述 (5) この実験から、日によって月の形が変化して見えるのはなぜだと考えられますか。

(　　　　　　　　　　　　　　　　　　　　)

1 しま模様に見えるわけ

基本のワーク

学習の目標
地層がしま模様に見える理由を確認しよう。

教科書 120～128ページ　答え 16ページ

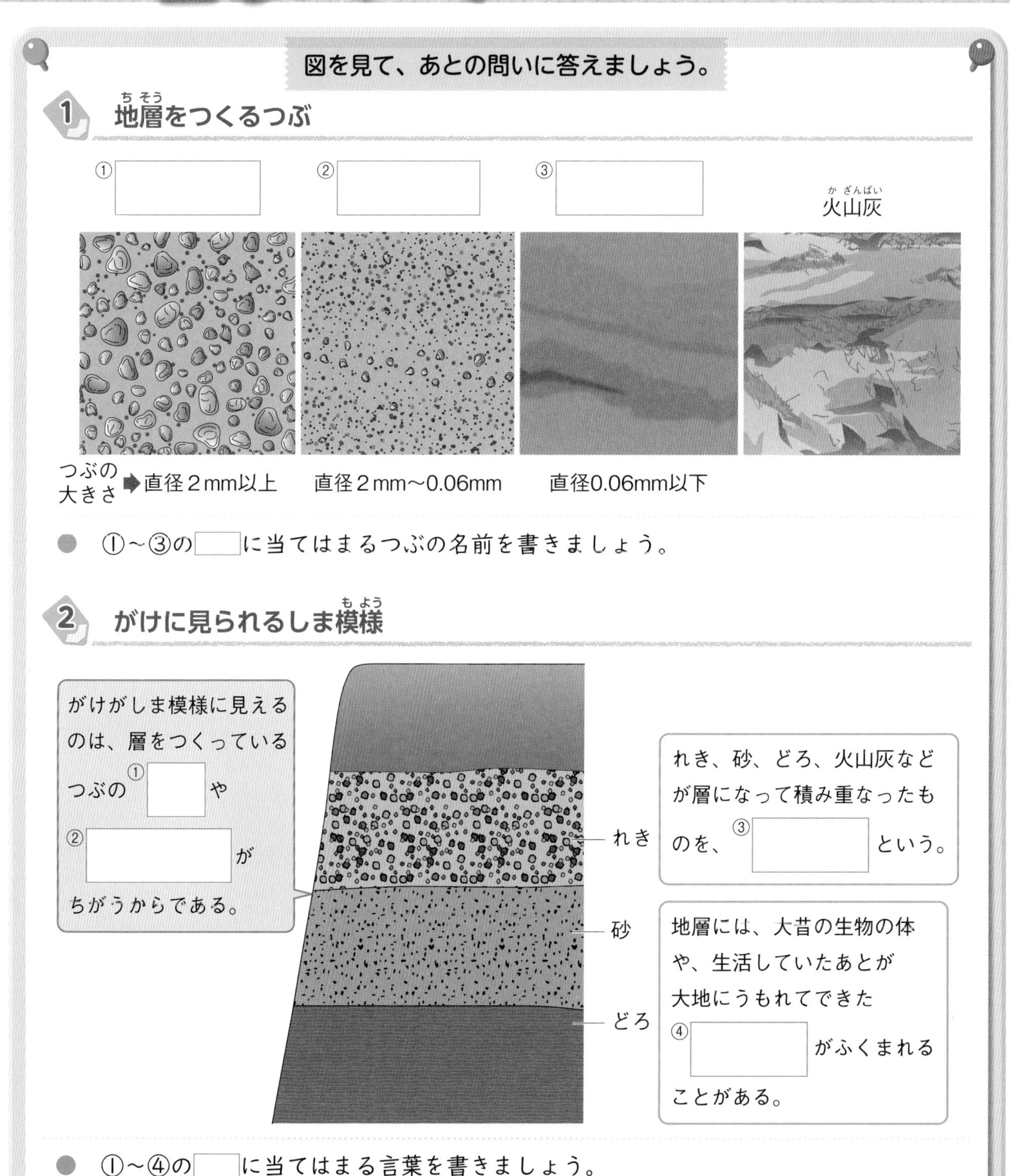

まとめ 〔 色　火山灰 〕から選んで（　）に書きましょう。

- 地層は、れき・砂・どろや①(　　　　　　)などの層からできている。
- 地層は、つぶの②(　　　　　　)や大きさがちがうため、しま模様に見える。

しみこんだ水は、固まったどろの層など、水を通しにくい層の上の層にたまり、地下水となります。特に、れきなどの層ではすき間が多いため、地下水がたまりやすいです。

練習のワーク

教科書　120～128ページ　答え　16ページ

1　右の図のようながけで、どろや砂などが積み重なった層を観察しました。次の問いに答えましょう。

(1)　図のような層の重なりを、何といいますか。
（　　　　　）

(2)　図の㋐～㋒の層には、それぞれ次のようなとくちょうが見られました。㋐～㋒の層は、れき、砂、どろのうち、どのつぶでできていますか。

㋐　灰色の直径2mm以上の大きなつぶでできている。つぶの間には、小石がつまっている。
（　　　　　）

㋑　茶色の層で、つぶはよく見えないほど小さい。さわると、なめらかな感じがする。
（　　　　　）

㋒　うすい茶色のつぶが混じり合っている。つぶの直径は2mmより小さいが、㋑よりは大きい。
（　　　　　）

(3)　このがけがしま模様に見えるのは、それぞれの層をつくっているつぶの何がちがうためですか。2つ書きましょう。
（　　　　　）（　　　　　）

(4)　㋑の層の中に、大昔の貝が大地にうもれてできたものが見られました。このような、大昔の生物の体や生活のあとなどを何といいますか。
（　　　　　）

2　砂や火山灰からできている地層を観察しました。次の問いに答えましょう。

(1)　火山灰の層は、どのようにしてできた層ですか。正しい方に○をつけましょう。

①（　　）火山の噴火(ふんか)で燃えた植物の灰(はい)が積もってできた層である。

②（　　）火山の噴火によってふき出された小さなつぶが降り積もってできた層である。

(2)　この砂と火山灰の2つの層を遠くから見ると、どのように見えますか。正しい方に○をつけましょう。

①（　　）つぶの大きさが同じなので1つの層に見える。

②（　　）色がちがうので、分かれて見える。

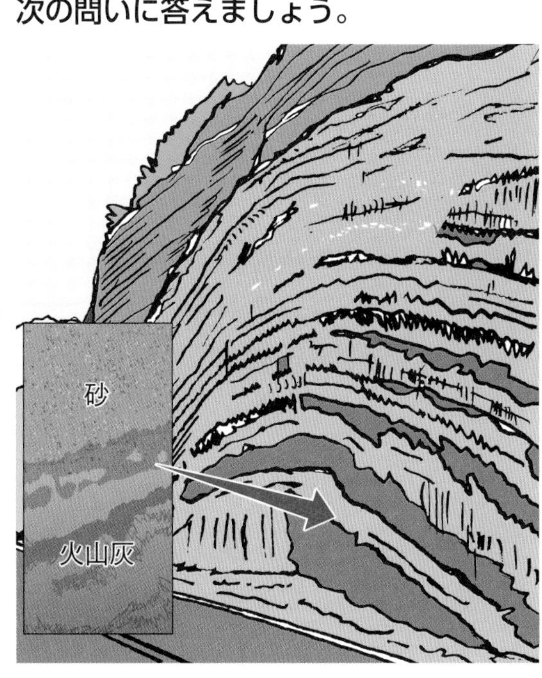

まとめのテスト①

7　大地のつくりと変化

教科書 120～128ページ　答え 16ページ

1 地層の広がり　図1は、向かい合っている2つのがけのようすです。あとの問いに答えましょう。
1つ5〔55点〕

図1　左側　右側

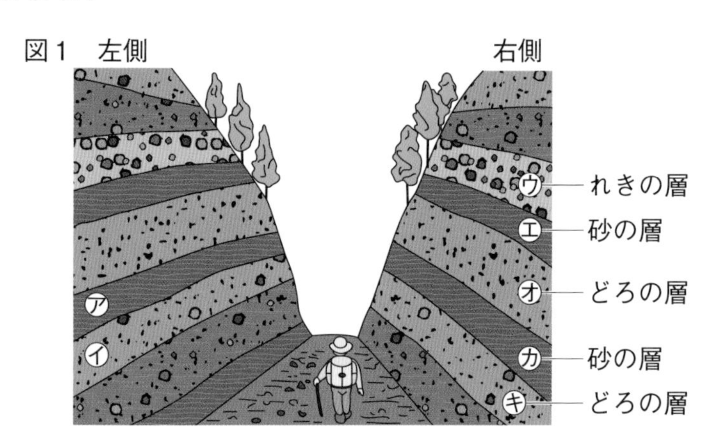

図2

(1)　地層はどのようになっていますか。正しい方に○をつけましょう。
①(　　　)がけの表面だけに見られる。
②(　　　)おくまで広がっている。

(2)　㋐、㋑の層は、右側のがけのどの層とつながっていたと考えられますか。それぞれ㋒～㋖から選びましょう。
㋐の層(　　　)
㋑の層(　　　)

(3)　㋑の層から、図2の貝が見つかりました。このような、大昔の生物の体などが大地にうもれてできたものを何といいますか。(　　　)

(4)　図1の㋒～㋔の地層のうち、層をつくっている主なつぶが、もっとも大きいものと、もっとも小さいものを選びましょう。
もっとも大きいもの(　　　)
もっとも小さいもの(　　　)

(5)　火山の噴火によってふき出された直径2mm以下のつぶを何といいますか。
(　　　)

(6)　次の文のうち、地層の説明として正しいものに4つ○をつけましょう。
①(　　　)層によって厚さがちがっている。
②(　　　)層の厚さは全て同じである。
③(　　　)層によって色がちがっている。
④(　　　)どの層も色は全て同じである。
⑤(　　　)層をつくっているつぶの大きさは、どの層も全て同じである。
⑥(　　　)層をつくっているつぶの大きさは、層によってちがっている。
⑦(　　　)しま模様に見えるがけの地層は、つぶの色や大きさが同じ層が積み重なっている。
⑧(　　　)しま模様に見えるがけの地層は、つぶの色や大きさがちがう層が積み重なっている。

2 **地層の広がりを調べる** **図1のようにして、地上にやぐらを組み、地面に深い穴をあけて、地下のようすを調べることがあります。次の問いに答えましょう。**　1つ8〔24点〕

図1

⑴　図1の方法で集めた試料を、何といいますか。

（　　　　　　　　　　　　　　）

⑵　⑴の試料からどのようなことがわかりますか。次のア～ウから選びましょう。　（　　　）

ア　地下に砂やどろなど、どのようなつぶがあるかはわかるが、地層の重なり方はわからない。

イ　地下にある砂やどろなどの地層の重なり方や層の深さ、厚さがわかる。

ウ　地下にある砂やどろなどの地層の重なり方はわかるが、層の厚さや深さはわからない。

作図

⑶　図2は、ねん土を地層のモデルと考えて、重ねたねん土にプラスチックのつつをつきさし、ぬき出したもので、㋑のぬき出したつつは⑴の試料を表しています。㋐の図のあ、いの層は、㋑の図のどこに見られますか。㋑の図に、あの部分は赤色で、いの部分は黒色でぬりましょう。

図2

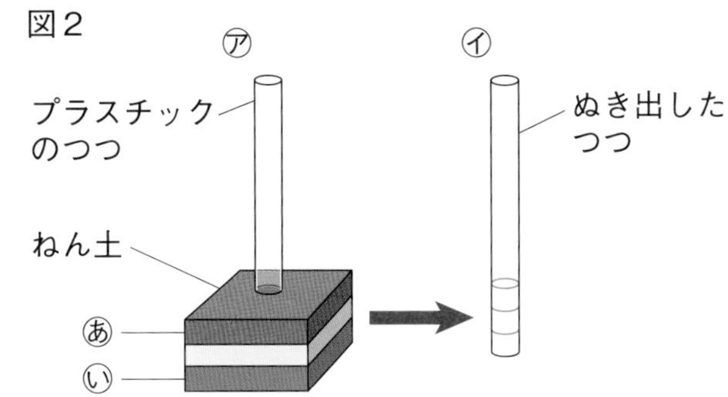

3 **化石** **地層にふくまれる、右の図のような化石（かせき）について調べました。次の問いに答えましょう。**　1つ7〔21点〕

⑴　図の㋐は、どのようなところにいた生物の化石ですか。正しい方に○をつけましょう。

①（　　　）海の底

②（　　　）火山

⑵　化石についての説明として、正しいものに○をつけましょう。

①（　　　）化石は、動物のものだけで、植物のものはない。

②（　　　）化石は、生物の体や生活していたあとが、大地にうもれてできたものである。

③（　　　）化石は、海の底でできたものなので、高い山で見られることはない。

⑶　ある地層から、きょうりゅうの骨（ほね）の化石が見つかりました。この地層について、わかることに○をつけましょう。

①（　　　）この地層の近くで、火山の噴火があった。

②（　　　）この地層は、あたたかいところで積もった。

③（　　　）この地層は、きょうりゅうが生きていた大昔に積もった。

④（　　　）この地層は、山の上で積もった。

勉強した日 月 日

2 地層のでき方①

基本のワーク

学習の目標
水のはたらきでできた地層の特ちょうを確認しよう。

教科書 129～132ページ　答え 17ページ

図を見て、あとの問いに答えましょう。

1 水のはたらきでできた地層

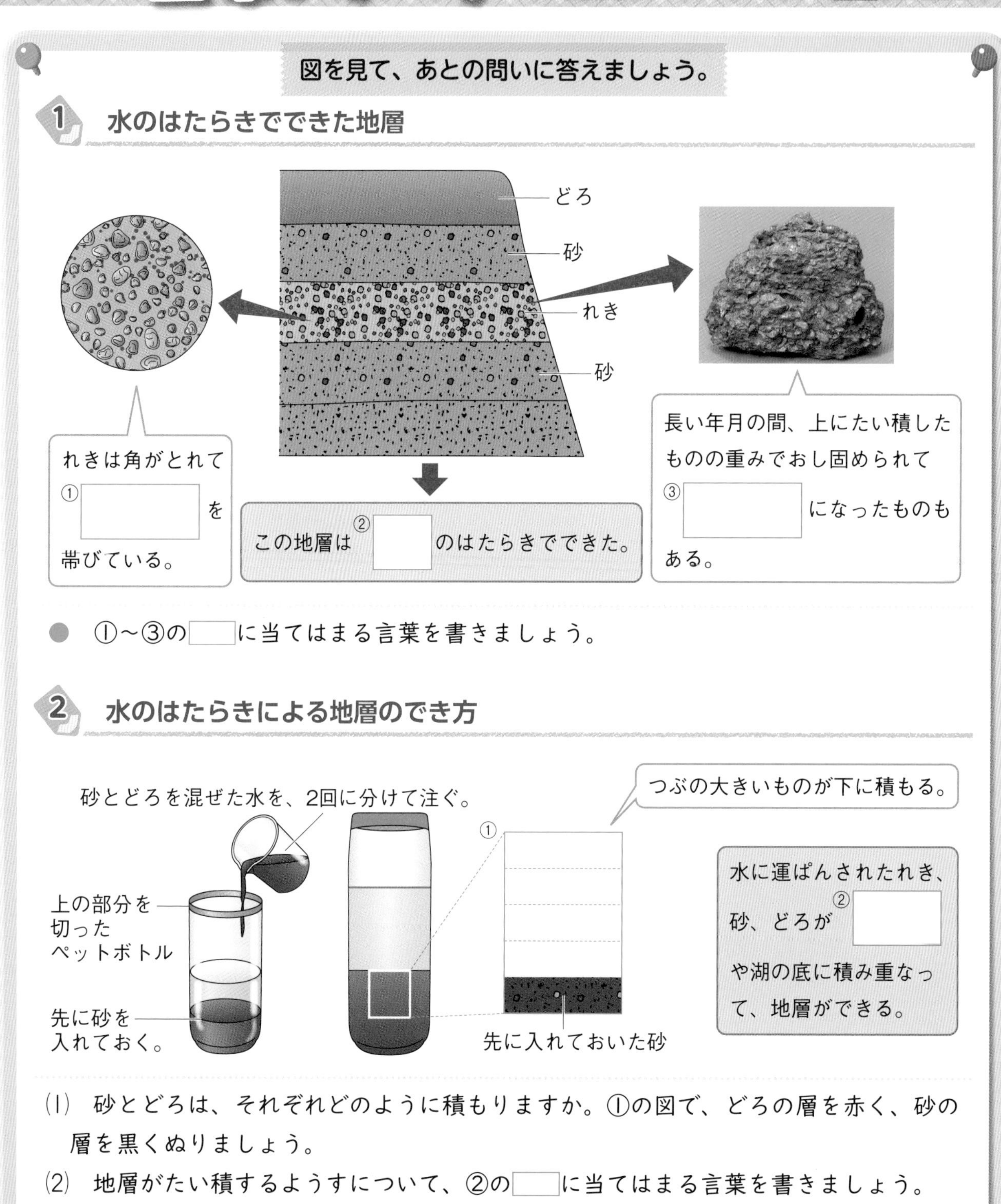

● ①～③の□に当てはまる言葉を書きましょう。

2 水のはたらきによる地層のでき方

(1) 砂とどろは、それぞれどのように積もりますか。①の図で、どろの層を赤く、砂の層を黒くぬりましょう。

(2) 地層がたい積するようすについて、②の□に当てはまる言葉を書きましょう。

まとめ 〔 たい積　地層 〕から選んで(　)に書きましょう。

●水のはたらきでできた①(　　　　)は、れき・砂・どろなどがつぶの大きさごとに分かれて、海や湖の底に②(　　　　)してできた。

わくわくたんてい団　れき、砂、どろなどは、川を流れる間に、川底やまわりの石などにぶつかって丸みを帯びます。

練習のワーク

できた数　/8問中

教科書 129～132ページ　答え 17ページ

1 次の写真は、水のはたらきでできた地層をつくる岩石です。あとの問いに答えましょう。

㋐

主にれきが固まってできている。

㋑

同じような大きさの砂でできている。

㋒
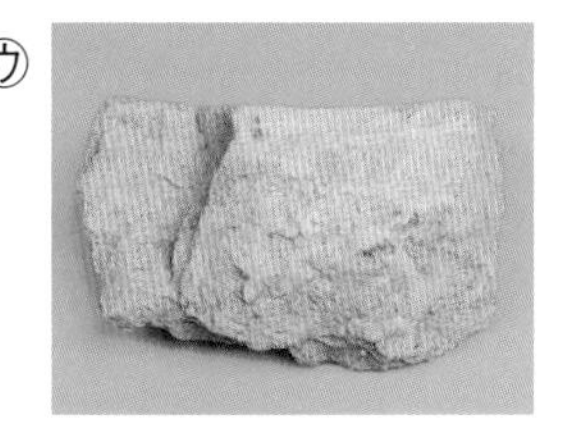
どろの細かいつぶでできている。

(1) 図の㋐～㋒の岩石をそれぞれ何といいますか。

㋐(　　　　)　㋑(　　　　)　㋒(　　　　)

(2) ㋐の岩石にはれきがふくまれています。このれきは、丸みを帯びていますか、角ばっていますか。(　　　　)

(3) ㋐～㋒の岩石はどのようにしてできましたか。次のア～ウから選びましょう。(　　)

ア　大きな岩石が水によって運ばれる間に小さくなり、岩石としてたい積した。

イ　流れる水によって運ばれるときに、水の力で砂やどろのつぶが固まった。

ウ　地層の中で、上にたい積したものの重みによっておし固められた。

2 次の図は、地層ができるようすを表したものです。あとの問いに答えましょう。

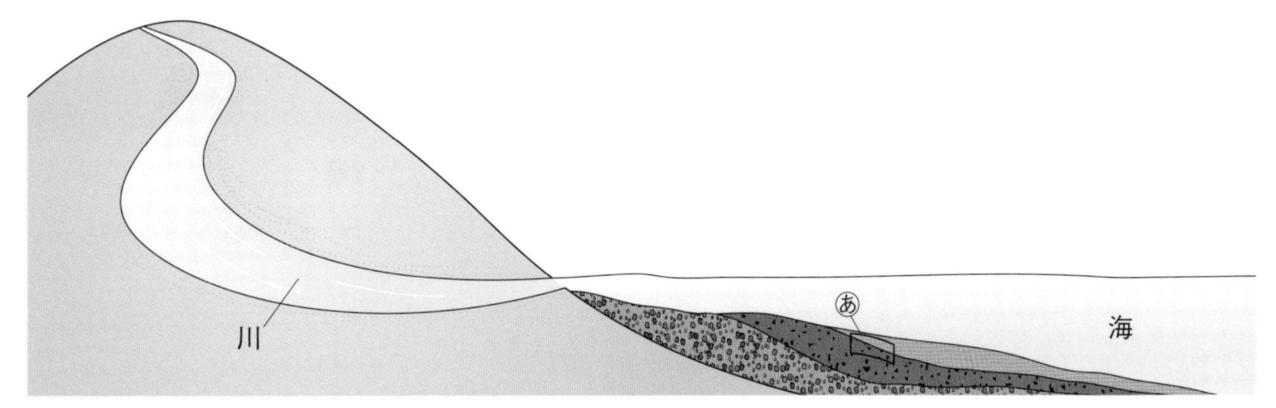

(1) 図のあの部分は、砂やどろがどのようにたい積していますか。次の㋐～㋒から選びましょう。(　　)

㋐
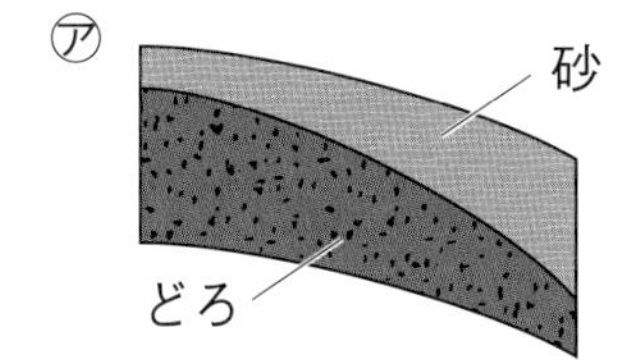

㋑
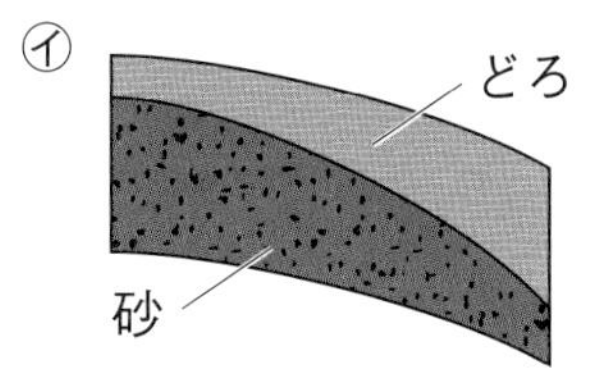

㋒
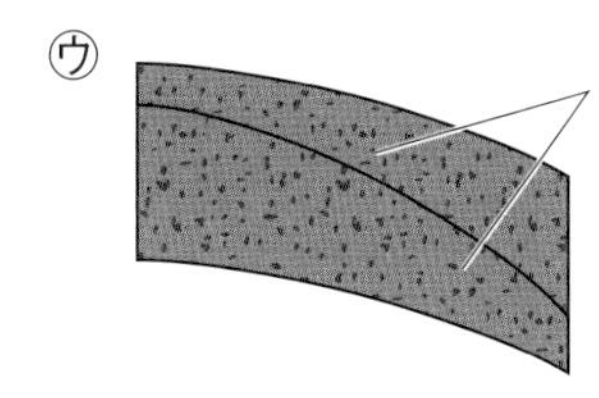

(2) このようにしてできた地層のれきは、川原のれきと同じように角がとれていますか、とれていませんか。(　　　　)

(3) このようにしてできた地層から、化石が見つかることはありますか。

(　　　　)

勉強した日　月　日

2 地層のでき方②

基本のワーク

学習の目標
火山のはたらきでできた地層や火山灰の特ちょうを確認しよう。

教科書 133~139ページ　答え 17ページ

図を見て、あとの問いに答えましょう。

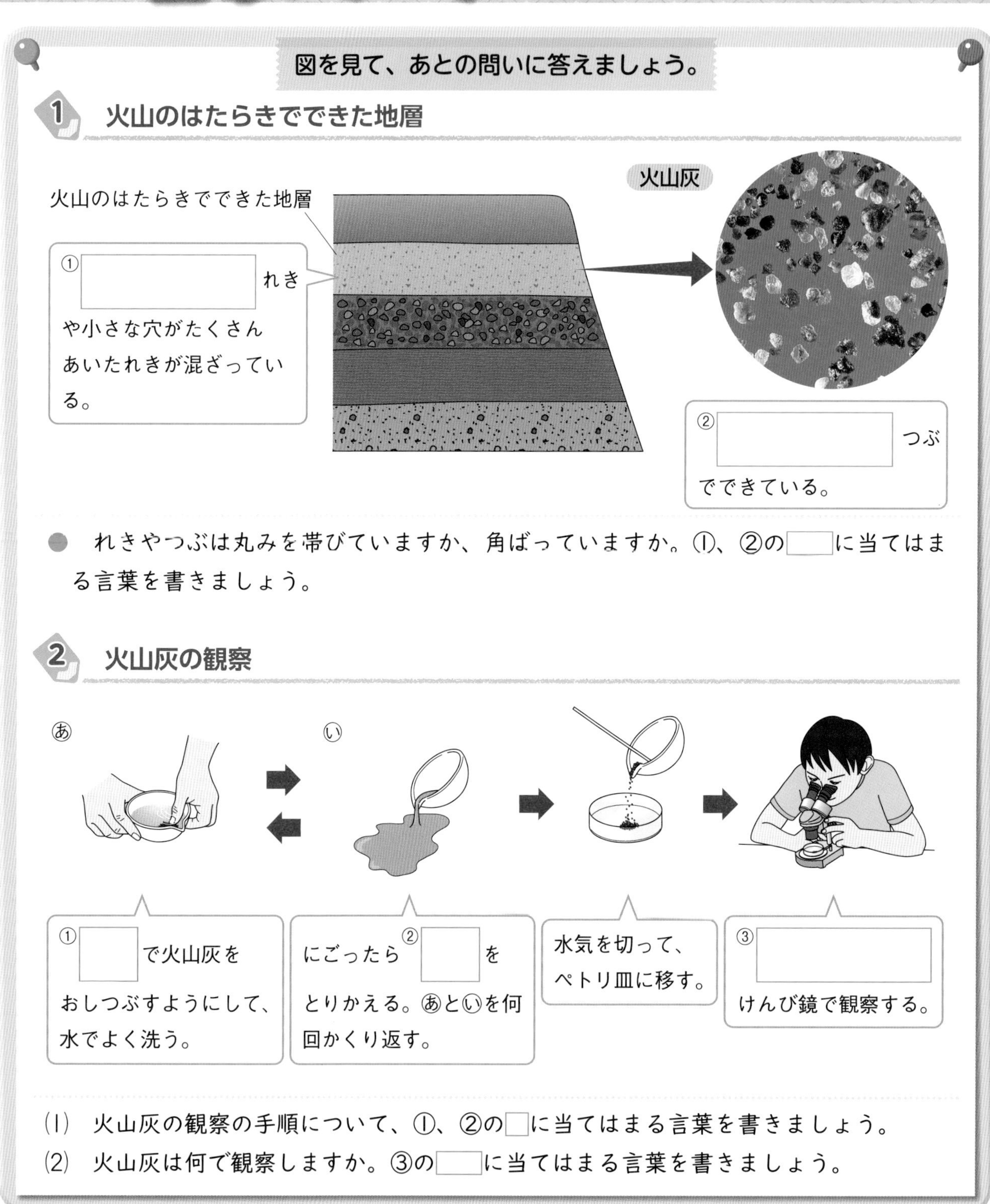

まとめ　〔 火山灰　角ばった 〕から選んで（　）に書きましょう。

- 火山のはたらきでできた地層は、①（　　　　）などがたい積してできた。
- 火山灰のつぶには②（　　　　）ものがふくまれている。

火山灰のつぶには、セキエイ、チョウ石、クロウンモ、カクセン石、キ石、カンラン石などがあります。無色とう明のセキエイは、水晶（すいしょう）ともよばれています。

練習のワーク

教科書 133～139ページ　答え 17ページ

できた数 /8問中

1 右の図は、火山のはたらきでできた地層の中に見られたれきです。次の問いに答えましょう。

(1) 図のれきの特ちょうとして正しいものを、ア～エから2つ選びましょう。 (　　)(　　)

ア 川原のれきに似ている。

イ 角がとれて丸みを帯びている。

ウ ごつごつと角ばっている。

エ 小さな穴がたくさんあいている。

(2) 火山からふき出されたものが降り積もってできた地層があります。火山からふき出された、直径2mm以下の小さなつぶを何といいますか。 (　　　　)

(3) 火山の噴火によって、(2)は、風で遠くまで流されることがありますか。

(　　　　)

2 次の図のようにして、火山灰を観察しました。あとの問いに答えましょう。

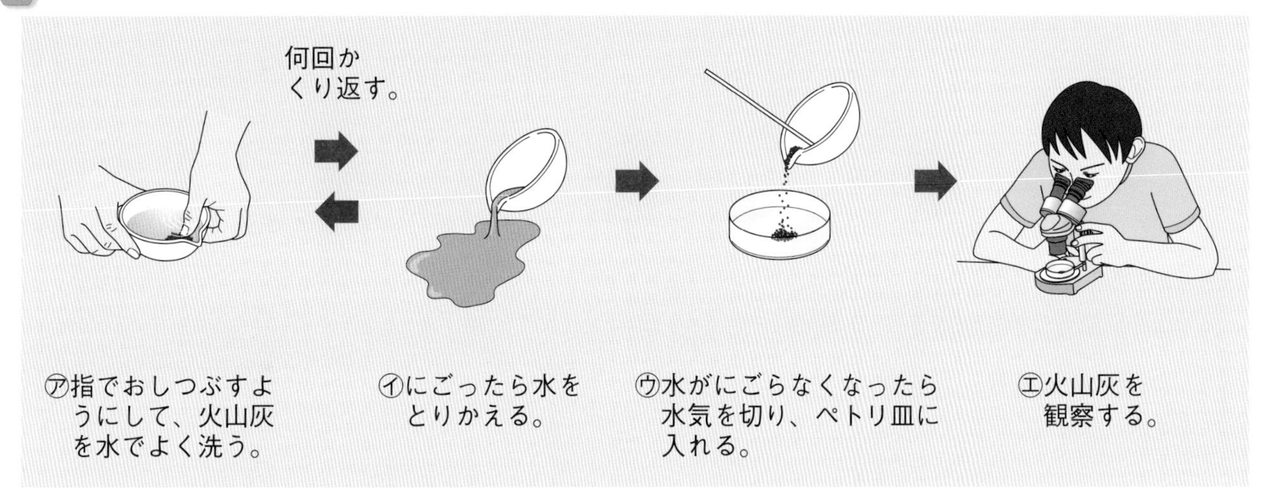

(1) 観察する前に、㋐と㋑の作業をくり返すのはなぜですか。次のア、イから選びましょう。

(　　)

ア 火山灰の量を少なくするため。

イ 火山灰のつぶを観察しやすくするため。

(2) ㋓で、火山灰のつぶを何で観察しますか。次のア、イから選びましょう。 (　　)

ア そう眼実体けんび鏡

イ けんび鏡

(3) 火山灰のつぶは、丸みを帯びていますか、角ばっていますか。

(　　　　)

(4) 火山灰を観察したときのようすとして、正しいものに○をつけましょう。

①(　　)つぶの色は、全て同じである。

②(　　)つぶの大きさは、全て同じである。

③(　　)つぶは何種類かあって、色や大きさはさまざまである。

まとめのテスト②

7　大地のつくりと変化

時間20分

得点　/100点

教科書 129～139ページ　答え 17ページ

よく出る **1** **がけのようす** 図1は、あるがけのようすを観察したものです。あとの問いに答えましょう。

1つ5〔30点〕

図1

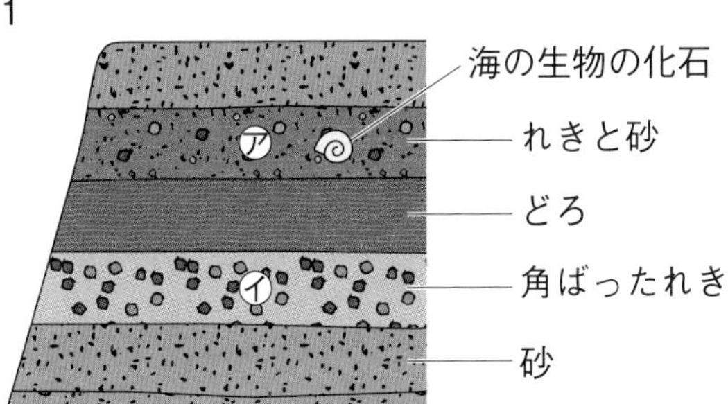

図2

(1)　身近ながけの地層を観察するときに使う用具のうち、層のつぶをかく大して観察するときに使うものは何ですか。（　　　　　）

(2)　図１の㋐の地層はどのようにしてできましたか。（　）に当てはまる言葉を、下の〔　〕から選んで書きましょう。

①（　　　　　）のはたらきで②（　　　　　）されたれきや砂が
③（　　　　　）でたい積してできた。

〔　水　　空気　　運ぱん　　たい積　　噴火　　火山　　海の底　〕

(3)　図２は、図１の㋑の地層で見られたれきです。㋑の地層は何のはたらきでできたと考えられますか。（　　　　　）

(4)　図１のがけの地層がしま模様に見える理由として、正しいものに○をつけましょう。

①（　　）それぞれの層をつくっているつぶの色は同じだが、つぶの大きさがちがうから。
②（　　）それぞれの層をつくっているつぶの色や大きさが同じだから。
③（　　）それぞれの層をつくっているつぶの色や大きさがちがうから。

2 **地層の中の岩石** 地層を観察していると、次の図のような岩石が見つかりました。あとの問いに答えましょう。

1つ5〔15点〕

(1)　どろの細かいつぶでできている岩石を、㋐～㋒から選びましょう。（　　　）

(2)　主にれきが固まってできている岩石を、㋐～㋒から選びましょう。（　　　）

(3)　同じような大きさの砂が固まってできている岩石を、㋐～㋒から選びましょう。（　　　）

3 地層のでき方 地層が水中でできるようすを調べるため、図1のように、砂とどろを混ぜた水をペットボトルの中に注ぎました。次の問いに答えましょう。

1つ7〔35点〕

(1) 砂とどろは、どのようにたい積しますか。図2の㋐～㋒から選びましょう。（　　　）

(2) (1)からどのようなことがいえますか。次のア～ウから選びましょう。（　　　）

ア　つぶの大きいものが下にたい積する。

イ　つぶの小さいものが下にたい積する。

ウ　つぶの大きなものと、つぶの小さなものが混ざってたい積する。

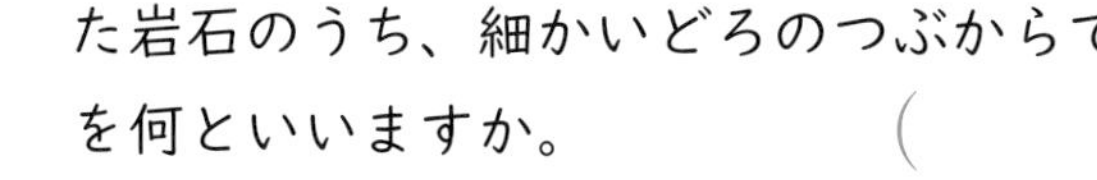

(3) 図1のようにして水中でできた地層がおし固められた岩石のうち、細かいどろのつぶからできているものを何といいますか。（　　　）

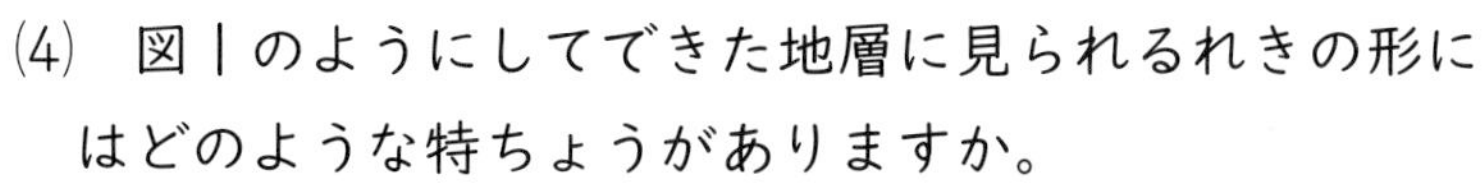

記述 (4) 図1のようにしてできた地層に見られるれきの形にはどのような特ちょうがありますか。

（　　　）

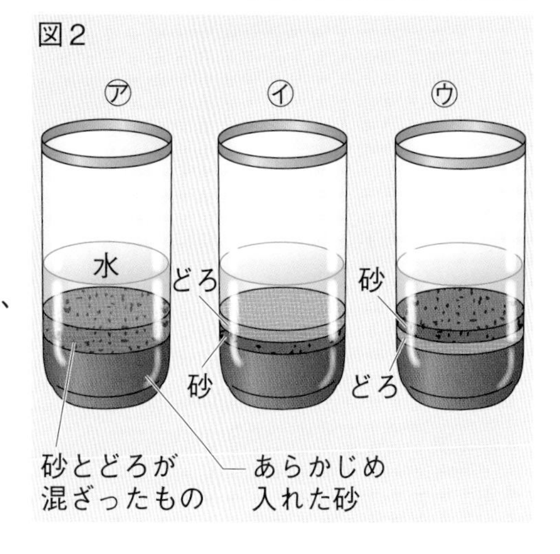

チャレンジ! (5) 図1のようにして水中でできた地層が、高い山の山頂(さんちょう)付近で見られることがあるのはなぜですか。次のア、イから選びましょう。（　　　）

ア　山頂付近でたい積したから。

イ　長い年月の間に、海底でできた地層がもち上がったから。

4 地層のつくり 右の図は、ある地層のつぶを、そう眼実体けんび鏡で観察したものです。次の問いに答えましょう。

よく出る

1つ5〔20点〕

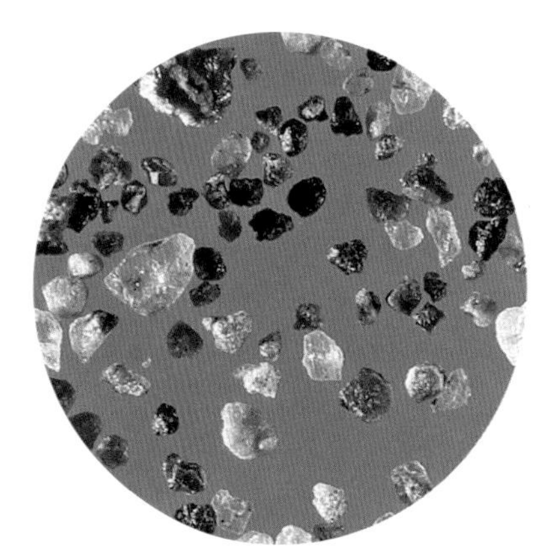

(1) 観察したのは、何がたい積してできた地層のつぶですか。ア～エから選びましょう。（　　　）

ア　れき　　イ　砂　　ウ　どろ　　エ　火山灰

(2) (1)を観察しやすいように、観察する前にどのような作業をしますか。ア～ウから選びましょう。

（　　　）

ア　つぶをエタノールにつける。

イ　つぶを水でよく洗う。

ウ　つぶについたゴミを、布でふきとる。

(3) この地層がたい積したころ、近くでどのようなことが起こったと考えられますか。

（　　　）

(4) 図のつぶの特ちょうとして、正しいものに○をつけましょう。

①（　　　）丸みを帯びている。

②（　　　）角ばっている。

③（　　　）丸みを帯びたつぶと角ばったつぶが、半分ずつ混ざっている。

勉強した日 月 日

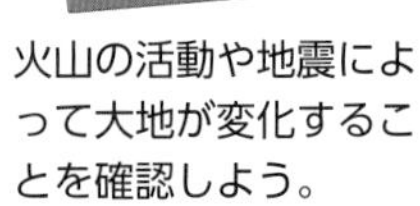

火山の噴火と地震

基本のワーク

学習の目標
火山の活動や地震によって大地が変化することを確認しよう。

教科書 140～153ページ　答え 18ページ

図を見て、あとの問いに答えましょう。

1 火山の噴火

火山が噴火すると、①[ ]が降る。

②[ ]が山のしゃ面を流れ出す。

● 火山の噴火について、①、②の[ ]に当てはまる言葉を書きましょう。

2 地震(じしん)

ずれた大地

大地に大きな力が加わることでできたずれを①[ ]という。

もち上げられた土地

②[ ]が起きると、土地がもち上がったり、しずんだりすることがある。

● 地震について、①、②の[ ]に当てはまる言葉を書きましょう。

まとめ 〔 よう岩(がん)　火山灰　断層(だんそう) 〕から選んで( )に書きましょう。

● 火山の噴火によって、①(　　　)が降ったり、②(　　　)が流れ出したりする。

● ③(　　　)がずれて動くとき、地震が起きる。

地震は、地球の表面をおおっているプレートという岩石の層が移動して、他のプレートに大きな力がかかることによって起きます。

練習のワーク

できた数　/9問中

教科書 140~153ページ　答え 18ページ

1 火山の噴火について調べました。次の問いに答えましょう。

(1) 火山が噴火すると流れ出す㋐を、何といいますか。
(　　　　　　)

(2) (1)によって、大地のようすが大きく変化することがありますか。(　　　　　　)

(3) 火山が噴火するとふき出し、降り積もる㋑を、何といいますか。(　　　　　　)

(4) 火山の噴火によってどのような災害が起こることがありますか。当てはまるものに○をつけましょう。

①(　　)㋑にふくまれる水で橋が流される。
②(　　)流れ出た㋐で建物がうもれる。
③(　　)建物がたおれたり、地面が割(わ)れたりする。

2 次の写真は、地震によって変化した土地のようすを表したものです。あとの問いに答えましょう。

㋐

㋑

(1) ㋐のような大地に大きな力が加わってできたずれを何といいますか。(　　　　　　)

(2) (1)のずれについて、正しい方に○をつけましょう。

①(　　)ずれは地表だけで生じている。
②(　　)ずれは地表から地下まで続いている。

(3) ㋑の場所は、かつては海でしたが、地震の後、陸地になりました。このときの大地の変化について、次の(　)に当てはまる言葉を、下の〔　〕から選んで書きましょう。

地震により、土地全体が①(　　　　　　)ため、
海面より②(　　　　　　)なって陸地になった。

〔 高く　低く　しずんだ　もち上がった 〕

記述 (4) 地震や火山の噴火によるひ害をなるべく小さくするために、ハザードマップ(防災地図)が作られています。地震や火山の噴火が起こる前に、ハザードマップを見て行っておくことは何ですか。「ひ難(なん)場所」、「ひ難方法」という言葉を使って書きましょう。
(　　　　　　　　　　　　　　　　)

勉強した日 月 日

1 水溶液にとけているもの①

基本のワーク

学習の目標
水溶液の見たようすや性質のちがいを確認しよう。

教科書 154～160ページ　答え 19ページ

図を見て、あとの問いに答えましょう。

1 薬品をあつかうときの注意

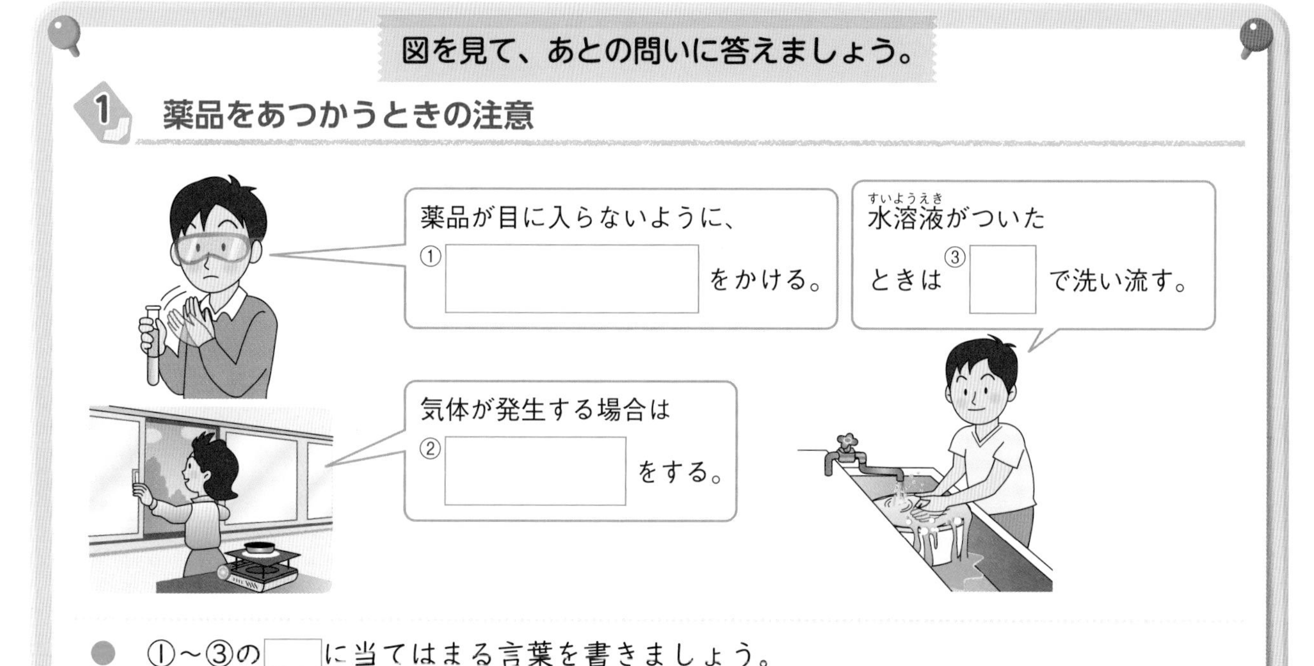

● ①～③の□に当てはまる言葉を書きましょう。

2 水溶液にとけているもの

	食塩水	うすい塩酸	うすいアンモニア水	炭酸水
見たようす	①	②	③	④
におい	⑤	⑥	⑦	⑧
水を蒸発させる	⑨	⑩	⑪	⑫

(1) 表の①～④に、あわが出ているものは○、出ていないものは×を書きましょう。
(2) 表の⑤～⑧に、においがあるものは○、ないものは×を書きましょう。
(3) 表の⑨～⑫に、固体が出てくるものは○、何も残らないものは×を書きましょう。

まとめ 〔 固体　におい 〕から選んで(　)に書きましょう。

● うすい塩酸やうすいアンモニア水には、①(　　　)がある。
● 食塩水の水を蒸発させると、②(　　　)が出てくる。

わくわくたんてい団
身の回りには、たくさんの液体がありますが、全てが水溶液というわけではありません。牛乳や、書道で使うぼくじゅうなどは、液体ですが、水溶液ではありません。

1 ㋐～㋓は食塩水、うすい塩酸、うすいアンモニア水、炭酸水のいずれかです。㋐～㋓の水溶液の見たようすやにおい、性質について調べました。あとの問いに答えましょう。

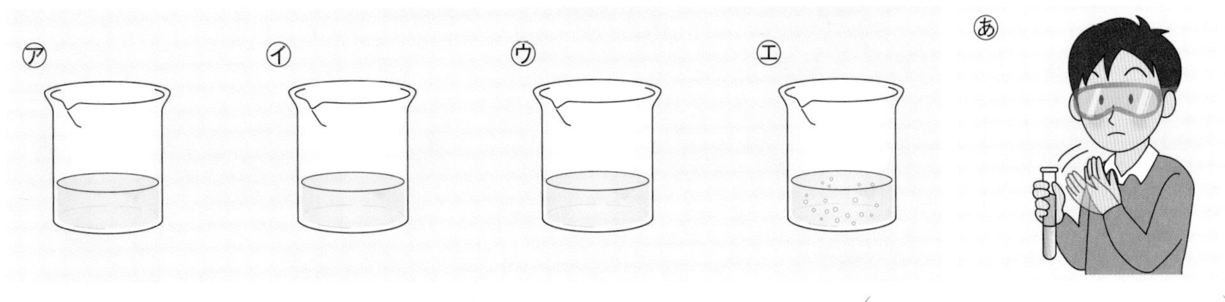

(1) ㋐～㋓のうち、炭酸水はどれですか。（　　　）

(2) ㋑と㋒はにおいのある水溶液でした。この水溶液は何ですか。2つ書きましょう。
（　　　）（　　　）

(3) あは水溶液のにおいをかいでいるところです。正しいにおいのかぎ方はどれですか。次のア、イから選びましょう。（　　　）

ア　しっかりにおいをかげるよう、鼻から直接吸いこむ。

イ　手であおぐようにしてかぐ。

(4) 薬品や水溶液をあつかうとき、どのようなことに注意しますか。正しいものに3つ○をつけましょう。

①（　　　）薬品や水溶液を、直接さわってもよい。

②（　　　）薬品や水溶液を、なめてはいけない。

③（　　　）手に水溶液がついたら、すぐにタオルでふきとる。

④（　　　）水溶液の実験では、液が飛び散ることがあるので、必ず安全めがねをかける。

⑤（　　　）目に水溶液が入ったら、すぐに大量の水で洗い流す。

2 右の図のようにして、食塩水、うすい塩酸、うすいアンモニア水、炭酸水の水を蒸発させ、固体が出てくるかどうかを調べました。次の問いに答えましょう。

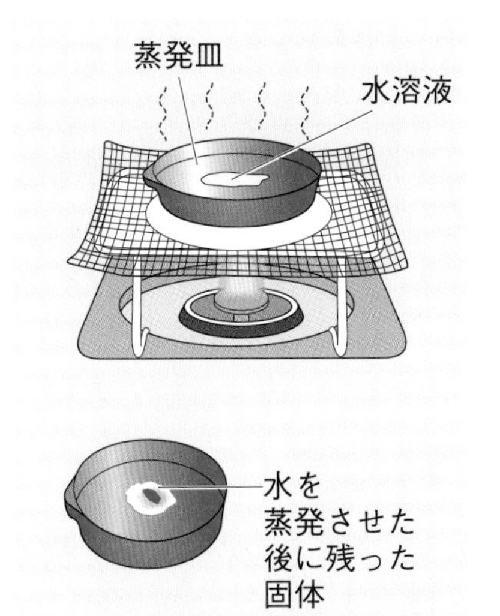

(1) 水溶液の水を蒸発させるとき、火を消すのは、蒸発皿（じょうはつざら）に入れた液がどうなったときですか。ア～ウから選びましょう。（　　　）

ア　液が温まったとき。

イ　液の量が半分になったとき。

ウ　水分が全てなくなったとき。

(2) 水を蒸発させたとき、固体が出てくるのは、どの水溶液ですか。（　　　）

(3) 水を蒸発させたときに、何も残らない水溶液がありました。この水溶液には何がとけていますか。ア、イから選びましょう。（　　　）

ア　固体　　イ　気体

勉強した日　月　日

1　水溶液にとけているもの②

基本のワーク

学習の目標
水溶液には気体がとけているものがあることを確認しよう。

教科書 161～163ページ　答え 19ページ

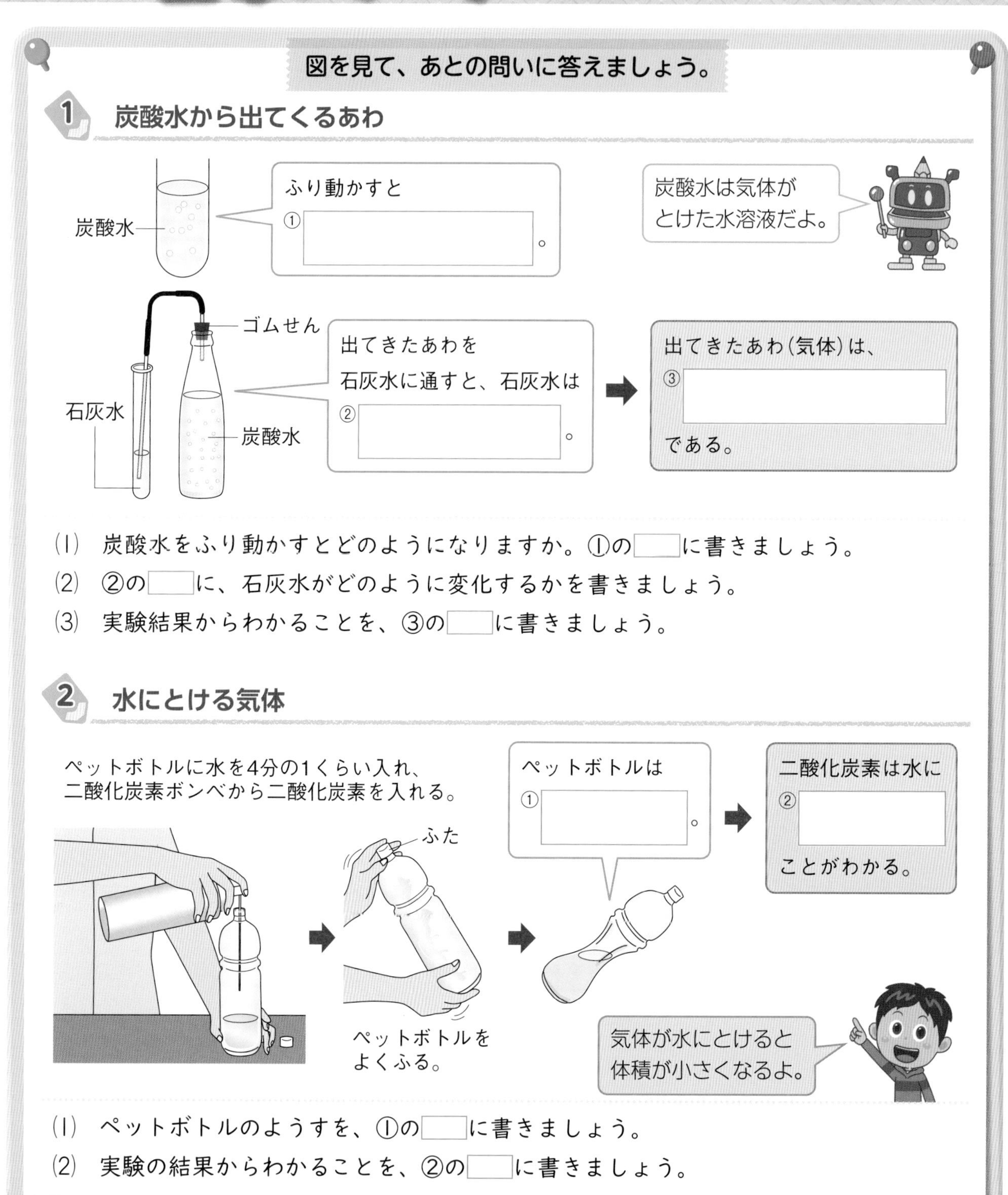

(1) 炭酸水をふり動かすとどのようになりますか。①の　に書きましょう。
(2) ②の　に、石灰水がどのように変化するかを書きましょう。
(3) 実験結果からわかることを、③の　に書きましょう。

(1) ペットボトルのようすを、①の　に書きましょう。
(2) 実験の結果からわかることを、②の　に書きましょう。

まとめ　〔 二酸化炭素　とける 〕から選んで（　）に書きましょう。

- 炭酸水から出てくるあわは、気体の①（　　　　）である。
- 二酸化炭素は水に②（　　　　）。

二酸化炭素は、20℃の水100mLに、88cm³とけます。20℃の水100mLにアンモニアは70200cm³もとけますが、酸素はわずか3.1cm³しかとけません。

練習のワーク

教科書 161〜163ページ　答え 19ページ

できた数　/11問中

1 次の図のように、㋐〜㋓の試験管にそれぞれ、食塩水、うすい塩酸、うすいアンモニア水、炭酸水を入れて、それぞれの性質を調べました。あとの問いに答えましょう。

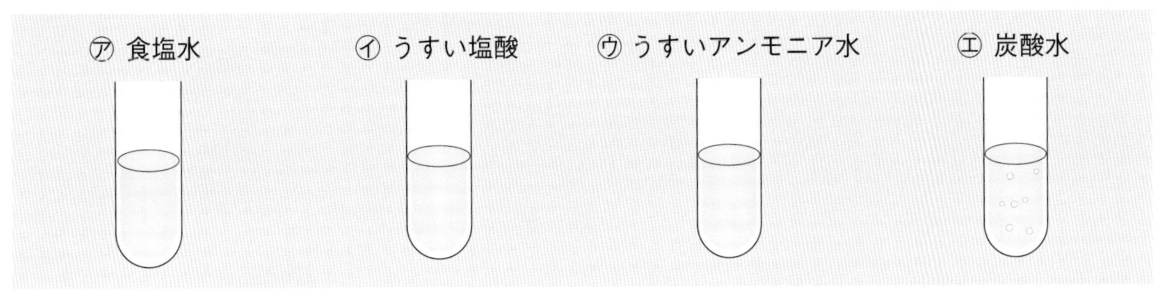

(1) ㋐〜㋓の水溶液の水を蒸発させると、㋑、㋒、㋓では何も残りませんでした。㋑、㋒、㋓の水溶液にとけているのは、固体、気体のどちらですか。（　　　　）

(2) ㋑、㋒の水溶液にとけているものは何ですか。それぞれ名前を書きましょう。
㋑（　　　　）㋒（　　　　）

(3) ㋓から出てくるあわを取り出して石灰水に通すと、石灰水はどうなりますか。
（　　　　）

(4) (3)から、㋓から出てくるあわは何ですか。（　　　　）

(5) ㋐〜㋓のうち、においがある水溶液を2つ選びましょう。（　　）（　　）

(6) (5)の水溶液ににおいがあるのは、なぜですか。正しいものに○をつけましょう。
①（　　）水溶液にとけているにおいのある気体が出てくるから。
②（　　）水溶液にとけているにおいのある固体が出てくるから。
③（　　）試験管のガラスが水溶液にとけたから。

2 右の図のようにして、二酸化炭素の性質を調べました。次の問いに答えましょう。

(1) 水を入れたペットボトルに二酸化炭素を入れた後、ふたをしてよくふりました。ペットボトルはどのようになりますか。ア〜ウから選びましょう。
（　　）

ア　ふくらむ。
イ　へこむ。
ウ　変わらない。

記述
(2) (1)のようになるのは、二酸化炭素がどのようになったからですか。
（　　　　）

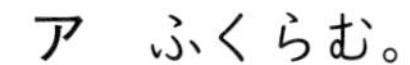

(3) ペットボトルの中の水溶液を石灰水に入れると、石灰水はどのようになりますか。
（　　　　）

まとめのテスト①

勉強した日　月　日

8　水溶液の性質

時間20分　得点　/100点

教科書 154～163ページ　答え 20ページ

1 水溶液のあつかい方 次の問いに答えましょう。　1つ3〔21点〕

(1) 水溶液や薬品などをあつかうとき、目を痛めないためにかける㋐は何ですか。（　　　　）

(2) 次の文で、薬品をあつかうときの注意として正しいものには○、まちがっているものには×をつけましょう。

①（　　）気体が発生することがあるので、窓（まど）を開けたりかん気せんを回したりして、かん気をする。

②（　　）水溶液を直接さわったりなめたりしてようすを確かめる。

③（　　）水溶液をまちがえないように、水溶液の名前を書いたラベルを試験管やビーカーにはる。

④（　　）試験管に水溶液を入れるときは、調べやすいように、半分以上入れる。

⑤（　　）水溶液をむやみに混ぜ合わせない。

⑥（　　）水溶液が手についたときは、すぐに大量の水でよく洗い流す。

2 水溶液のちがい 食塩水、うすい塩酸、うすいアンモニア水、炭酸水を㋐～㋓のビーカーに入れて、性質のちがいについて調べました。次の問いに答えましょう。

1つ5〔25点〕

(1) 見たようすから区別できる水溶液はどれですか。㋐～㋓から選びましょう。（　　）

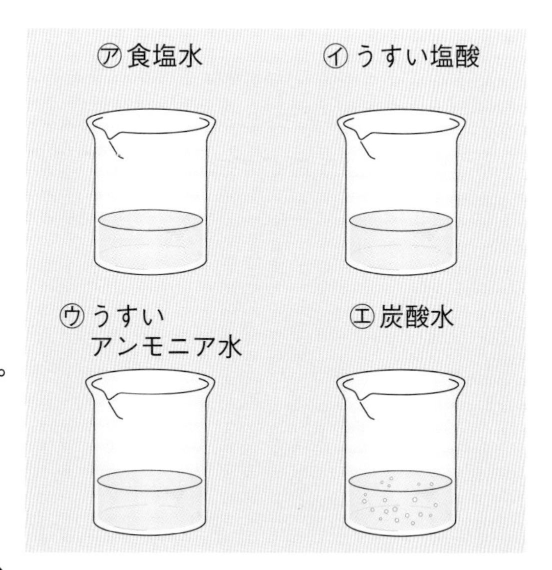

記述 (2) (1)の水溶液の見たようすは、どのようになっていますか。

（　　　　）

(3) においがある水溶液は、どれですか。㋐～㋓からすべて選びましょう。（　　）

(4) 石灰水を入れると白くにごる水溶液はどれですか。㋐～㋓から選びましょう。（　　）

(5) 4つの水溶液を、それぞれ蒸発皿に少量入れて熱し、水を蒸発させました。このとき、蒸発皿に何も残らなかった水溶液について正しいものを、次のア、イから選びましょう。（　　）

ア　固体がとけている。

イ　気体がとけている。

3 水溶液にとけているもの 塩酸や食塩水、アンモニア水にとけているものについて、次の問いに答えましょう。

1つ4〔24点〕

(1) 水溶液のにおいをかぐときはどのようにしますか。図の㋐、㋑から選びましょう。
（　　　）

(2) 食塩水を蒸発皿に少量入れて、水を蒸発させるとどうなりますか。次のア、イから選びましょう。
（　　　）

ア　何も残らない。

イ　白いつぶが残る。

(3) 食塩水には、気体と固体のどちらがとけていますか。（　　　　　）

(4) 塩酸、食塩水、アンモニア水はそれぞれ何というものがとけた水溶液ですか。

塩酸（　　　　　　）

食塩水（　　　　　　）

アンモニア水（　　　　　　）

よく出る 4 気体がとけている水溶液 次の図1のようにして、水を4分の1くらい入れたペットボトルに、二酸化炭素ボンベから二酸化炭素を入れ、ふたをして、ペットボトルをよくふりました。あとの問いに答えましょう。

1つ6〔30点〕

図1

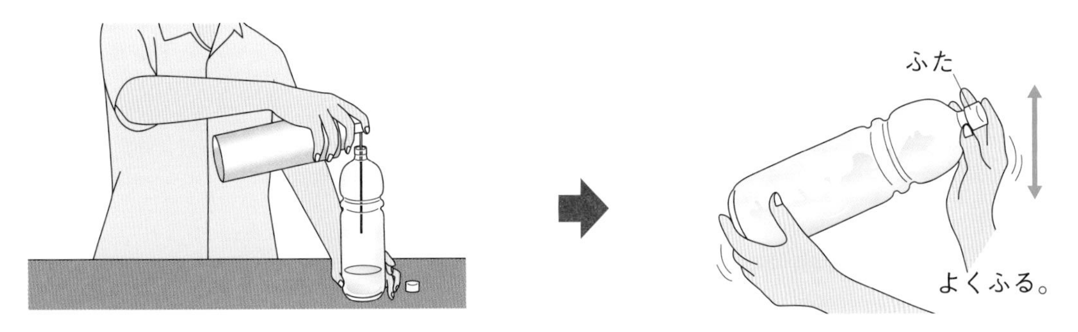

(1) ペットボトルをよくふると、ペットボトルはどのようになりますか。
（　　　　　　　　　　）

記述 (2) (1)のようになるのはなぜですか。理由を書きましょう。
（　　　　　　　　　　）

図2

(3) 図2のようにして、よくふった後のペットボトルの中の水溶液を㋐の中に入れると、㋐は白くにごりました。㋐の液は何ですか。（　　　　　）

(4) ㋐が白くにごったことから、ペットボトルの中の水溶液には、何がふくまれていることがわかりますか。
（　　　　　）

(5) よくふった後のペットボトルの中にできた水溶液は何ですか。（　　　　　）

勉強した日　月　日

2　水溶液のなかま分け

基本のワーク

学習の目標
水溶液を酸性・中性・アルカリ性になかま分けしてみよう。

教科書 164〜167ページ　答え 20ページ

図を見て、あとの問いに答えましょう。

1 リトマス紙の使い方

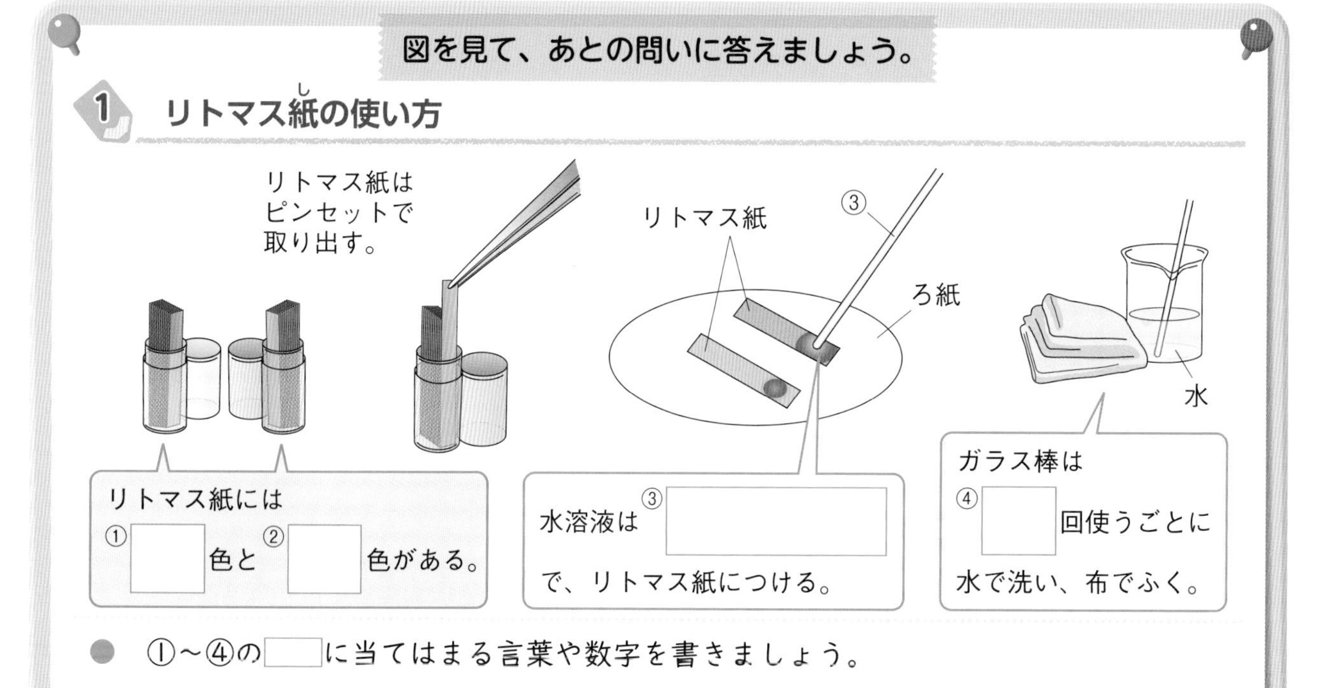

● ①〜④の□に当てはまる言葉や数字を書きましょう。

2 リトマス紙による水溶液のなかま分け

	塩酸	炭酸水	食塩水	アンモニア水
リトマス紙の変化	①	②	③	④
なかま分け	⑤　性	⑥　性	⑦　性	⑧　性

(1) 塩酸、炭酸水、食塩水、アンモニア水をリトマス紙につけました。表の①〜④のリトマス紙の⬭をそれぞれの水溶液をつけたときの色(赤または青)にぬりましょう。
(2) リトマス紙を使って水溶液をなかま分けしました。表の⑤〜⑧に当てはまる言葉を書きましょう。

まとめ　〔 青色　赤色 〕から選んで(　)に書きましょう。

● 酸性(さんせい)の水溶液は、青色リトマス紙を①(　　　)に変える。
● アルカリ性(せい)の水溶液は、赤色リトマス紙を②(　　　)に変える。

アルカリ性の水酸化ナトリウム水溶液に酸性の塩酸を混ぜると、たがいの性質を打ち消す変化が起こります。この変化を中和(ちゅうわ)といいます。

練習のワーク

教科書 164～167ページ　答え 20ページ

できた数　/16問中

1 リトマス紙の色の変わり方によって水溶液をなかま分けしました。次の問いに答えましょう。

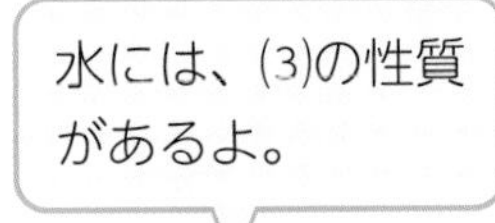

(1) 青色リトマス紙を赤色に変え、赤色リトマス紙の色は変えない水溶液を、何性の水溶液といいますか。（　　　　）

(2) 赤色リトマス紙を青色に変え、青色リトマス紙の色は変えない水溶液を、何性の水溶液といいますか。（　　　　）

(3) 青色リトマス紙の色も、赤色リトマス紙の色も変えない水溶液を、何性の水溶液といいますか。（　　　　）

2 いろいろな水溶液を、リトマス紙を使ってなかま分けしました。次の表はその結果です。あとの問いに答えましょう。

	青色リトマス紙	赤色リトマス紙
㋐ 塩酸	赤色になる。	変わらない。
㋑ アンモニア水	①	②
㋒ 食塩水	③	④
㋓ 炭酸水	⑤	⑥

(1) ㋐を例にして、リトマス紙の色がどのように変わるかを、表の①～⑥に書きましょう。

(2) 酸性の水溶液を、㋐～㋓から２つ選びましょう。（　　　）（　　　）

(3) アルカリ性の水溶液を、㋐～㋓から選びましょう。（　　　）

(4) 中性の水溶液を、㋐～㋓から選びましょう。（　　　）

3 ムラサキキャベツ液を使って、身の回りのいろいろな水溶液をなかま分けしました。次の問いに答えましょう。

(1) ムラサキキャベツ液の色は、酸性かアルカリ性かによって右の図のように変わります。㋐、㋑に当てはまるのは、酸性ですか、アルカリ性ですか。

㋐（　　　　）

㋑（　　　　）

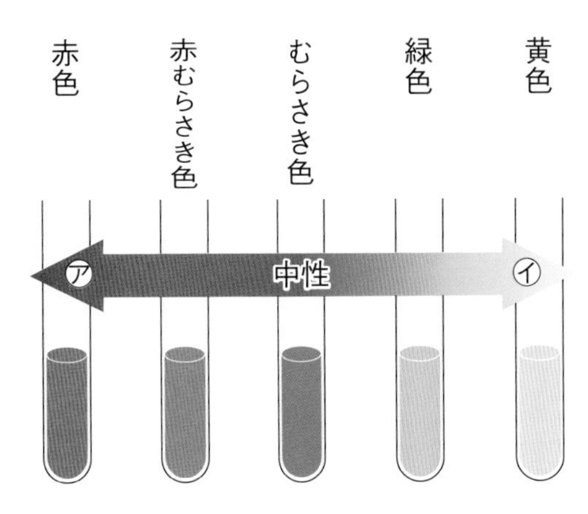

(2) ムラサキキャベツ液やリトマス紙のように、色の変化で酸性、中性、アルカリ性になかま分けできるものを、次のア、イから選びましょう。（　　　　）

ア　石灰水

イ　ＢＴＢ（ビーティービー）溶液（ようえき）

月　日

3 金属をとかす水溶液

基本のワーク

学習の目標
塩酸は金属をとかしてちがうものに変えることを確かめよう。

教科書 168～177ページ　答え 21ページ

図を見て、あとの問いに答えましょう。

1 金属をとかす水溶液

2 水溶液にとけた金属

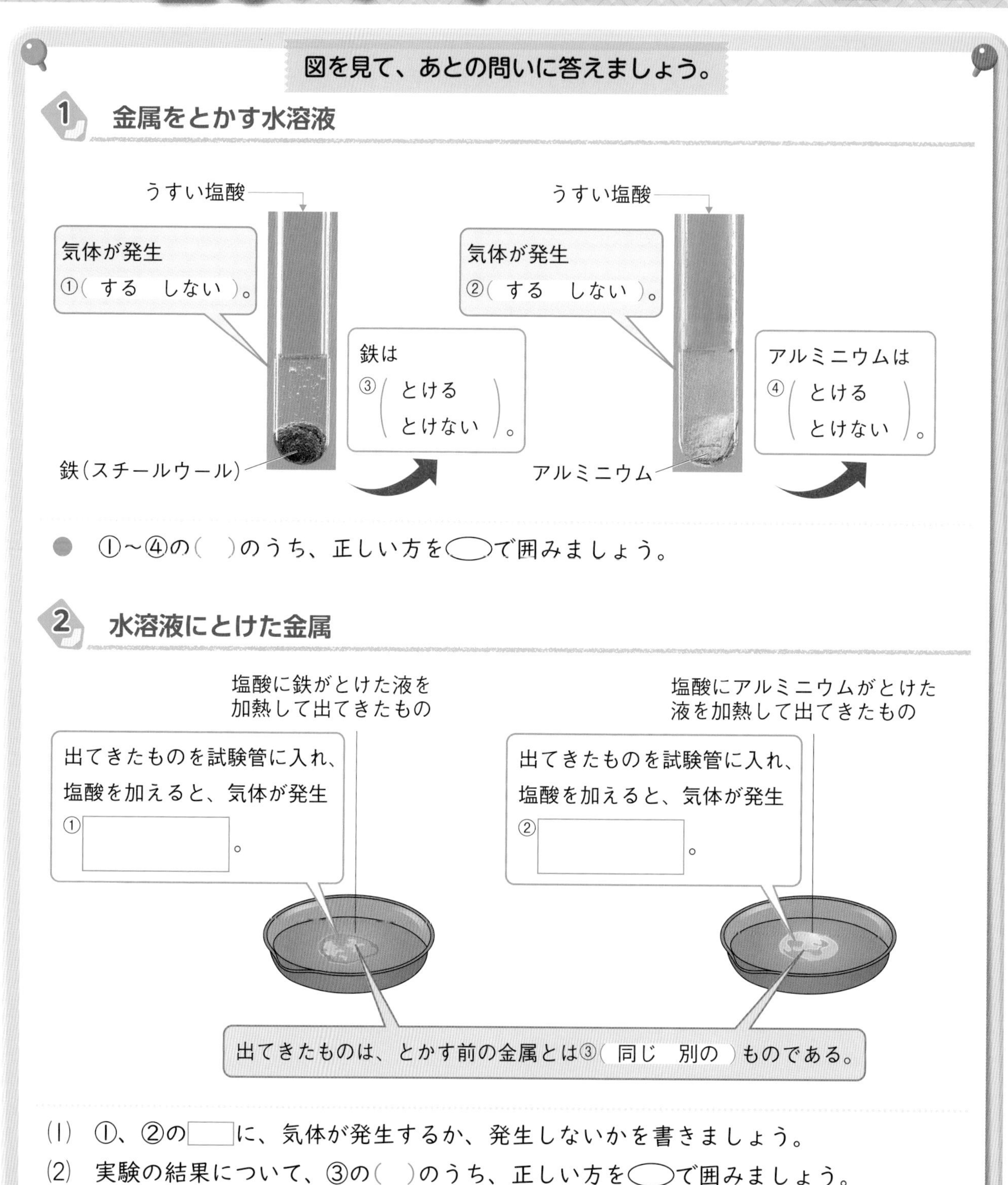

(1) ①、②の□に、気体が発生するか、発生しないかを書きましょう。
(2) 実験の結果について、③の（　）のうち、正しい方を◯で囲みましょう。

まとめ 〔 別のもの　塩酸 〕から選んで（　）に書きましょう。

- ①（　　　　）は鉄やアルミニウムをとかす。
- 塩酸にとけた金属は、とかす前の金属とは②（　　　　）になっている。

塩酸は、金や白金という金属をとかすことができません。しかし、王水とよばれる特別な水溶液は、金も白金もとかすことができます。

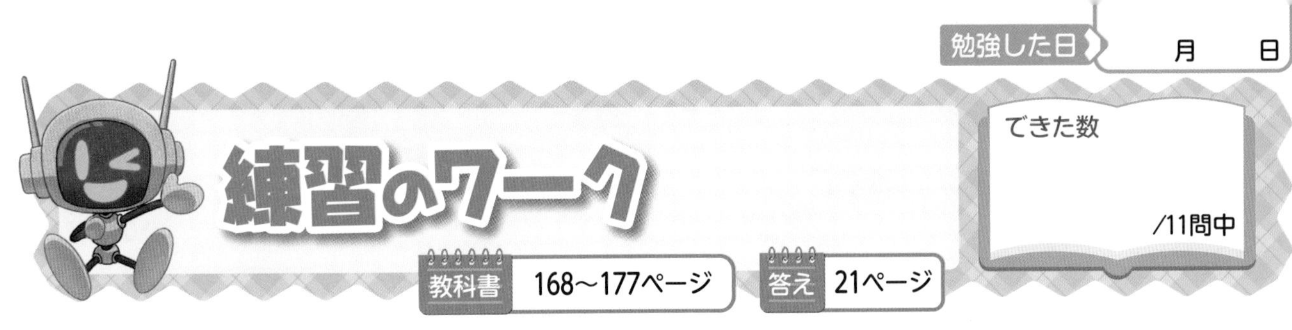

1 右の図のように、鉄(スチールウール)とアルミニウムを、それぞれ試験管に入れ、うすい塩酸を加えました。次の問いに答えましょう。

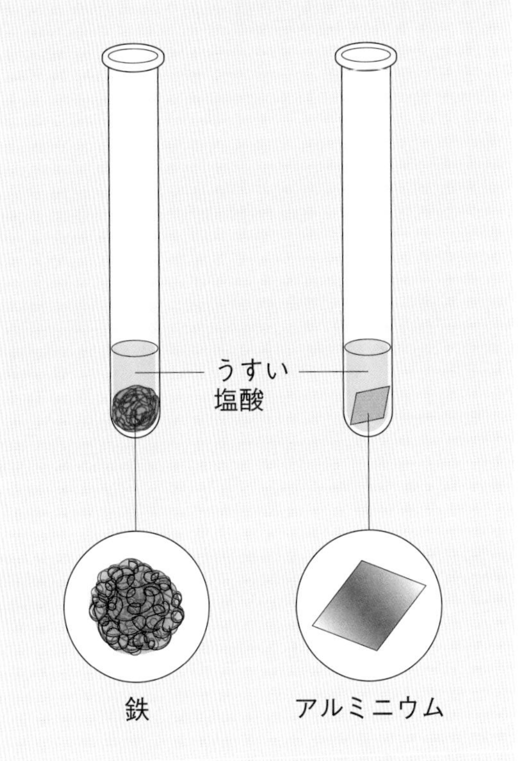

(1) 鉄にうすい塩酸を加えると、鉄はとけますか、とけませんか。
( )

(2) アルミニウムにうすい塩酸を加えると、アルミニウムはとけますか、とけませんか。
( )

(3) 鉄にうすい塩酸を加えると、気体が発生しますか、発生しませんか。
( )

(4) アルミニウムにうすい塩酸を加えると、気体が発生しますか、発生しませんか。
( )

(5) 鉄やアルミニウムにうすい塩酸を加えてしばらくすると、水溶液はとう明になりますか、にごりますか。( )

2 図1のように、うすい塩酸に鉄がとけた液を加熱して、水を蒸発させると、図2の㋐のように、固体が出てきました。次の問いに答えましょう。

図1

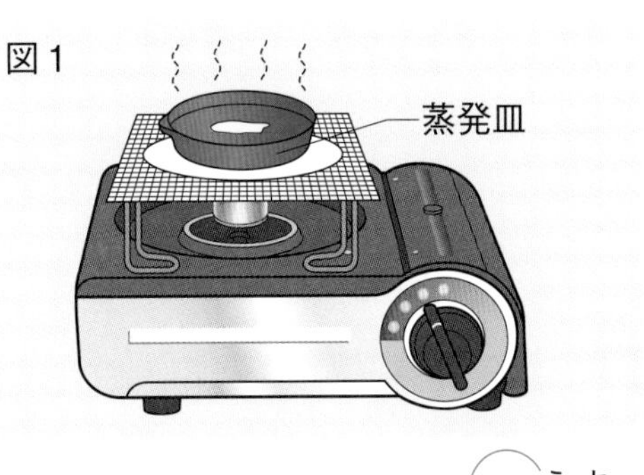

図2

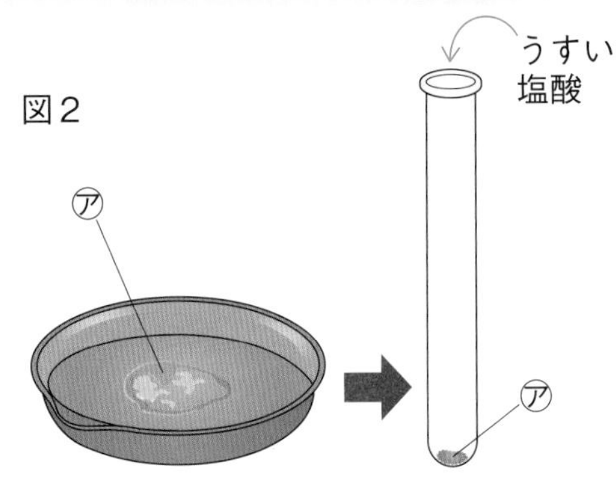

(1) ㋐は何色ですか。正しい方に○をつけましょう。
①( )銀色 ②( )黄色

(2) 図2のように、㋐を試験管に入れ、うすい塩酸を加えました。㋐はとけますか、とけませんか。
( )

(3) (2)のとき、気体は発生しますか、発生しませんか。
( )

(4) ㋐は鉄ですか、鉄とは別のものですか。
( )

(5) うすい塩酸にアルミニウムがとけた液の水を蒸発させると、固体が出てきました。この固体の色は何色ですか。正しい方に○をつけましょう。
①( )うすい銀色 ②( )白色

(6) (5)で出てきた固体にうすい塩酸を加えると、どうなりますか。ア、イから選びましょう。( )
ア 固体はとけて、気体が発生する。 イ 固体はとけるが、気体は発生しない。

まとめのテスト②

勉強した日　月　日

8　水溶液の性質

得点　/100点

教科書 164〜177ページ　答え 21ページ

よく出る 1 水溶液の性質 うすい塩酸、うすいアンモニア水、食塩水を、赤色と青色のリトマス紙につけて、リトマス紙の色の変化を調べました。次の問いに答えましょう。 1つ4〔40点〕

(1) リトマス紙は、どのようにして取り出しますか。正しいものに○をつけましょう。

①(　　　)よく手を洗ってから、指で取り出す。

②(　　　)ピンセットではさんで取り出す。

③(　　　)ろ紙にはさんで取り出す。

ガラス棒

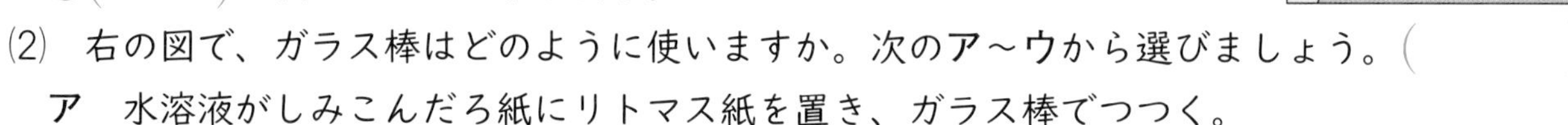

(2) 右の図で、ガラス棒はどのように使いますか。次のア〜ウから選びましょう。(　　　)

ア　水溶液がしみこんだろ紙にリトマス紙を置き、ガラス棒でつつく。

イ　ガラス棒につけた水溶液を、リトマス紙につける。

ウ　リトマス紙につけすぎた水溶液を、ガラス棒で吸い取る。

(3) ガラス棒は１回使うごとにどのようにした後、かわいた布でふきますか。

(　　　　　　　)

(4) うすい塩酸を赤色と青色のリトマス紙につけると、リトマス紙の色はそれぞれどのようになりますか。

赤色リトマス紙(　　　　　　　)

青色リトマス紙(　　　　　　　)

(5) うすいアンモニア水を赤色と青色のリトマス紙につけると、リトマス紙の色はそれぞれどのようになりますか。

赤色リトマス紙(　　　　　　　)

青色リトマス紙(　　　　　　　)

(6) うすい塩酸、うすいアンモニア水、食塩水はそれぞれ何性の水溶液ですか。

うすい塩酸(　　　　　　　)

うすいアンモニア水(　　　　　　　)

食塩水(　　　　　　　)

チャレンジ! 2 水溶液のなかま分け BTB溶液を使って、水溶液を酸性、中性、アルカリ性になかま分けしました。次の問いに答えましょう。 1つ5〔20点〕

(1) 炭酸水にBTB溶液を加えると、液の色は黄色になりました。BTB溶液が黄色になるのは何性の水溶液ですか。(　　　　　　　)

(2) 石灰水にBTB溶液を加えると、液の色は青色になりました。BTB溶液が青色になるのは何性の水溶液ですか。(　　　　　　　)

BTB溶液の色の変化

(3) 塩酸、アンモニア水にBTB溶液を加えると、それぞれ何色になると考えられますか。

塩酸(　　　　　　　)

アンモニア水(　　　　　　　)

よく出る **3** **塩酸による金属の変化** 図1のように、㋐の試験管には鉄（スチールウール）を、㋑の試験管にはアルミニウムを入れ、それぞれにうすい塩酸を加えました。しばらくして、図2のように、試験管の㋐、㋑の液を蒸発皿にとり、水を蒸発させると、それぞれ㋐、㋑の固体が出てきました。あとの問いに答えましょう。 1つ4〔40点〕

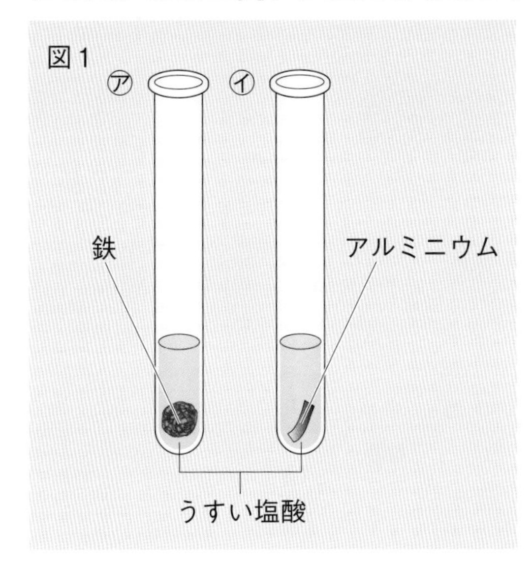

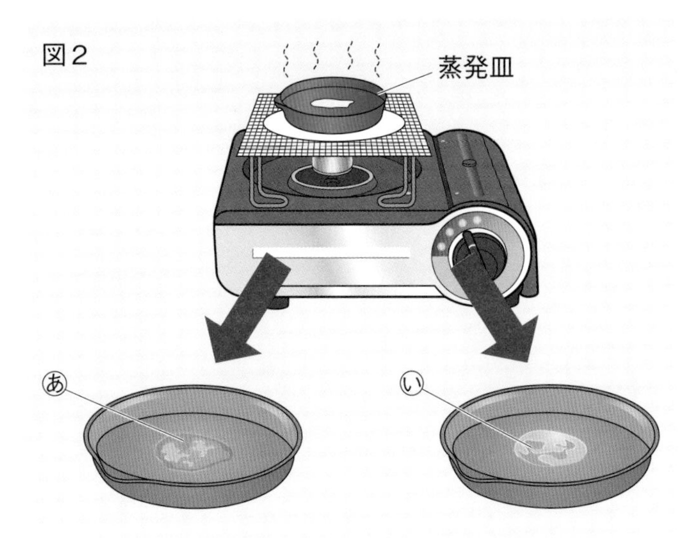

(1) 図1で、鉄とアルミニウムはどのようになりますか。それぞれ次のア～エから選びましょう。

鉄（　　　）　アルミニウム（　　　）

ア　とけて、気体が発生する。
イ　とけるが、気体は発生しない。
ウ　とけないで、気体だけが発生する。
エ　変化がない。

(2) 図2で、蒸発皿の液がどのようになったら、実験用ガスコンロの火を消しますか。正しい方に○をつけましょう。

①（　　　）液が全てなくなったら火を消す。
②（　　　）液が半分になったら火を消す。

(3) 図2のあ、いの色について、正しいものをそれぞれ次のア～ウから選びましょう。

あ（　　　）　い（　　　）

ア　もとの金属と同じ色をしている。
イ　もとの金属とちがう色をしている。
ウ　もとの金属と同じ色のものとちがう色のものが混ざっている。

(4) 図2のあ、いの固体を試験管に入れて、うすい塩酸を加えると、どうなりますか。それぞれ次のア～ウから選びましょう。　あ（　　　）　い（　　　）

ア　固体はとけて、気体が発生する。
イ　固体はとけるが、気体は発生しない。
ウ　固体はとけないで、気体だけが発生する。

(5) 図2のあの固体は鉄ですか、鉄とは別のものですか。（　　　）

(6) 図2のいの固体はアルミニウムですか、アルミニウムとは別のものですか。

（　　　）

(7) 水溶液には、金属を別のものに変化させるものがあるといえますか、いえませんか。

（　　　）

勉強した日 月 日

1 電気をつくる

基本のワーク

学習の目標
電気をつくるしくみ、電流の大きさ・向きを変えるしくみを学ぼう。

教科書 178〜186ページ　答え 22ページ

図を見て、あとの問いに答えましょう。

1 手回し発電機で発電する

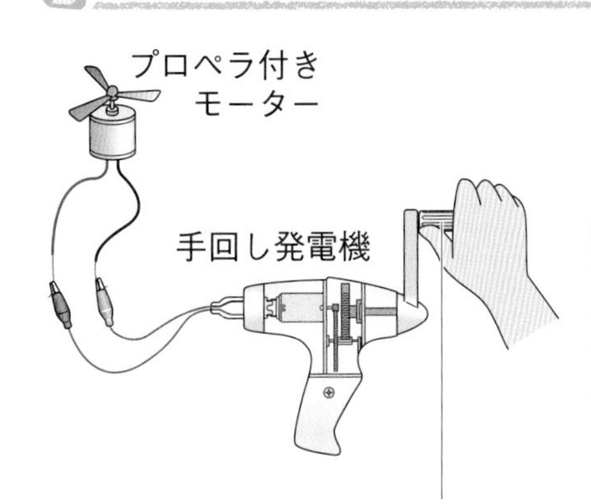

電気をつくることを①□という。

手回し発電機のハンドルを速く回すと、モーターが②（ 速く　ゆっくり ）回る。➡ 電流の大きさが③（ 大きく　小さく ）なる。

手回し発電機のハンドルを逆に回すと、モーターは④（ 同じ　逆 ）向きに回る。

(1) ①の□に当てはまる言葉を書きましょう。

(2) ハンドルの回し方を変えると、電流の大きさやモーターの回り方はどのようになりますか。②〜④の（ ）のうち、正しい方を◯で囲みましょう。

2 光電池で発電(はつでん)する

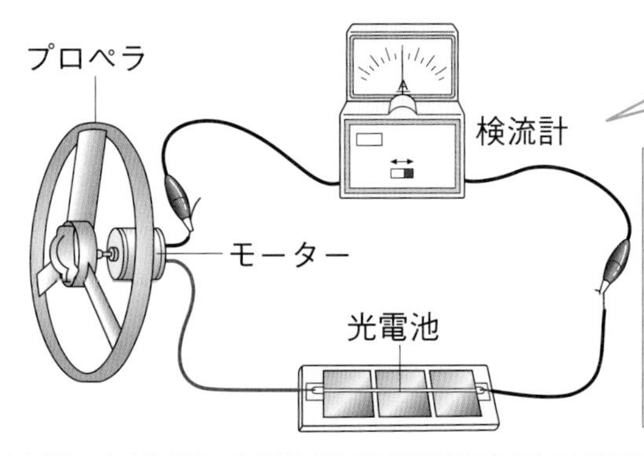

①（ 電流　光 ）の大きさを調べる。

光の当て方	強い	弱い	光電池の極を入れかえる
モーター	②	③	④
検流計	大きくふれる	小さくふれる	逆にふれる

(1) ①の（ ）のうち、正しい方を◯で囲みましょう。

(2) 光電池に光を当ててモーターの回り方を調べました。表の②〜④に当てはまる言葉を、下のア〜ウから選びましょう。

〔 ア　ゆっくり回る　　イ　速く回る　　ウ　逆に回る 〕

まとめ 〔 光電池　手回し発電機 〕から選んで（ ）に書きましょう。

①（　　　　）のハンドルを速く回したり、②（　　　　）に強い光を当てたりすると、電流の大きさが大きくなる。

電気は、光、音、熱、運動などに変えられます。逆に、手回し発電機では運動を電気に、光電池は光を電気に変えています。音や熱も電気に変えることができます。

勉強した日 月 日

できた数 /9問中

教科書 178～186ページ 答え 22ページ

1 次の図のように、手回し発電機にプロペラ付きモーター、または豆電球をつないでハンドルを回し、ハンドルを回す速さや向きを変えたときのモーターの回り方や豆電球の光り方を調べました。あとの問いに答えましょう。

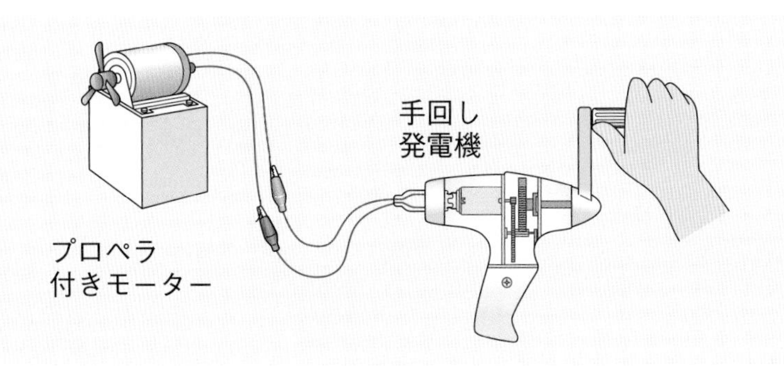

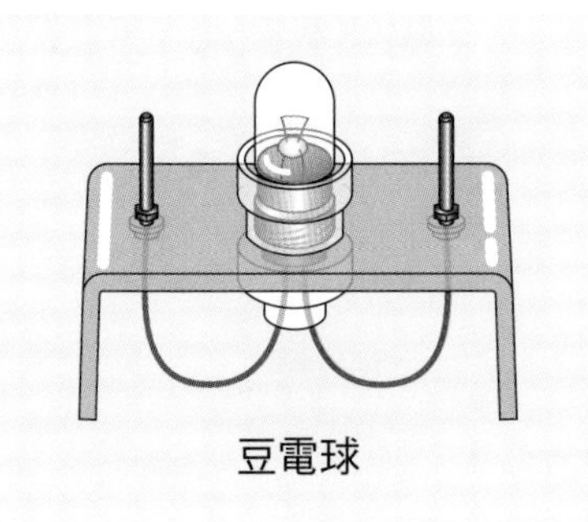

(1) 電気をつくることを何といいますか。 (　　　　)

(2) 手回し発電機のハンドルを速く回しました。次の①、②はどのようになりますか。

① プロペラ付きモーター (　　　　)

② 豆電球 (　　　　)

(3) (2)から、手回し発電機のハンドルを速く回すと電流の大きさがどのようになると考えられますか。 (　　　　)

(4) 手回し発電機のハンドルを回す速さは変えずに、回す向きを逆にしました。プロペラ付きモーターの回り方はどのようになりますか。

(　　　　)

(5) (4)から、手回し発電機のハンドルを逆に回すと電流の向きがどのようになると考えられますか。 (　　　　)

2 右の図のように、光電池にプロペラ付きモーターと検流計をつなぎ、光電池に光を当てて、モーターの回り方を調べました。次の問いに答えましょう。

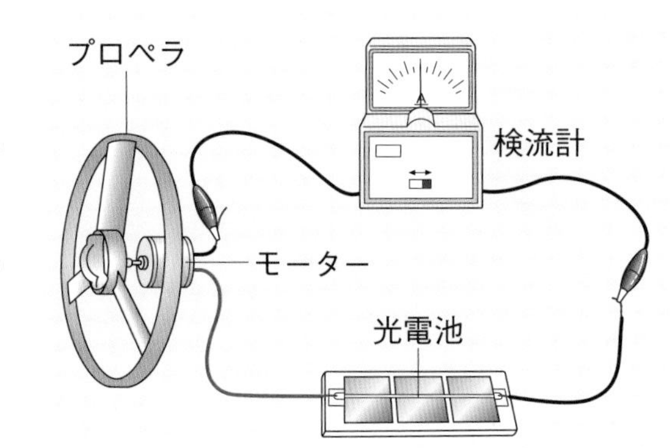

(1) 光電池に当てる光が強いとき、モーターは速く回りました。次に、光電池に半とう明のシートをかぶせて光を当てると、モーターの回り方はどのようになりますか。ア～ウから選びましょう。 (　　)

ア 速くなる。

イ ゆっくりになる。

ウ 変わらない。

(2) 光電池を半とう明のシートでおおったとき、おおう前と比べて電流の大きさはどのようになっていますか。 (　　　　)

(3) 光電池に日光を当てて電気をつくっている発電所を何といいますか。

(　　　　)

勉強した日　月　日

2 電気をためる

基本のワーク

学習の目標
コンデンサーに電気をためることができることを確認しよう。

教科書 187～190ページ　答え 22ページ

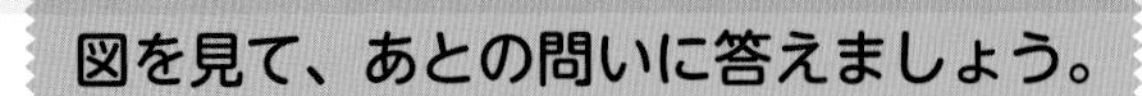

図を見て、あとの問いに答えましょう。

1 電気をためて使う

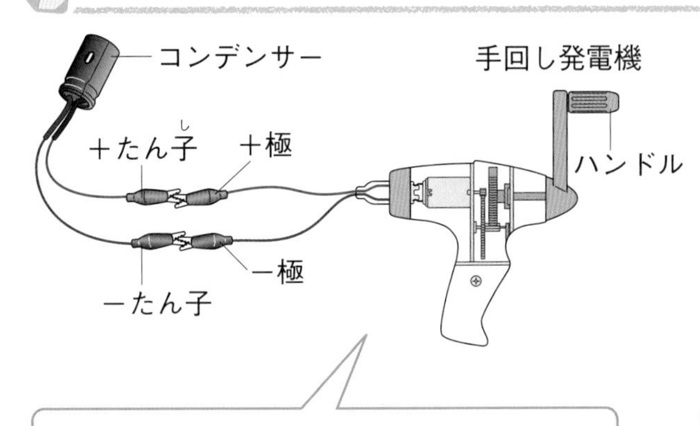

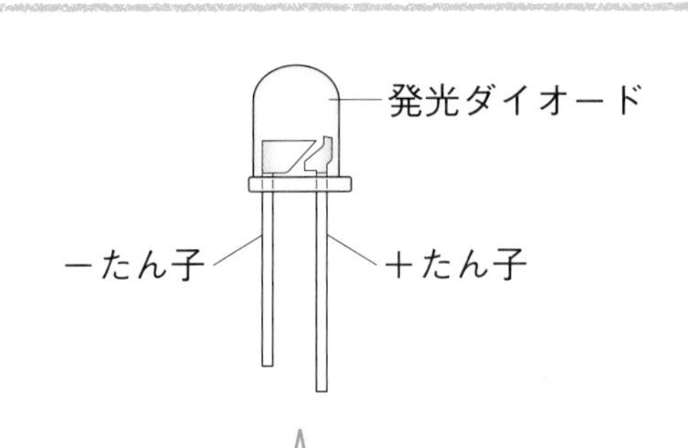

手回し発電機で電気を①（ つくり　ため ）、コンデンサーに②（ つくる　ためる ）ことができる。

発光ダイオードの＋たん子と－たん子を逆につなぐと、明かりは③（ つく　つかない ）。

● ①～③の（　）のうち、正しい方を◯で囲みましょう。

2 電気の使われ方のちがい

豆電球と発光ダイオードの電気の使われ方のちがいを比べる

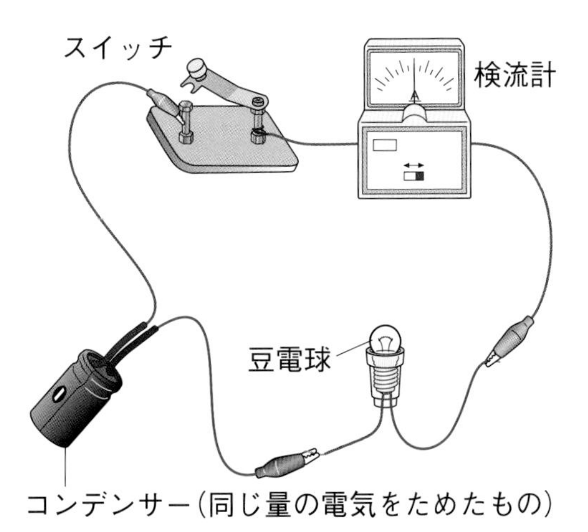

調べる時間	豆電球	発光ダイオード
	光っているか	光っているか
30秒後	光っている	光っている
60秒後	光っていない	光っている

豆電球より発光ダイオードの方が①（ 長く　短く ）光っているので、使う電気の量は発光ダイオードの方が②（ 多い　少ない ）ことがわかる。

● ①、②のうち、正しい方を◯で囲みましょう。

まとめ 〔 発光ダイオード　コンデンサー 〕から選んで（　）に書きましょう。

●つくった電気は、①（　　　　　）にためて利用できる。
●②（　　　　　）は、豆電球より少ない電気の量で光る。

光電池は、暗い夜には電気をつくることができません。光電池が昼につくった電気をコンデンサーなどにためることで、夜も電気を使うことができるようになります。

練習のワーク

教科書 187〜190ページ　答え 22ページ

できた数　/9問中

1 右の写真の㋐は、電気製品などに使われている部品です。次の問いに答えましょう。

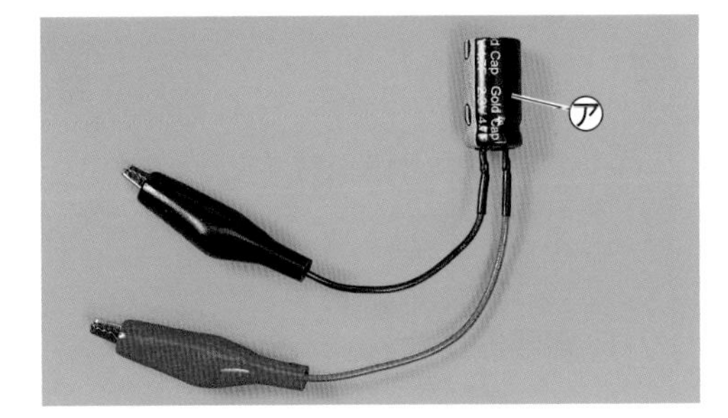

(1) この部品㋐を何といいますか。
（　　　　　　　）

(2) (1)は、どのようなはたらきをしますか。
（　　　　　　　）

(3) 手回し発電機に㋐をつないで使うとき、㋐の「－」の印のあるたん子を手回し発電機の＋極、－極どちらにつなぎますか。（　　　　）

2 次の①〜③のような実験をして、豆電球と発光ダイオードの電気の使われ方を調べました。あとの問いに答えましょう。

① 2つのコンデンサーに豆電球をつなぎ、豆電球が光らなくなるまでつなぎ続ける。

② 図のように、手回し発電機をコンデンサーにつなぎ、ハンドルを20回回したら、すぐにコンデンサーを外す。

③ 図のように、コンデンサーに豆電球や発光ダイオードをつなぎ、それぞれの光っている時間を比べ、一定の時間ごとに電流の大きさを測る。

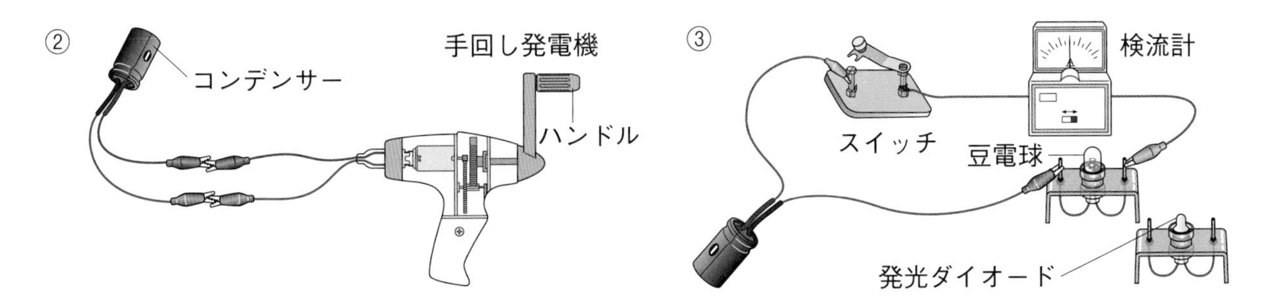

(1) ①のようにする理由について、次の文の（　）に当てはまる言葉を、下の〔　〕から選んで書きましょう。

コンデンサーに電気が残っていると、（　　　　　）量の電気をためることができないので、①のようにして、電気が（　　　　　　　）状態にしておく。

〔 ちがう　同じ　たまっていない　たまっている 〕

(2) ②で、2つのコンデンサーに電気をためるとき、手回し発電機のハンドルを回す速さは同じにしますか、同じでなくてもよいですか。（　　　　　）

(3) ③で、コンデンサーにつないだとき、光っている時間が長いのは豆電球、発光ダイオードのどちらですか。（　　　　　）

(4) ③で、光っているときに使っている電流の大きさが大きいのは、豆電球、発光ダイオードのどちらですか。（　　　　　）

(5) 同じ時間光るときに使う電気の量は豆電球、発光ダイオードのどちらが多いと考えられますか。（　　　　　）

勉強した日　月　日

3 電気の利用①

基本のワーク

学習の目標
電気は光、音、熱などに変えられて利用されることを理解しよう。

教科書 191〜193ページ　答え 23ページ

図を見て、あとの問いに答えましょう。

1 電気の利用

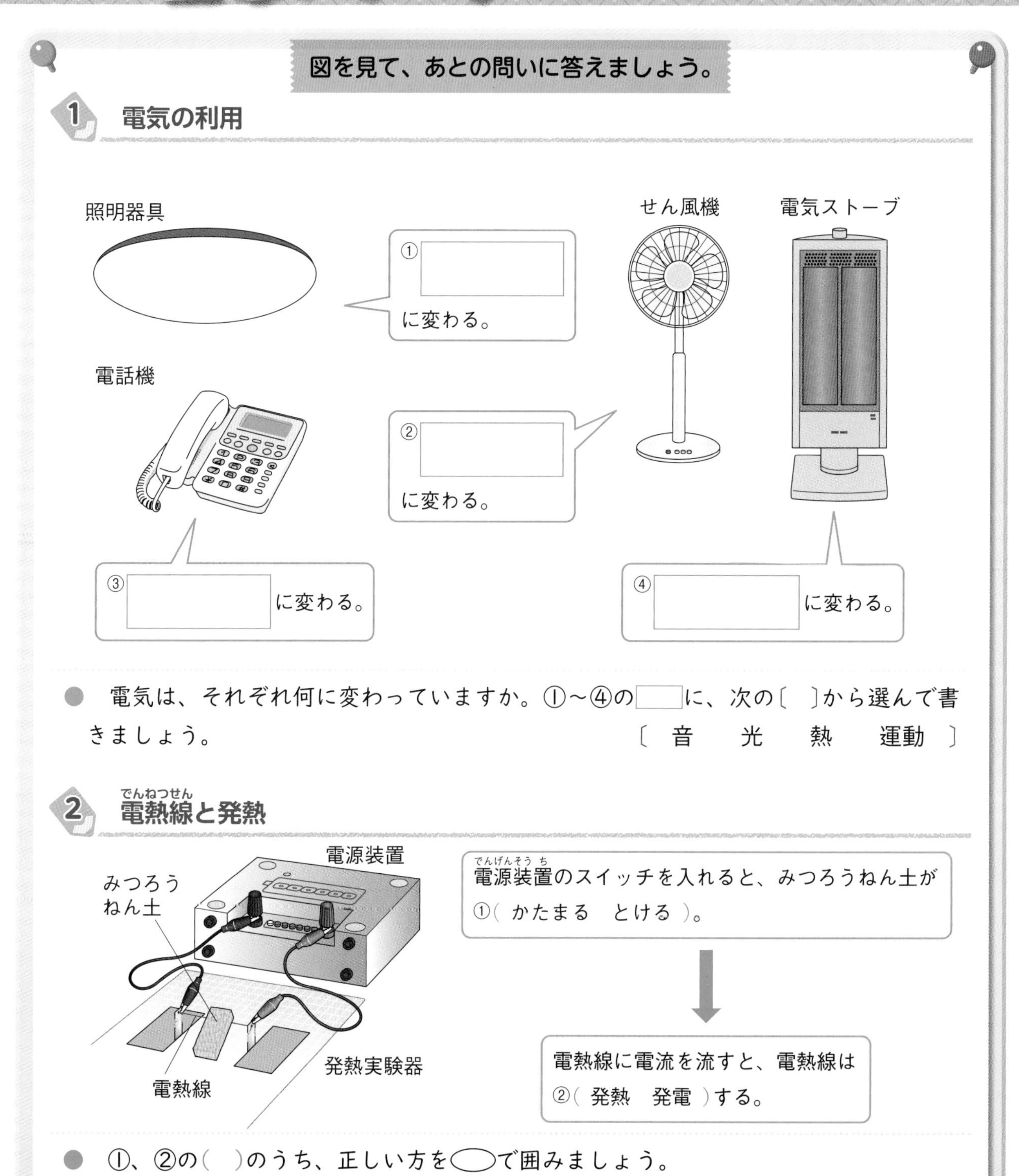

● 電気は、それぞれ何に変わっていますか。①〜④の□に、次の〔 〕から選んで書きましょう。
〔 音　光　熱　運動 〕

2 電熱線（でんねつせん）と発熱

電源装置（でんげんそうち）のスイッチを入れると、みつろうねん土が①（ かたまる　とける ）。

↓

電熱線に電流を流すと、電熱線は②（ 発熱　発電 ）する。

● ①、②の（ ）のうち、正しい方を◯で囲みましょう。

まとめ〔 運動　発熱 〕から選んで（ ）に書きましょう。

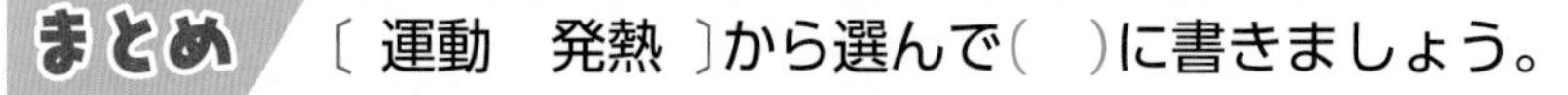

●電気製品は、電気が光や音、熱、①（　　　　）などに変わって利用されている。
●電熱線に電流を流すと、電熱線は②（　　　　）する。

電流を流すことで、豆電球を光らせたり、モーターを回転させたりすることができます。これは電気がエネルギーをもっているからです。

教科書 191～193ページ　答え 23ページ

できた数　　/8問中

1 電気製品について、あとの問いに答えましょう。

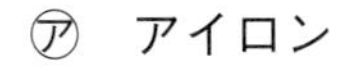
㋐ アイロン　㋑ せん風機　㋒ ラジオ　㋓ 電気スタンド
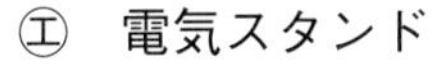

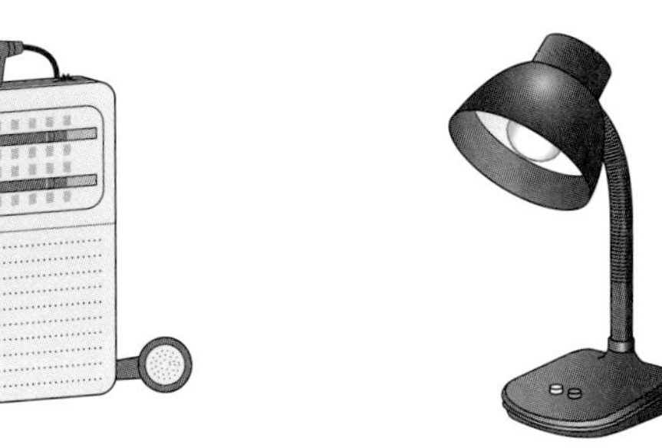

(1) ㋐～㋓の中で、主に電気を熱に変えて利用しているものは、どれですか。（　　）

(2) ㋐～㋓の中で、主に電気を光に変えて利用しているものは、どれですか。（　　）

(3) ㋐～㋓の中で、主に電気を音に変えて利用しているものは、どれですか。（　　）

(4) ㋐～㋓の中で、主に電気を運動に変えて利用しているものは、どれですか。（　　）

2 右の図のように発熱実験器を電源装置につなぎ、電熱線に電流を流しました。次の問いに答えましょう。

電源装置　みつろうねん土　電熱線　発熱実験器

(1) しばらくすると、電熱線に立てかけたみつろうねん土はどうなりますか。

（　　　　）

(2) (1)のことから、電熱線は電気を何に変えていることがわかりますか。（　　）

(3) 次の文のうち、電気が(2)と同じものに変わっているようすについて書いた文に○をつけましょう。

①（　　）ラジオのスイッチを入れたら、音が流れてきた。

②（　　）照明器具のスイッチを入れたら、明るくなった。

③（　　）豆電球に電流を流し続けたら、豆電球が温かくなった。

④（　　）せん風機をつけたら、すずしくなった。

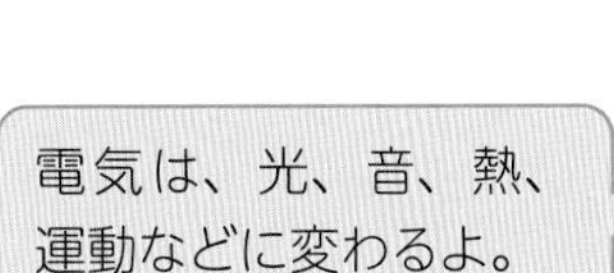

(4) 次のうち、電熱線のしくみを利用しているものに○をつけましょう。

①（　　）電動車いす　②（　　）テレビ　③（　　）ヘアドライヤー

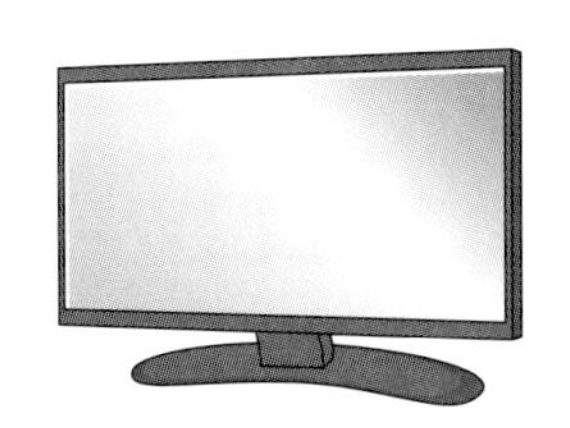

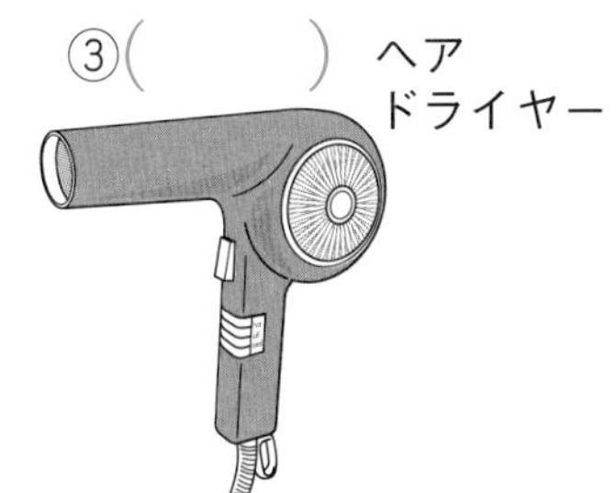

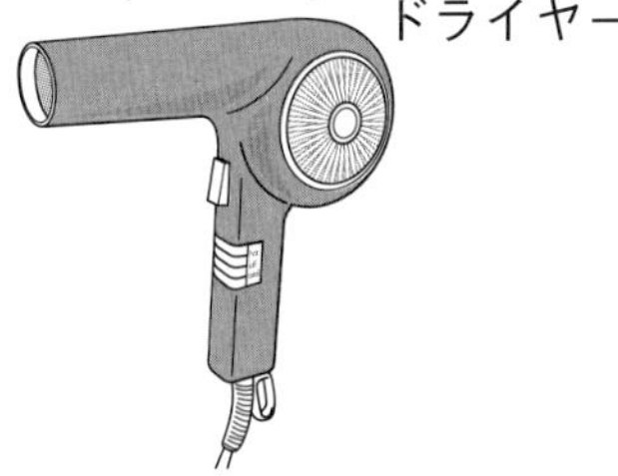

3 電気の利用②

学習の目標
プログラミングのしくみについて理解しよう。

教科書 194～203ページ　答え 23ページ

図を見て、あとの問いに答えましょう。

1 発光ダイオード(LED)の利用

明かりをつけてしばらくしてからさわると、①（温かく／冷たく）感じる。

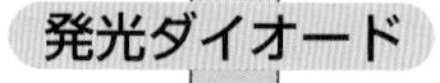

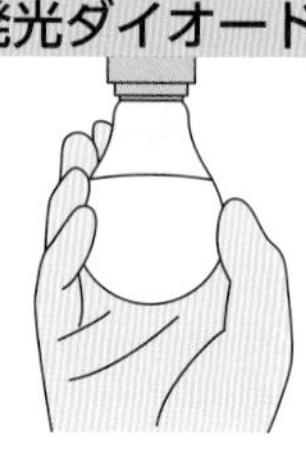

光っている部分をさわると、温かく②（感じる／感じない）。

● ①、②の（　）のうち、正しい方を◯で囲みましょう。

2 プログラムの利用

決まった順番で光ったり、消えたりする。

①［　　　］に従って、発光ダイオードの点めつが②［　　　］（コントロール）されている。

図1 コンピュータに対する指示

…LEDを光らせる　…LEDの光を消す

2 …次の指示まで2秒間待つ　▷…実行する

図2 1回点めつするプログラム

(1) ①、②の［　］に当てはまる言葉を、下の〔　〕から選んで書きましょう。

〔 センサー　プログラム　LED　制ぎょ 〕

(2) 図1の4つの指示を1回ずつ使って、LEDが1回点めつするプログラムを図2の［　］にかき表しましょう。

まとめ 〔 プログラム　熱 〕から選んで（　）に書きましょう。

● 豆電球は、電気を光に変えるほかに、①（　　　　）にも変えている。

● コンピュータは②（　　　　）に従ってさまざまなものを制ぎょすることができる。

光電池などを使って、電気をつくったりためたりする家をスマートハウスといいます。つくった電気は家庭の電気製品に使うことができます。

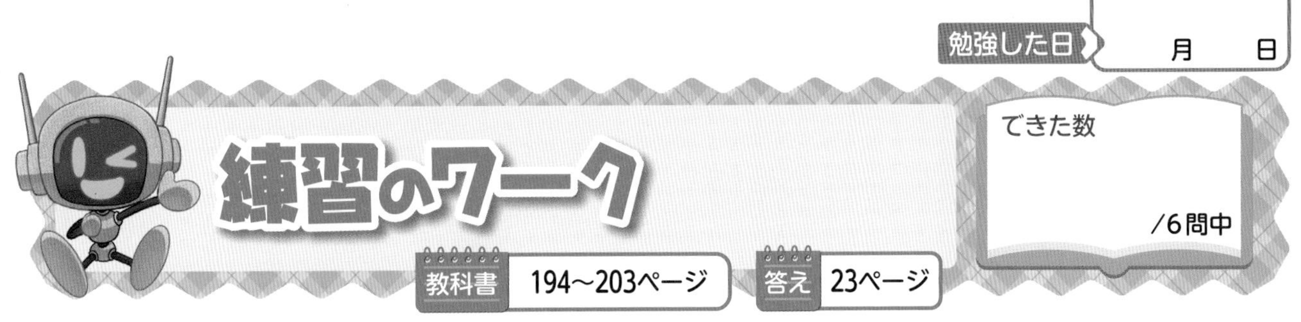

1 右の図は、電球と発光ダイオード(LED)が光っているようすです。次の問いに答えましょう。

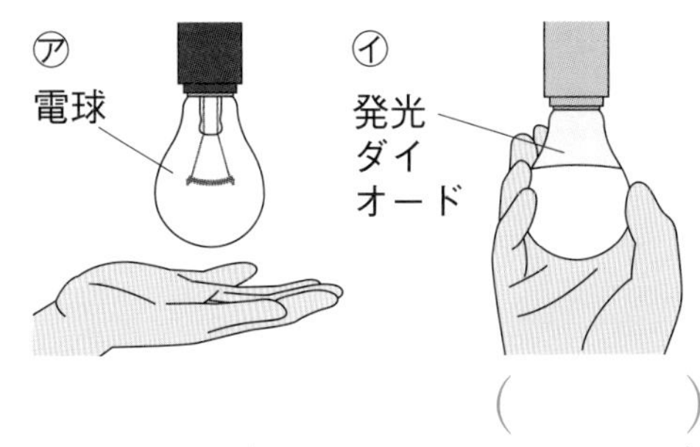

(1) 光ってしばらくしてからさわったとき、温かく感じるのは㋐、㋑のどちらですか。（　　）

(2) 同じくらいの明るさで光っているとき、より少ない電気で光っているのは㋐、㋑のどちらですか。（　　）

(3) ㋑は㋐よりも効率よく電気を使うことができますか。（　　）

2 次の図1の記号を使って、図2のように発光ダイオード(LED)を点めつさせるプログラムをつくりました。あとの問いに答えましょう。

図1　コンピュータに対する指示

…LEDを光らせる

…LEDを消す

2 …次の指示まで2秒間待つ

…実行する

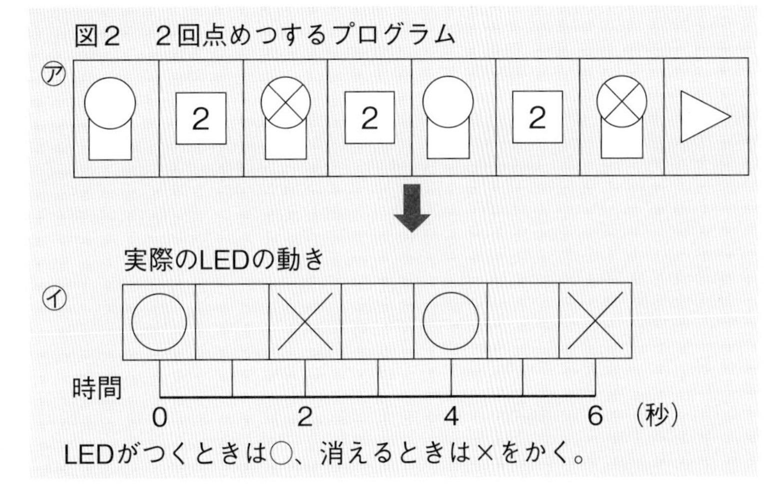

作図 (1) 図2の㋐を例に、下の□に図1の記号をかいて、2秒ごとにLEDの明かりがついたり、消えたりすることを3回くり返すプログラムをつくりましょう。

3回点めつするプログラム

作図 (2) (1)のプログラムでは、LEDはどのように点めつしますか。図2の㋑を例に、LEDがつくときは○、消えるときは×を下の□にかきましょう。

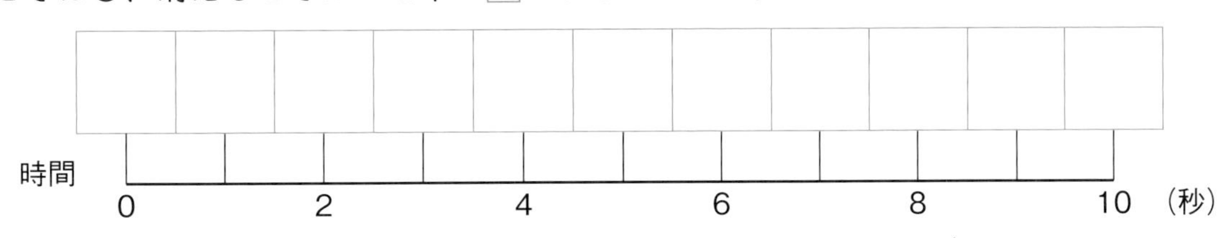

(3) プログラムをつくることを何といいますか。（　　）

勉強した日　月　日

まとめのテスト

9　電気と私たちの生活

時間 20分

得点　/100点

教科書 178～203、227ページ　答え 24ページ

よく出る **1** 電気をつくる　次の図のようにして、電気をつくったり、ためたりできるかどうかを調べました。あとの問いに答えましょう。　1つ5〔30点〕

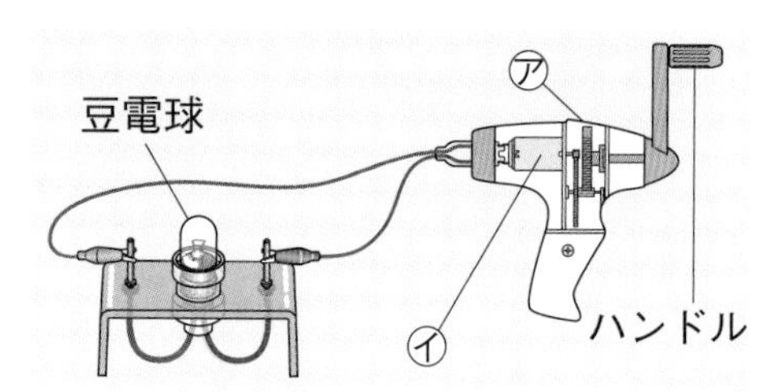

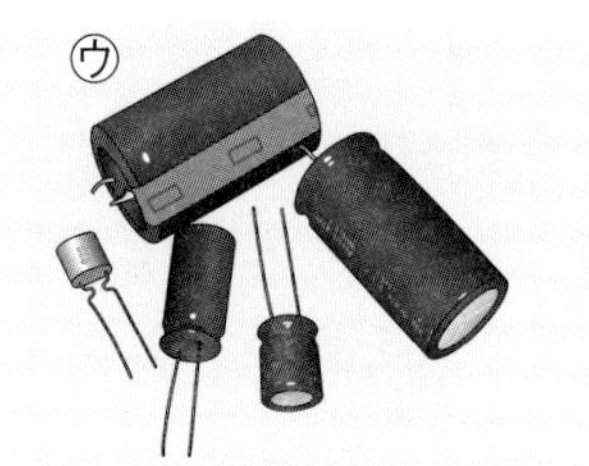

(1)　㋐のハンドルを回すと、豆電球がつきました。㋐はどのようなはたらきをしますか。正しい方に○をつけましょう。

①(　　)電気をつくる。　②(　　)電気をためる。

(2)　㋐は何という道具ですか。　(　　　)

(3)　㋐に入っている部品㋑は何ですか。　(　　　)

(4)　㋐のハンドルを速く回すと、電流の大きさはどうなりますか。(　　　)

(5)　㋐のハンドルを回す向きを変えると、電流の向きは変わりますか。

(　　　)

(6)　㋒はコンデンサーという道具です。この道具はどのようなはたらきをしますか。正しい方に○をつけましょう。

①(　　)電気をつくる。　②(　　)電気をためる。

2 光電池　右の図のように、プロペラ付きモーターと検流計をつないだ光電池に光を当てました。次の問いに答えましょう。　1つ5〔20点〕

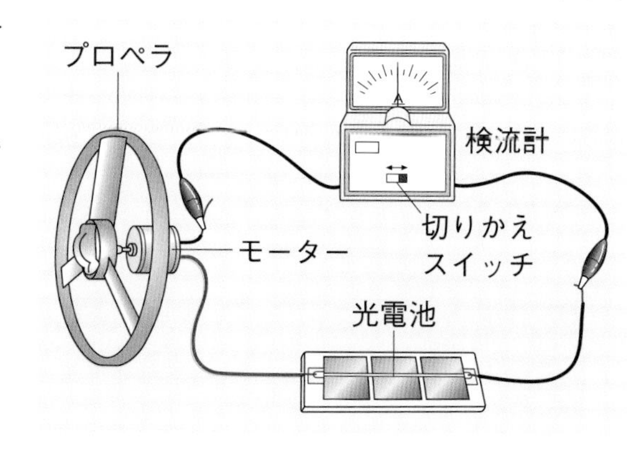

(1)　検流計の切りかえスイッチについて、正しい方に○をつけましょう。

①(　　)はじめ0.5Aにして、読み取れないときは、5Aの方に切りかえる。

②(　　)はじめ5Aにして、読み取れないときは、0.5Aの方に切りかえる。

(2)　モーターが速く回るのは、光の当て方を強くしたときですか、弱くしたときですか。

(　　　)

記述 (3)　光電池の性質を、「強い光」、「電流」という言葉を使って書きましょう。

(　　　)

記述 (4)　光電池の＋極と－極を入れかえると、モーターはどのように回りますか。

(　　　)

3 **豆電球と発光ダイオード** 2つのコンデンサーに同じ量の電気をため、次の図のようにして、豆電球と発光ダイオードをつなぐと、どちらも光りました。あとの問いに答えましょう。

1つ5〔20点〕

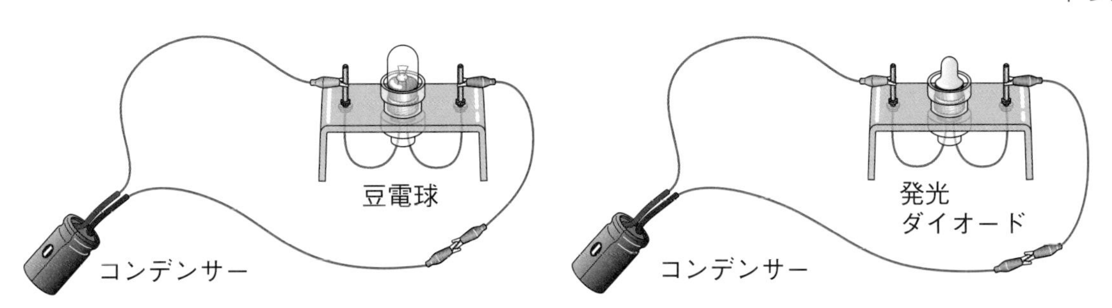

(1) この実験で、光り続ける時間が長かったのは、豆電球、発光ダイオードのどちらですか。
（　　　　　　　　　）

(2) この実験から、同じ時間光らせるときに電気をより多く使うと考えられるのは、豆電球、発光ダイオードのどちらですか。（　　　　　　　　　）

記述 (3) 最近の照明器具は、発光ダイオードを使うものが増えています。その理由として、(1)、(2)から考えられることは何ですか。
（　　　　　　　　　　　　　　　　　　　　　　　　　　　　）

チャレンジ! (4) 電気をためたコンデンサーの＋と－のたん子を図とは逆にしてつなぎました。豆電球と発光ダイオードはどのようになりますか。ア～エから選びましょう。（　　　）

ア　どちらも光る。　　　　イ　発光ダイオードだけが光る。
ウ　豆電球だけが光る。　　エ　どちらも光らない。

4 **電流のはたらき** 右の図のようにして、電熱線に電流を流しました。次の問いに答えましょう。 1つ5〔10点〕

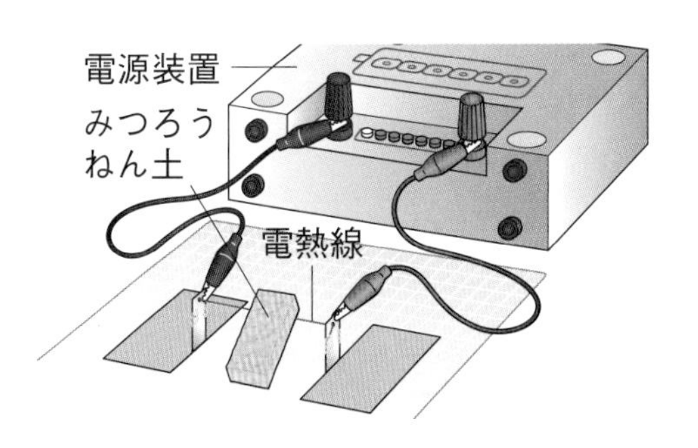

(1) 電流を流すと、みつろうねん土はどうなりますか。
（　　　　　　　　　）

(2) (1)のことから、電流を流すと、電熱線はどうなるといえますか。（　　　　　　　　　）

よく出る **5** **電気の利用** 私たちは、電気をいろいろなものに変えて利用しています。次の図を見て、あとの問いに答えましょう。

1つ5〔20点〕

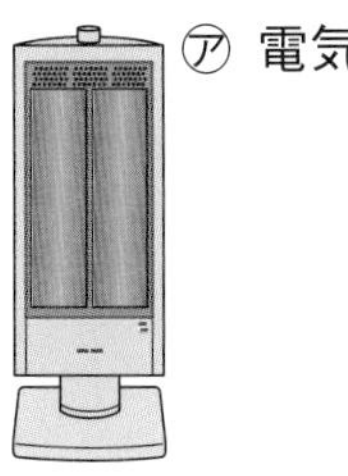
㋐ 電気ストーブ

㋑ 電話機

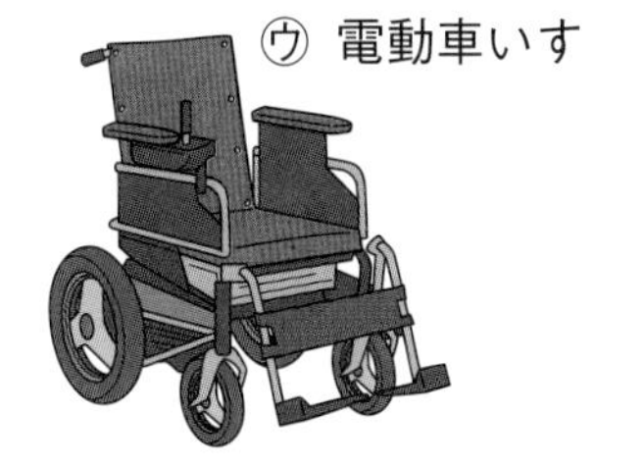
㋒ 電動車いす

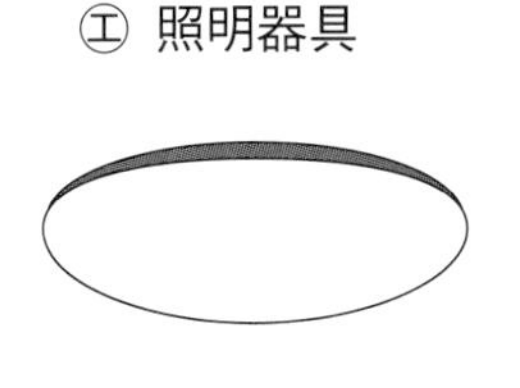
㋓ 照明器具

(1) ㋐～㋓の中で、主に電気を熱に変えて利用しているものは、どれですか。（　　　）
(2) ㋐～㋓の中で、主に電気を光に変えて利用しているものは、どれですか。（　　　）
(3) ㋐～㋓の中で、主に電気を音に変えて利用しているものは、どれですか。（　　　）
(4) ㋐～㋓の中で、主に電気を運動に変えて利用しているものは、どれですか。（　　　）

勉強した日 月 日

1 人と環境
2 持続可能な社会へ
基本のワーク

学習の目標
人は空気や水、植物などと深く関わって生きていることを知ろう。

教科書 204～214ページ 答え 25ページ

図を見て、あとの問いに答えましょう。

1 人と空気・水・食物との関わり

空気

・自動車は①（ ガソリン 石炭 ）を燃やして走る。
・ものを燃やすと②（ 酸素 二酸化炭素 ）が発生する。

水

・人やほかの動物、植物は、③（ 絶えず ときどき ）水を取り入れて生きている。
・工場や農地など、生活のために、多くの水を必要と④（ する しない ）。

食物

・人やほかの動物は、食物を養分として取り入れている。食物のもとをたどると、⑤（ 植物 動物 ）にいきつく。

● ①～⑤の（ ）のうち、正しい方を◯で囲みましょう。

2 持続可能（じぞくかのう）な社会

海岸のごみを拾って、生物がすみやすい海にするなど、さまざまな取り組みが行われている。

現在の私たちが幸せに暮（く）らすだけでなく、幸せなくらしを未来に引きつぐことができる①（ 明るい 持続可能な ）社会を目指す。

● ①の（ ）うち、正しい方を◯で囲みましょう。

まとめ 〔 持続可能な えいきょう 〕から選んで（ ）に書きましょう。

● 人は空気や水、食物と関わり、環境（かんきょう）に対して①（　　　　）をあたえながら生きている。
● 幸せな暮らしを未来に引きつぐことができる社会を、②（　　　　）社会という。

もともと、地球上の空気に酸素はふくまれていませんでした。今ある空気中の酸素は植物がつくり出したものです。地球上で動物の数が増えたのは、植物のおかげです。

練習のワーク

教科書 204～214ページ　答え 25ページ

できた数　/16問中

SDGs **1** **人が使う水について、あとの問いに答えましょう。**

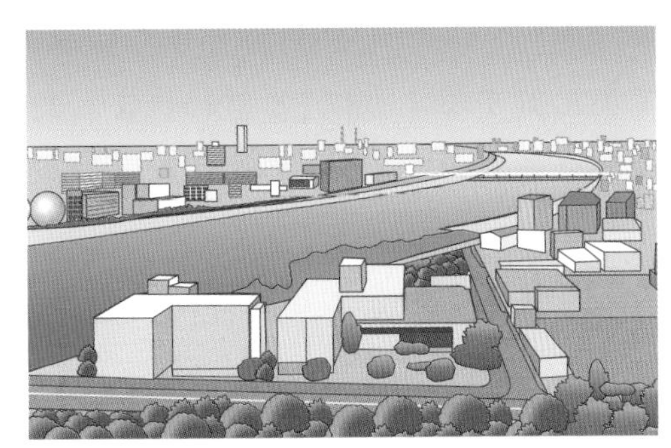

(1) 次の文の(　)に当てはまる言葉を、下の〔　〕から選んで書きましょう。

川などの水は、①(　　　　)や②(　　　　)などにためられた後、③(　　　　)に運ばれ、消毒されてから④(　　　　)として家庭に送られる。

よごれた水は⑤(　　　　)できれいにしてから川や海にもどされる。

〔 じょう水場　下水処理場　ダム　貯水池　水道水 〕

記述 (2) 人が、水を飲む以外に、生活の中で水を利用している例を１つ書きましょう。

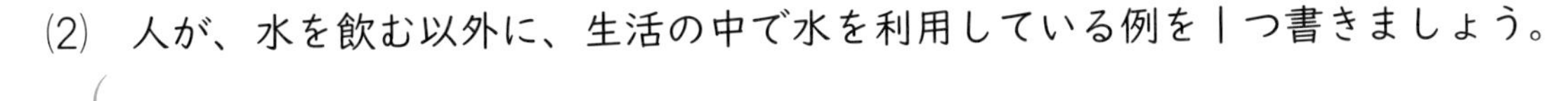

(3) 家庭からのよごれた水をそのまま川や海へ流すと、環境に対してどのようなえいきょうをおよぼす可能性がありますか。正しい方に○をつけましょう。

①(　　)海や川の水の中の養分が多くなり、水中の生物にとってよい環境になる。

②(　　)海や川の水がよごれ、魚など水中の生物がすみにくくなることがある。

SDGs **2** **持続可能な社会の実現のために、自然環境を守るための取り組みについて考えました。次の①～⑨の取り組みに当てはまるものをそれぞれ下のア～ウから選びましょう。ア～ウのどれにも当てはまらない場合は×を書きましょう。**

①(　　)必要なときしか電気を使わないようにして、電気を大切に使う。

②(　　)協力して、川や海岸のごみを集める。

③(　　)建物の外側を植物でおおう。

④(　　)道路をつくるために森林を切り開く。

⑤(　　)燃料電池で動く自動車の実用化を進める。

⑥(　　)たくさんの電気をつくるために、火力発電所を増やす。

⑦(　　)古紙をリサイクルする。

⑧(　　)近くの川や田を、トンボやホタルなどがすめる環境にする。

⑨(　　)山の木のないところに、もとから生えている種類の木を植える。

ア　水や水辺をきれいに保つ。

イ　森林や草原などを守り育てる。

ウ　二酸化炭素や空気をよごすものを出さない。

考えてとく問題にチャレンジ!

プラスワーク

勉強した日　　月　　日

答え 25ページ

1 人や動物の体 教科書 30～49ページ

閉めきった部屋で、石油ファンヒーターを使っていると、「たまに窓を開けてかん気するように」と言われました。次の問いに答えましょう。

(1) 人は、呼吸で空気中の何を体の中に取り入れていますか。

(　　　　　　　　)

(2) 人は、呼吸で空気中に何を出していますか。

(　　　　　　　　)

(3) 「かん気するように」と言われたのは、どのようなことを心配したからですか。(1)、(2)からわかることを次の書き出しに続けて書きましょう。

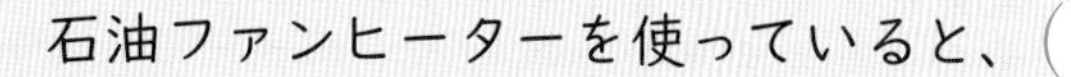

石油ファンヒーターを使っていると、(　　　　　　　　　　　　)。

2 植物の養分と水 教科書 50～65ページ

葉と日光の関わりについて調べるため、前の日から㋐～㋒の葉をアルミニウムはくでおおい、次の図のようにして、でんぷんがあるかどうかを調べました。あとの問いに答えましょう。

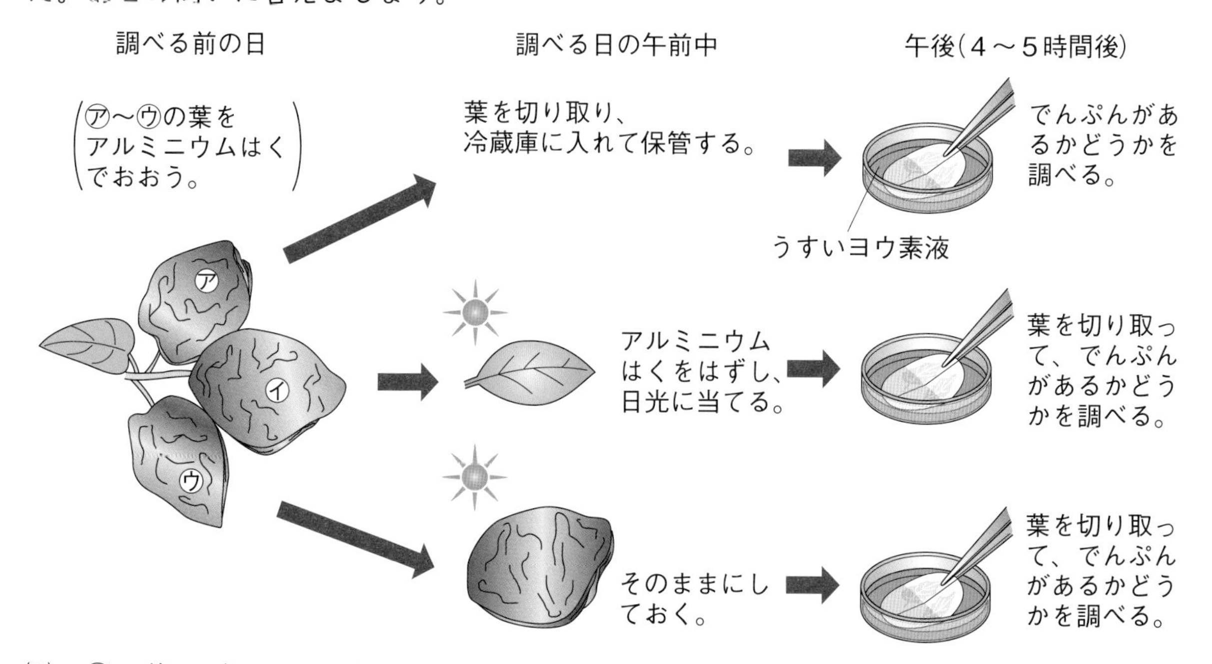

(1) ㋐の葉にでんぷんがあるかどうかを調べるのは、何を確かめるためですか。簡単に答えましょう。

(　　　　　　　　　　　　)

(2) ㋐の葉にでんぷんはありますか。　(　　　　)

(3) ヨウ素液で調べたとき、㋑、㋒の葉にでんぷんはありますか。　㋑(　　　　)　㋒(　　　　)

(4) この実験から、どのようにすると葉にでんぷんができることがわかりますか。

(　　　　　　　　　　　　)

3 植物の養分と水 教科書 50〜65ページ

図１のようにして、ホウセンカを２色の色水に入れて、しばらくしてから観察しました。次の問いに答えましょう。

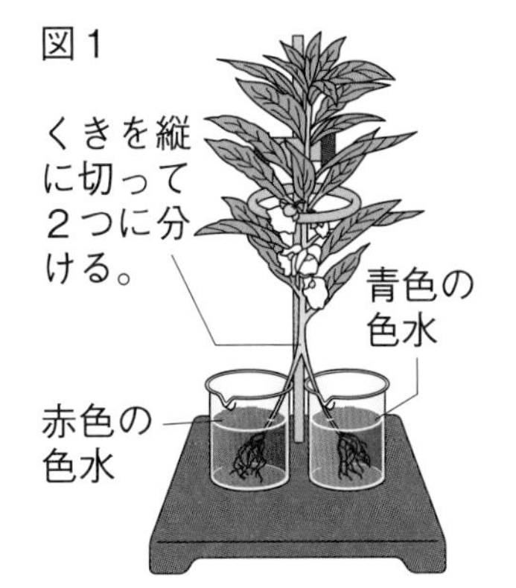

(1) くきを横に切ると、くきの中の水の通り道はどうなっていますか。正しいものに○をつけましょう。

①(　　　)赤色と青色が混ざり、むらさき色になっている。

②(　　　)赤色と青色の２色に分かれている。

(2) 図１のホウセンカのようすを観察していると、図２のような白い花を青色に染(そ)める方法を思いつきました。それは、どのような方法ですか。

(　　　　　　　　　　　　　　　　　　　　)

思考 4 てこのしくみとはたらき 教科書 84〜103ページ

図１のように、大きくて重たい石の下に、ハンカチがはさまっていました。そこで、てこのしくみを利用して石を動かし、ハンカチを取り出すにはどうすればよいかを考えました。図２から必要な道具を２つ選び、使い方を図３の□にかきましょう。

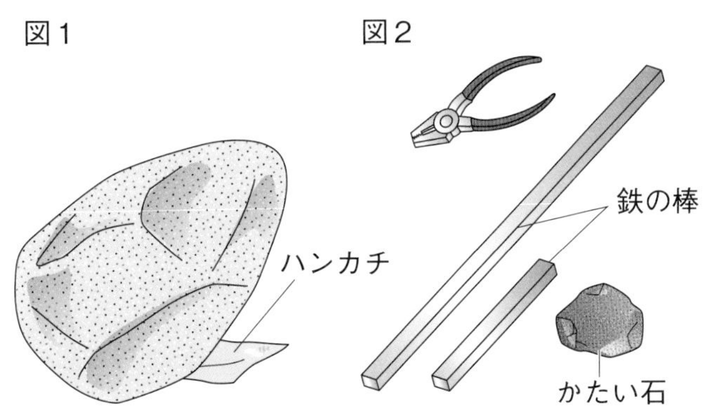

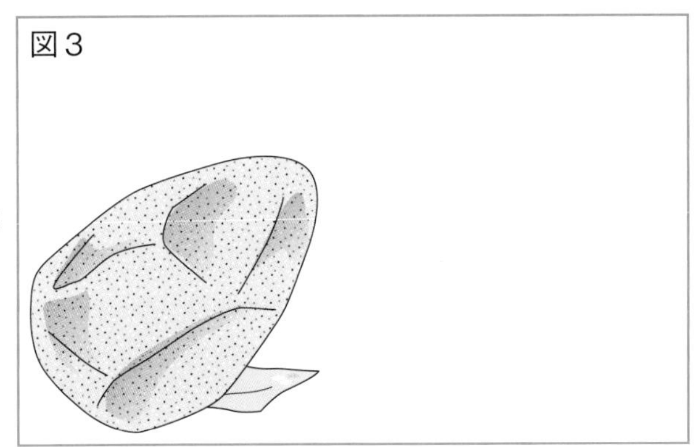

思考 5 月の形と太陽 教科書 104〜119ページ

月の見え方について、次の問いに答えましょう。

(1) 太陽が西にしずむころに半月が見えました。このときの半月のおよその位置を図１に○で示しましょう。

(2) 太陽が西にしずむころ、東の空に月が見えました。このときの月の形を図２の◌にかき、色をぬりましょう。

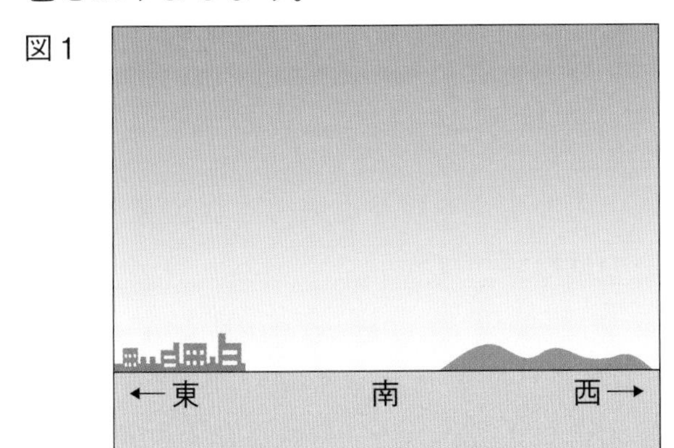

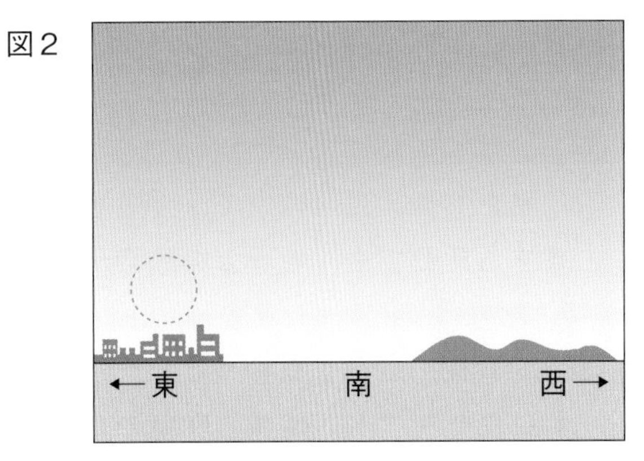

6 水溶液の性質 教科書 154〜177ページ

学校の理科室では、塩酸をガラスのびんに入れて保存しています。次の問いに答えましょう。

(1) アルミニウムにうすい塩酸を加えると、アルミニウムはどのようになりますか。
（　　　　　　　　　　　　　　）

(2) 鉄にうすい塩酸を加えると、鉄はどのようになりますか。
（　　　　　　　　　　　　　　）

(3) 塩酸をアルミニウムや鉄の容器で保存しないのはなぜですか。
（　　　　　　　　　　　　　　　　　　　　　　）

7 電気と私たちの生活 教科書 178〜203ページ

右のかい中電灯には、災害のときに便利な機能がついています。次の問いに答えましょう。

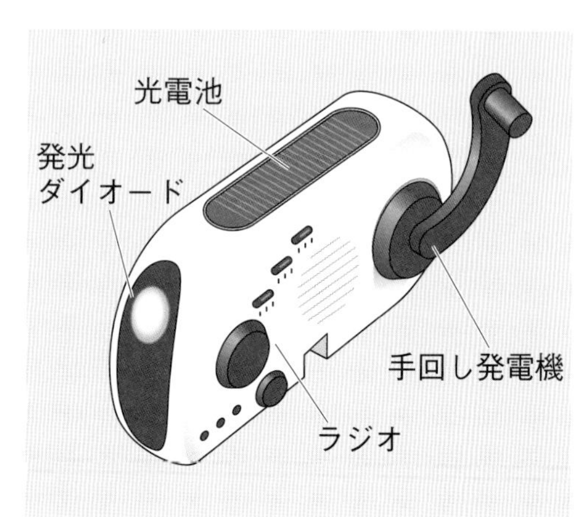

(1) 右のかい中電灯は、どのようにして発電させることができますか。2つ書きましょう。
（　　　　　　　　　　　　　　）
（　　　　　　　　　　　　　　）

(2) (1)の方法でつくった電気は、発光ダイオードやラジオに使用できます。このとき、発光ダイオードやラジオでは、主に電気を何に変えて利用しますか。

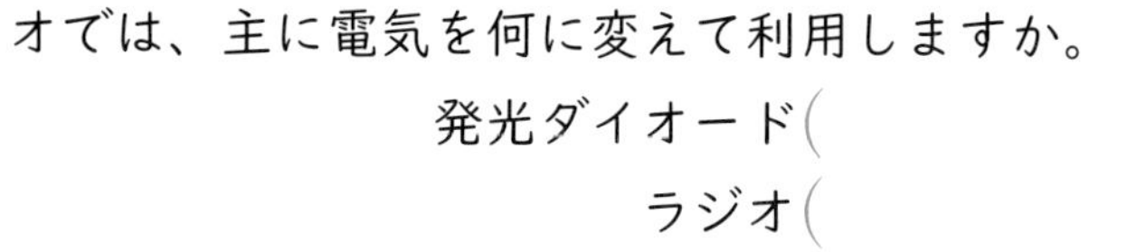
発光ダイオード（　　　　　　）
ラジオ（　　　　　　）

(3) このかい中電灯には、電球ではなく、発光ダイオードがついています。このことは、災害のときにどのような点で便利だと考えられますか。
（　　　　　　　　　　　　　　　　　　　　　　）

思考 8 人と環境 教科書 204〜214ページ

人や生物と地球の環境について、あとの問いに答えましょう。

(1) 私たちは、生活の中で、呼吸をしたり、いろいろなものを燃やしたりして酸素を使っています。それでも、地球上の酸素がなくならないのはなぜですか。
（　　　　　　　　　　　　　　　　　　　　　　）

(2) 夕食後、食器を洗おうとしたら、「よごれをふきとってから洗ってね」と言われました。それはなぜですか。地球の環境のことを考えて答えましょう。
（　　　　　　　　　　　　　　　　　　　　　　）

教科書ワーク

答えとてびき

「答えとてびき」は、とりはずすことができます。

学校図書版

理科6年

使い方

まちがえた問題は、もう一度よく読んで、なぜまちがえたのかを考えましょう。正しい答えを知るだけでなく、なぜそうなるかを考えることが大切です。

1 ものの燃え方と空気

2ページ 基本のワーク

1 (1)①「しばらくして消える」に○
②「入れかわる」に○
③「入れかわる」に○
(2)④

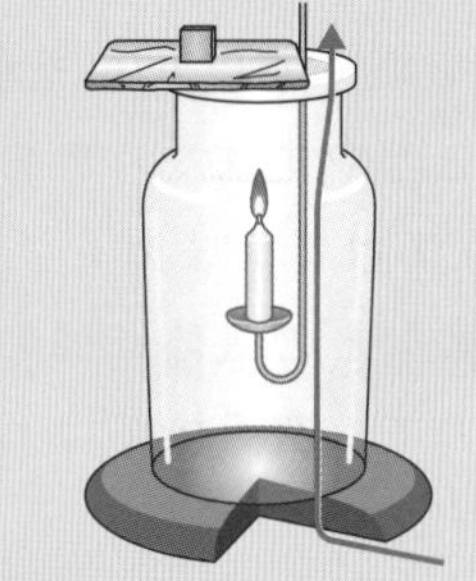

(3)⑤空気

まとめ ①空気 ②入れかわる

3ページ 練習のワーク

1 (1)②に○ (2)空気(の流れ)
(3)吸いこまれていく。 (4)いえる。

2 (1)④ (2)②に○
(3)②に○
(4)入れかわること(新しく外から入ること)

てびき 1 (1)空気の出入りがあるので、ろうそくはずっと燃え続けます。

わかる!理科 ふたをしていない集気びんでも、空気が入れかわるので、ふたをした集気びんよりもろうそくは長く燃え続けます。しかし、上下にすき間がある集気びんに比べると空気の入れかわりがじゅうぶんではありません。

(2)～(4)線こうのけむりの動きで空気の流れがわかります。ろうそくが燃えた後の空気は温められて上へ動き、集気びんの上から出ていきます。そして新しい空気が集気びんの上から入ってきます。

2 ㋐は新しい空気が入れかわりにくいので、ろうそくの火はやがて消えます。㋑では空気が入れかわるので、ろうそくが燃え続けます。

わかる!理科 集気びんの中でろうそくが燃えているとき、上下にすき間のある集気びんの下のすき間に火のついた線こうを近づけると、けむりは吸いこまれるように集気びんの中に入り、上のすき間から出ていきます。これは、ろうそくによって、温められた空気が上へ動くからです。下にだけすき間のある集気びんでは、温められた空気が出ていくことができないので、火のついた線こうをすき間に近づけてもけむりは集気びんの中に入っていきません。

4ページ 基本のワーク

1 ①酸素 ②ちっ素

2 (1)①激しく燃える ②すぐに消える
(2)③酸素

まとめ ①酸素 ②二酸化炭素

5ページ **練習のワーク**

❶ (1)㋐酸素　㋑ちっ素　㋒二酸化炭素
(2)イ

❷ (1)イ
(2)㋐ウ　㋑ア　㋒ウ
(3)酸素

てびき ❶ 空気は、ちっ素や酸素、二酸化炭素などが混ざってできています。また、空気にもっとも多くふくまれているのはちっ素です。

❷ (1)気体を集めるときは、もともと集気びんにあった空気と混ざらないように、一度集気びんを水で満たしてから気体を入れます。

(2)ちっ素と二酸化炭素にはものを燃やすはたらきがないので、ちっ素や二酸化炭素の中に火のついたろうそくを入れると、火はすぐに消えます。酸素にはものを燃やすはたらきがあるので、酸素の中に火のついたろうそくを入れると、ろうそくは激しく燃えます。

6・7ページ **まとめのテスト❶**

1 (1)消える。
(2)ウ
(3)燃え続ける。

2 (1)②に○
(2)燃え続ける。
(3)集気びんの中に新しい空気が入るから。(集気びんの中の空気が入れかわるから。)

3 (1)㋐酸素　㋑ちっ素　㋒二酸化炭素
(2)㋐

4 (1)㋐火がすぐに消える。
㋑激しく燃える。
㋒火がすぐに消える。
(2)酸素
(3)もっとも多いもの…ちっ素
もっとも少ないもの…二酸化炭素
(4)空気中には酸素以外の気体が多くふくまれているから。

5 (1)激しく燃える。
(2)ウ

丸つけのポイント

2 (3)新しい空気が集気びんの中に入ってきていることが書かれていれば正解です。

4 (4)空気には酸素以外の気体がふくまれているということが書かれていれば正解です。

てびき 1 (1)(2)ふたをした集気びんの中でろうそくを燃やすと、空気が入れかわらないので、やがてろうそくの火は消えます。

(3)集気びんの中の空気が入れかわるので、ろうそくは燃え続けます。

2 (1)線こうのけむりの動きから空気の流れがわかります。

(2)(3)集気びんの中の空気が入れかわるので、ろうそくは燃え続けます。

3 空気中に、体積の割合でもっとも多い気体は、㋑のちっ素です。

4 ちっ素や二酸化炭素にはものを燃やすはたらきがないので、ろうそくの火がすぐに消えます。酸素にはものを燃やすはたらきがあるので、ろうそくが激しく燃えます。空気中にはものを燃やすはたらきのある酸素は約21%しかふくまれていないので、酸素の中で燃やすよりも燃え方がおだやかです。

5 酸素にはものを燃やすはたらきがあります。空気中にはものを燃やすはたらきのある酸素が約21%しかふくまれていません。その他のちっ素や二酸化炭素などの気体にはものを燃やすはたらきがないので、空気中ではろうそくがおだやかに燃えます。

8ページ **基本のワーク**

❶ (1)①「すぐに消える」に⬭
(2)②白くにごる
③二酸化炭素

❷ ①体積　②ポンプ(気体採取器)
③ハンドル

まとめ　①二酸化炭素　②気体検知管

9ページ **練習のワーク**

❶ (1)ウ
(2)ちがう。
(3)白くにごる。
(4)二酸化炭素

❷ (1)㋑　(2)③、④に○
(3)ウ

てびき ❶ (1)(2)ろうそくが消えた後の集気びんの中に、もう一度火のついたろうそくを入れると、火はすぐに消えます。このことから、ろうそくが燃えた後の集気びんの中の空気は、ろうそくを燃やす前の空気とはちがうことがわかります。

(3)石灰水は、二酸化炭素にふれると白くにごるので、二酸化炭素があるかどうかを調べることができます。

❷ (1)気体検知管で気体の体積の割合を調べるときは、㋑の気体検知管を、㋐のポンプに差しこみます。

(2)(3)気体検知管を使うと、気体の体積の割合を調べることができます。はじめに気体検知管の両はしを折り取り、キャップをつけてからポンプに差しこみます。次に、体積の割合を調べたい気体の中に気体検知管の先を入れ、ハンドルを引いて気体を吸いこむと、目もりの色が変化するので、数字を読み取ります。

10ページ 基本のワーク

1 ①酸素 ②二酸化炭素

2 (1)①黒

(2)②酸素 ③二酸化炭素

まとめ ①酸素 ②二酸化炭素 ③黒

11ページ 練習のワーク

❶ (1)①、④に○

(2)酸素

(3)残っている。

❷ (1)残る。 (2)植物

(3)イ

てびき ❶ (1)黄色と赤色の気体検知管が二酸化炭素用検知管、青色の気体検知管は酸素用気体検知管です。それぞれの気体の体積の割合は、目もりの色の変化している部分の境目を読み取ります。

(2)(3)ろうそくが燃えると、空気中の酸素の体積の割合が減り、二酸化炭素の体積の割合が増えます。酸素は全てなくなるわけではありません。

❷ 木や紙が燃えるときも、空気中の酸素が使われて、二酸化炭素ができます。このため、木や紙を燃やした後の空気では、燃やす前の空気よりも、酸素の体積の割合が減り、二酸化炭素の体積の割合が増えています。

12・13ページ まとめのテスト❷

1 (1)安全めがね

(2)④に○

(3)③に○

(4)二酸化炭素

2 (1)気体検知管

(2)㋒

(3)イ→ア→エ→ウ

(4)㋒

3 (1)②に○

(2)酸素

(3)㋒

(4)③に○

(5)②に○

4 (1)①酸素 ②二酸化炭素 ③黒

(2)エ

てびき 1 石灰水は二酸化炭素にふれると白くにごります。

2 (2)㋐はものを燃やす前に使う二酸化炭素用検知管、㋑はものが燃えた後に使う二酸化炭素用検知管を表しています。

(4)㋒の酸素用検知管を使うと熱くなるので注意しましょう。

3 (1)酸素用、二酸化炭素用の気体検知管を使うと、吸いこんだ空気の中に、その気体がどのくらいふくまれているかを、体積の割合(%)として調べることができます。気体検知管で気体の体積の割合を調べるとき、水などの液体を吸わないようにします。集気びんに気体検知管の先を入れたら、ポンプ(気体採取器)のハンドルを引いて、気体を吸いこみます。

(2)〜(5)空気中にふくまれる気体の体積の割合は、酸素が約21%、二酸化炭素が約0.03%です。ろうそくが燃えた後の空気では、酸素が約16.5%に減り、二酸化炭素が約4%に増えます。ろうそくが燃えた後も、酸素が全てなくなったり、空気の全てが二酸化炭素になったりすることはありません。

4 (1)ろうそくと同じように、木が燃えるときにも、空気中の酸素が使われ、二酸化炭素ができます。

⑵燃えた後の温められた空気は、上に動いていきます。図のようにして木を燃やすと、新しい空気はかんの上からしか入ってきません。そこで、かんの下の方に穴をあけると、そこから新しい空気が入り、空気が入れかわりやすくなるので、かんの中全体で木がよく燃えるようになります。また、かんの中に木を入れるとき、すき間をつくっておくと、空気が入れかわりやすくなるので、さらに木がよく燃えるようになります。

わかる! 理科　キャンプファイアのとき、すき間ができるように木と木を積み重ねていきます。こうすると、すき間なく積み重ねた場合よりも空気が入れかわりやすく、新しい空気(酸素)が火にふれるため、木が燃え続けます。

2　人や動物の体

14ページ　基本のワーク

❶ ①「変化しない」に○
②「白くにごる」に○
③「二酸化炭素」に○
④「酸素」に○

❷ ⑴①気管　②肺
③酸素　④二酸化炭素
⑵⑤呼吸

まとめ　①酸素　②二酸化炭素　③肺

15ページ　練習のワーク

❶ ⑴水(水蒸気)
⑵㋐ポンプ(気体採取器)　㋑ハンドル
⑶㋒はき出した空気　㋓吸いこむ空気
⑷はき出した空気
⑸①酸素　②二酸化炭素　③呼吸

❷ ⑴㋐ちっ素　㋑酸素　㋒二酸化炭素
⑵気管　⑶血液

てびき　❶ ⑴息をふきこむとポリエチレンのふくろの内側が白くくもるのは、はき出した空気に多くの水(水蒸気)がふくまれているからです。はき出された水蒸気はふくろの内側の面にふれ、まわりの空気に冷やされて、水てき(水)になります。

⑶酸素の割合が少ない㋒がはき出した空気であることがわかります。

⑷⑸呼吸によって、空気中の酸素を取り入れ、二酸化炭素を出しています。そのため、はき出した空気は吸いこむ空気と比べて、酸素が少なく、二酸化炭素が多くなっています。

❷ ⑴人は、呼吸によって酸素を取り入れ、二酸化炭素を出しています。このため、吸いこむ空気(周りの空気)とはき出した空気にふくまれる気体の体積の割合を比べると、はき出した空気は酸素が減り、二酸化炭素は増えています。ちっ素は呼吸に関わっていないため、空気にふくまれるちっ素の体積の割合は変わりません。

16ページ　基本のワーク

❶ ⑴①変化する　②変化しない
⑵③だ液

❷ ⑴①胃　②小腸　③大腸
⑵④消化　⑤消化管

まとめ　①だ液　②消化

17ページ　練習のワーク

❶ ⑴でんぷん　⑵ウ
⑶イ　⑷㋑
⑸でんぷんを別のものに変化させるはたらき

❷ ⑴㋐胃　㋑小腸　⑵消化
⑶②に○　⑷消化管　⑸㋑

丸つけのポイント

❶ ⑸でんぷんをちがうものに変えるはたらき、でんぷんをでんぷんではないものに変えるはたらきなど、同じ意味のことが書かれていれば正解です。

てびき　❶ ⑵でんぷんが別のものに変化したことが、だ液のはたらきによるものかどうかを調べるため、だ液の条件だけを変えて比べます。

⑶だ液のはたらきをよくするために、人の体温に近い温度の湯につけて実験をします。

⑷⑸㋐では、だ液によってでんぷんが別のものに変化しているため、ヨウ素液を入れても色が変わりません。㋑では、でんぷんが残っているので、ヨウ素液を入れると青むらさき色に変わります。

❷ 口から入った食べ物は、食道を通り、胃や小腸などで消化された後、小腸で血液に吸収されます。小腸で血液中に吸収されなかったものは大腸に送られて主に水が吸収され、その残りはこう門から便として体の外へ出されます。口からこう門までの食べ物の通り道を消化管といいます。

わかる! 理科 だ液はでんぷんを消化します。一方、胃液はタンパク質(しつ)を消化します。このように、体のつくりから出される消化液は、それぞれはたらく養分が決まっています。

18・19ページ まとめのテスト❶

1 (1)㋑ (2)㋑ (3)㋑ (4)㋑
(5)酸素の体積の割合が減って、二酸化炭素の体積の割合が増えている。

2 (1)①鼻 ②酸素 ③二酸化炭素
(2)肺 (3)②に○

3 (1)②に○ (2)㋐ (3)青むらさき色
(4)ア (5)②に○
(6)消化液
(7)食べ物が細かくされたり、体に吸収されやすい養分に変えられたりするはたらき
(8)小腸 (9)水 (10)イ

丸つけのポイント

1 (5)酸素が減っていること、二酸化炭素が増えていることが書かれていれば正解です。

3 (7)食べ物が、吸収されやすい養分に変えられることが書かれていれば正解です。

てびき **1** 呼吸によって、酸素を血液中に取り入れ、二酸化炭素を血液中から体の外に出しています。このため、はき出した空気は、吸いこむ空気よりも酸素の体積の割合が少なく、二酸化炭素の体積の割合が多くなっています。ちっ素の体積の割合には変化がありません。また、はき出した空気には水蒸気が多くふくまれています。

わかる! 理科 吸いこむ空気にふくまれる体積の割合がもっとも多いのは、ちっ素です。ちっ素は、呼吸やものが燃えたりすることに関わりがありません。そのため、はき出した空気にも、ものが燃えた後の空気にも、同じ量のちっ素がふくまれています。

2 (1)空気は、鼻や口から入り、気管を通って肺に入ります。肺では血液に酸素が取り入れられ、血液から二酸化炭素が体の外に出されます。

(3)吸いこんだ空気、はき出した空気とも、体積の割合がもっとも多いのはちっ素です。

3 (1)この実験では、だ液のはたらきについて調べるので、だ液を入れるか入れないかの条件を変え、その他の条件は、全て同じにします。㋐には水を入れ、液の体積の条件も㋑と同じにします。また、人の体の中で起こっていることを調べるので、温度の条件を人の体温に近づけます。

(2)～(5)㋐では、でんぷんが残っているので、ヨウ素液を入れると青むらさき色に変化します。㋑では、だ液によってでんぷんが別のものに変化しているため、ヨウ素液を入れても色が変化しません。

(6)だ液や胃液など、食べ物を消化する液を消化液といいます。

(7)消化とは、食べ物を体に吸収されやすい養分に変えることです。消化管の中で、食べ物を細かくしたり、吸収されやすい別のものに変えたりして消化が行われます。

20ページ 基本のワーク

❶ (1)①胃 ②小腸 ③大腸
(2)④消化液
(3)⑤消化 ⑥小腸 ⑦こう門

まとめ ①消化 ②吸収

21ページ 練習のワーク

❶ (1)胃 (2)消化液
(3)だ液 (4)胃液
(5)㋐ア ㋑ア ㋒イ ㋓ウ
(6)小腸 (7)こう門

❷ (1)消化管
(2)記号…㋑ 名前…小腸
(3)記号…㋓ 名前…大腸

てびき ❶ でんぷんはだ液によって消化されますが、一部は、でんぷんのまま食道を通って胃

へ運ばれます。その後、小腸で消化されて血液中に吸収された後、残ったものは大腸を通ってこう門へ運ばれ、こう門で便として体の外へ出されます。吸収された養分は、血液によって全身に運ばれます。

❷ 口から入った食べ物は、食道を通り、胃や小腸などで消化された後、小腸から血液に吸収されます。残ったものは大腸に送られて主に水が吸収され、残りはこう門から便として体の外へ出されます。口からこう門までの食べ物の通り道を消化管といいます。

22ページ 基本のワーク

❶ (1)①二酸化炭素 ②酸素
③二酸化炭素 ④酸素
⑤二酸化炭素 ⑥酸素
(2)⑦「二酸化炭素」に○
⑧「酸素」に○

❷ ①じん臓 ②ぼうこう

まとめ ①心臓 ②じん臓 ③臓器

23ページ 練習のワーク

❶ (1)㋐肺 ㋑心臓
(2)血液 (3)酸素
(4)①二酸化炭素 ②酸素
(5)養分 (6)かん臓
(7)①ア ②エ (8)脈はく

❷ (1)じん臓 (2)背中側
(3)にょう (4)ぼうこう

てびき ❶ (1)～(3)肺から心臓にもどる血液や、心臓から全身に送られる血液には、酸素が多くふくまれています。また、全身から心臓にもどる血液や、心臓から肺に送られる血液には、二酸化炭素が多くふくまれています。

(5)小腸では、消化された養分が血液中に吸収されます。

(7)血液は、肺で取り入れた酸素や小腸で血液中に取り入れた養分を体の各部に運びます。そして、体の各部で二酸化炭素や不要になったものを受け取ります。

❷ (1)(2)じん臓は体の背中側に2つあり、ソラマメのような形をしています。血液中から不要になったものをこし出してにょうをつくります。

(3)(4)じん臓で血液中からこし出されたにょうは、ぼうこうにためられ、体の外へ出されます。

24・25ページ まとめのテスト❷

1 (1)①記号…㋕ 名前…胃
②記号…㋐ 名前…口
③記号…㋖ 名前…小腸
④記号…㋗ 名前…こう門
(2)食べ物を細かくしたり、体の中に吸収されやすい養分に変えたりするはたらき
(3)消化管
(4)なっている。

2 (1)㋒
(2)③に○

3 (1)㋐肺 ㋑心臓
(2)酸素 (3)二酸化炭素
(4)血液を全身に送り出すはたらき
(5)ウ
(6)酸素、養分
(7)ア
(8)二酸化炭素
(9)ウ
(10)脈はく

4 (1)㋐じん臓 ㋑ぼうこう
(2)③に○ (3)にょう

丸つけのポイント

1 (2)食べ物を吸収されやすいものに変えるということが書かれていれば正解です。

3 (4)血液を送り出すということが書かれていれば正解です。

てびき **1** (1)食べ物は、口(㋐)→食道(㋔)→胃(㋕)→小腸(㋖)→大腸(㋓)→こう門(㋗)の順で消化管を通る間に消化、吸収され、残ったものが便となってこう門から体の外へ出されます。かん臓(㋒)は消化管ではなく、吸収された養分の一部をたくわえます。また、㋑は肺を表しています。

2 小腸で吸収された養分は、血液中に取り入れられて、かん臓(㋒)に運ばれます。運ばれた養分の一部はかん臓にたくわえられ、必要なときに血液によって送り出され、使われます。

わかる! 理科　養分が多い血液…小腸で養分を吸収して、かん臓に向かう血液
不要なものが少ない血液…じん臓で不要になったものがこし出された後の血液

3 (2)(6)(8)血液は、肺で取り入れた酸素や、小腸で取り入れた養分を全身に運んでいます。体の各部では、血液は二酸化炭素や不要になったものを受け取ります。

(5)体の各部から心臓にもどった血液は、肺に運ばれ、肺で二酸化炭素と酸素を交かんします。そして、血液は肺から心臓に運ばれ、全身に送り出されます。

(7)酸素は、肺で血液に取り入れられます。このため、肺から心臓へ向かう血液は、多くの酸素をふくんでいます。心臓から肺に向かう血液は、多くの二酸化炭素をふくんでいます。

わかる! 理科　水の中にも酸素がとけています。魚は水にとけている酸素を、えらを通して取り入れています。そして、血液中の二酸化炭素をえらから直接水の中に出しています。人が呼吸のために吸いこんでいる空気には、体積の割合で約21％の酸素がありますが、水にとけている酸素は、それに比べるとわずかです。魚がいつも口をぱくぱくさせ、えらぶたを動かしているのは、少ない酸素をできるだけ多く取り入れるためです。

(8)血液は、肺で取り入れた酸素や、小腸で取り入れた養分を全身に運び、体の各部では、二酸化炭素や不要になったものを受け取ります。多くの二酸化炭素をふくんだ血液は、心臓から肺にもどり、二酸化炭素は肺で空気中に出されます。

(9)口から入った食べ物は、消化管を通る間に吸収されやすい養分に変わり、その養分が小腸で血液に吸収されます。

(10)心臓の動きをはく動といいます。はく動は血管の動きとして手首や足などで感じることができます。この血管の動きを脈はくといいます。

4 じん臓は、血液中から不要になったものをこし出し、にょうをつくります。

3　植物の養分と水

26ページ　基本のワーク

1 (1)①変わらない　②変わる
③変わらない
(2)④青むらさき
(3)⑤日光　⑥でんぷん

まとめ　①日光　②でんぷん

27ページ　練習のワーク

1 (1)イ
(2)③に○
(3)青むらさき色
(4)日光に当てた葉
(5)日光

2 (1)㋑→㋒→㋐
(2)(うすい)ヨウ素液

てびき **1** (2)葉が緑色のままでは、ヨウ素液による色の変化がよくわかりません。そこで、エタノールに入れて、葉の緑色をぬきます。

(3)～(5)日光に当てた葉にはでんぷんができているので、ヨウ素液に入れると青むらさき色に変わります。でんぷんがふくまれてない葉は青むらさき色に変わりません。

2 葉をろ紙にはさんで、木づちでたたくと、ろ紙に葉のでんぷんがうつります。これをヨウ素液で調べると、葉にでんぷんがあった部分の色が青むらさき色に変わります。

28ページ　基本のワーク

1 (1)①「くき」に◯　②「葉」に◯
(2)③いきわたる

まとめ　①根　②葉

29ページ　練習のワーク

1 (1)①㋒　②㋑　(2)ア
(3)先たんから半分くらいの根を切り落とす。

2 (1)イ　(2)ア

丸つけのポイント

1 (3)根を半分くらい切ることが書かれていれば正解です。

てびき **1** (1)ジャガイモにもホウセンカと同じようにくきや葉に、水の通り道があります。

(2)根から取り入れられた水は、くき、葉の細

い管を通って体のすみずみまで運ばれます。

わかる！理科 植物の水の通り道を道管（どうかん）といいます。道管の通っている場所は植物によってちがいがあります。ホウセンカやジャガイモなどのくきを横に切ったとき、道管は輪のように並んでいます。

❷ 植物の水の通り道は、と中で分かれることはありますが、と中で1本にまとまることはありません。そのため、根から取り入れられた色水は、混ざらずにくきを通って葉に運ばれます。よって、くきや花には赤色になる部分と青色になる部分ができます。

30ページ　基本のワーク

❶ (1)①くもる　②あまり変化がない
(2)③葉　④水蒸気　⑤蒸散

❷ ①水蒸気　②気孔

まとめ　①蒸散　②葉

31ページ　練習のワーク

❶ (1)①㋐　②㋑
(2)葉
(3)水蒸気
(4)蒸散

❷ (1)水
(2)①葉　②蒸散
(3)ア、エ

てびき ❶ 根から取り入れられた水は、水の通り道を通って葉まで運ばれ、主に葉から水蒸気となって空気中に出ていきます。このため、葉のついた㋐ではふくろの内側が白くくもります。葉を取り去った㋑でほんの少しだけくもるのは葉だけでなく、くきからも水が出ていくからです。

❷ 植物の葉には、水が出ていく小さな穴（気孔）がたくさんあり、植物の体の中の水はこの穴から水蒸気となって空気中に出ていきます。このことを、蒸散といいます。

32・33ページ　まとめのテスト

1 (1)③に○
(2)㋑
(3)㋑
(4)葉に日光が当たると、でんぷんができること

2 (1)③に○
(2)②に○
(3)下がっている。
(4)水の通り道（水が通る細い管）

3 (1)イ　(2)㋐
(3)葉　(4)㋓
(5)①根　②くき　③葉　④水蒸気
⑤蒸散

丸つけのポイント

1 (4)葉に日光が当たった結果、できるものがでんぷんであることが書かれていれば正解です。

てびき **1** (1)エタノールを使って葉の緑色をぬき、ヨウ素液に入れたときの葉の色の変化を見やすくします。

(2)～(4)調べる前の日からアルミニウムはくでおおい、日光に当たらないようにします。そして、調べる日の午前中、㋐の葉を切り取り、冷蔵庫に入れて保管しておきます。4～5時間後、㋐の葉を調べ、日光に当てる前の葉にでんぷんがなかったことを確かめます。日光に当てた㋑ではでんぷんができていますが、日光に当てなかった㋒ではでんぷんができていません。午前中にはでんぷんがなかったことから、㋑では日光に当たってでんぷんができたことがわかります。

2 (2)植物の葉では、葉にあるすじが水の通り道になっているので、すじが赤く染まります。

3 (1)㋐ではくきと葉から、㋑ではくきからそれぞれどのくらいの水が出ているのかがわかります。

(2)(3)植物の体の中の水は、主に葉から出ていくので、㋑よりも㋐の方が白くくもります。

(4)(5)水蒸気が出ていく小さな穴を気孔といいます。気孔は葉にたくさんあるので、主に葉で蒸散が行われます。

4　生物のくらしと環境

34ページ　**基本のワーク**

1 (1)①プレパラート
(2)②ミジンコ　③ゾウリムシ
④ミカヅキモ

2 (1)

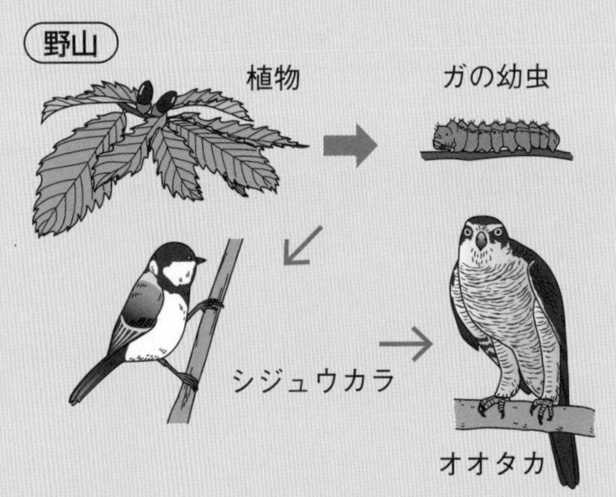

(2)①食物れんさ

まとめ　①小さな生物　②食物れんさ

35ページ　**練習のワーク**

1 (1)㋐ミカヅキモ　㋑ミジンコ
㋒クンショウモ
(2)㋿カバーガラス　㋑スライドガラス
(3)食べる。

2 (1)食べられる生物→食べる生物
(2)㋐
(3)植物や他の動物を食べて養分を取り入れている。
(4)食物れんさ

丸つけのポイント

2 (3)自分で養分をつくっているのではなく、他の生物から養分を取り入れていることが書かれていれば正解です。

てびき 1 (2)水の中の小さな生物をけんび鏡で観察するとき、小さな生物がいる水をスポイトで取ってスライドガラスにのせ、カバーガラスをかけます。カバーガラスからはみ出した水はろ紙で吸い取ります。

(3)池や川のメダカは、水の中の小さな生物を食べています。メダカが小さな生物を食べるように、ミジンコも他の小さな生物を食べています。

2 (2)～(4)植物は、日光が当たることで自分で養分をつくることができますが、動物は、自分で養分をつくることができません。このため、植物や他の動物を食べることで、養分を取り入れています。このように、生物は「食べる」「食べられる」の関係で1本のくさりのようにつながっています。このつながりのことを食物れんさといいます。

36ページ　**基本のワーク**

1 ①根　②水　③水

2 ①水蒸気　②雨

まとめ　①植物　②水

37ページ　**練習のワーク**

1 (1)ウ
(2)イ
(3)根
(4)①命　②無くては

2 (1)気体の姿の水…水蒸気
固体の姿の水…氷
(2)飲み物を飲んで取り入れている。
食べ物を食べて取り入れている。
(3)①水蒸気　②雲　③雨

丸つけのポイント

2 (2)飲み物を飲んでいること、食べ物を食べていることが書かれていればそれぞれ正解です。

てびき 1 人の体には、水が約60％ふくまれています。血液は、ほとんどが水でできていて、血液を全身にめぐらせることで、酸素や養分などを運んでいます。また、植物は水が無いとかれてしまいます。動物も植物も、水が無くては生きていくことができません。

2 (2)人は、直接飲んだり、水をふくむ動物や植物を食べたりすることで、体の中の水を補っています。

(3)水は固体、液体、気体と姿を変えながら自然の中をめぐっています。水は蒸発して水蒸気になり、上空で集まってできた雲は地上に雨や雪を降らせます。

38ページ 基本のワーク

1 ①「二酸化炭素」に○
②「酸素」に○
③「二酸化炭素」に○

2 ①二酸化炭素 ②酸素
③二酸化炭素 ④酸素
⑤酸素 ⑥二酸化炭素 ⑦酸素

まとめ ①二酸化炭素 ②酸素 ③呼吸

39ページ 練習のワーク

1 (1)二酸化炭素
(2)酸素…増えている。
二酸化炭素…減っている。
(3)①二酸化炭素 ②酸素
(4)①酸素 ②二酸化炭素

2 (1)②に○ (2)呼吸

てびき 1 (1)空気中にふくまれている二酸化炭素の割合は少ないため、はじめに息をふきこんで二酸化炭素の割合を増やしておきます。そうすることによって、日光に当てたときに、二酸化炭素の体積の割合が減り、酸素の割合が増えることがわかりやすくなります。

(2)(3)葉に日光が当たると、でんぷんができます。このときに、空気中から取り入れた二酸化炭素が使われ、酸素が出されます。

(4)植物は絶えず呼吸をしていて、酸素を取り入れて二酸化炭素を出しています。

2 植物も、動物と同じように呼吸によって絶えず酸素を取り入れています。しかし、日光が当たっているときに出す酸素の量の方が呼吸で取り入れる酸素の量より多くなっています。

わかる！理科 植物の葉に日光が当たると、でんぷんができます。このはたらきを、光合成（こうごうせい）といいます。光合成をするとき、植物は二酸化炭素を取り入れ、酸素を出します。

・植物に日光が当たっていないとき
→呼吸をする。光合成はしない。
酸素を取り入れて、二酸化炭素を出しています。

・植物に日光が当たっているとき
→呼吸をする。光合成もする。
呼吸で酸素を取り入れると同時に、光合成で酸素を出しています。ただし、呼吸で取り入れている酸素の量よりも、光合成で出している酸素の量の方がはるかに多いので、実際には酸素を出すはたらきしか行っていないように見えます。

40・41ページ まとめのテスト

1 (1)①動物 ②植物 ③植物
(2)植物 (3)イ
(4)「食べる」「食べられる」の関係

2 (1)㋐ (2)㋓
(3)㋗→㋕→㋖→㋘
(4)食物れんさ

3 (1)カバーガラス (2)ろ紙

4 (1)二酸化炭素
(2)増えている。
(3)減っている。

5 (1)①、③、⑥、⑦に○
(2)ふくまれている。
(3)めぐっている。

てびき 1 (1)(2)人は動物や植物を食べています。植物は、日光に当たると自分で養分をつくることができます。

(3)動物は自分で養分をつくることができないので、植物や他の動物を食べて、養分を取り入れています。

2 (1)(2)バッタは植物を食べます。カマキリは、バッタを食べ、カエルに食べられます。

(3)(4)川や池などの水の中には、ケイソウやミカヅキモ、ミジンコのような小さな生物とメダカ、ナマズのような動物がいます。水の中の生物も、「食べる」「食べられる」の関係でつながっています。この関係を食物れんさといいます。

3 観察するものをスライドガラスの上にのせ、観察するものの上にカバーガラスをかけます。周りの水は、ろ紙で吸い取ります。

4 植物に日光が当たると、二酸化炭素を取り入れ、酸素を出します。ふくろの中の二酸化炭素の割合が減ることをわかりやすくするため、はじめに息をふきこんで、二酸化炭素の割合を増やしておきます。

5 (1)植物も動物も、絶えず呼吸をしていて、酸素を取り入れて二酸化炭素を出しています。日光が当たっている植物では、二酸化炭素を取り入れて酸素を出すはたらきがさかんです。

(2)人の体には、重さの割合で水が約60%ふくまれています。同じように、動物や植物の体にもたくさん水がふくまれています。

(3)水は、固体、液体、気体と姿を変えながら自然の中をめぐっています。

5 てこのしくみとはたらき

42ページ 基本のワーク

❶ ①作用点 ②支点 ③力点

❷ ①「小さく」に○
②「大きく」に○

まとめ ①支点 ②力点 ③作用点

43ページ 練習のワーク

❶ (1)㋐作用点 ㋑支点 ㋒力点
(2)㋑ (3)㋒ (4)㋐

❷ (1)全て同じにそろえる。
(2)作用点
(3)㋒
(4)長くする。
(5)力点 (6)㋕
(7)短くする。

てびき ❶ ものに力がはたらいている㋐が作用点、棒を支えている㋑が支点、力を加えている㋒が力点です。

❷ (2)~(4)支点から力点までのきょりを変えたときの手ごたえのちがいを調べるので、支点と作用点の位置を変えず、力点の位置だけを変えます。つまり、支点から力点までのきょりを変え、支点から作用点までのきょりをそろえて実験します。支点から力点までのきょりが長くなるほど、手ごたえは小さくなり、小さな力でものを持ち上げることができます。

(5)~(7)支点から作用点までのきょりを変えたときの手ごたえのちがいを調べるので、支点と力点の位置を変えず、作用点の位置だけを変えます。つまり、支点から作用点までのきょりを変え、支点から力点までのきょりをそろえて実験します。支点から作用点までのきょりが短くなるほど、手ごたえは小さくなり、小さな力でものを持ち上げることができます。

44・45ページ まとめのテスト❶

1 (1)①記号…㋑ 名前…支点
②記号…㋐ 名前…作用点
③記号…㋒ 名前…力点
(2)①支え ②力 ③もの

2 (1)ア、ウ (2)ウ
(3)大きくなる。
(4)小さくなる。
(5)支点から力点までのきょりが長いほど、手ごたえが小さくなること

3 (1)ア、イ (2)イ
(3)小さくなっていく。
(4)支点から作用点までのきょりが短いほど、手ごたえが小さくなること

4 (1)力点 (2)ア
(3)できる。

丸つけのポイント

2 (5)支点から力点までのきょりが短いほど、手ごたえが大きくなること、と書かれていても正解です。

3 (4)支点から作用点までのきょりが長いほど、手ごたえが大きくなること、と書かれていても正解です。

てびき **1** てこを利用すると、小さな力で重いものを支えたり、動かしたりすることができます。

2 (1)(2)支点から力点までのきょりを変えるとき、支点から作用点までのきょりをそろえて実験をします。支点の位置を変えると支点から作用点までのきょりも変わってしまうので、支点と作用点は変えず、力点だけを変えます。

(3)~(5)支点から力点までのきょりが長いほど手ごたえが小さくなり、支点から力点までのきょりが短いほど手ごたえが大きくなります。

3 (1)(2)支点から作用点までのきょりを変えるとき、支点から力点までのきょりをそろえて実験をします。支点の位置を変えると支点から力点までのきょりも変わってしまうので、支点と力

点は変えず、作用点だけを変えます。

(3)(4)支点から作用点までのきょりが短いほど手ごたえが小さくなります。逆に、支点から作用点までのきょりが長いほど手ごたえが大きくなります。

4 (1)バケツをつるす位置は、棒をつり合わせるために、力を加える位置です。

(2)(3)てこの力点に加える力の大きさは、力点につるしたものの重さで表すことができます。

46ページ 基本のワーク

1 (1)①1　②30　③6

(2)④支点からのきょり

2 (1)①支点

(2)②てこ　③同じ(等しい)

まとめ　①つり合う　②等しく

47ページ 練習のワーク

1 (1)20g

(2)ウ

(3)

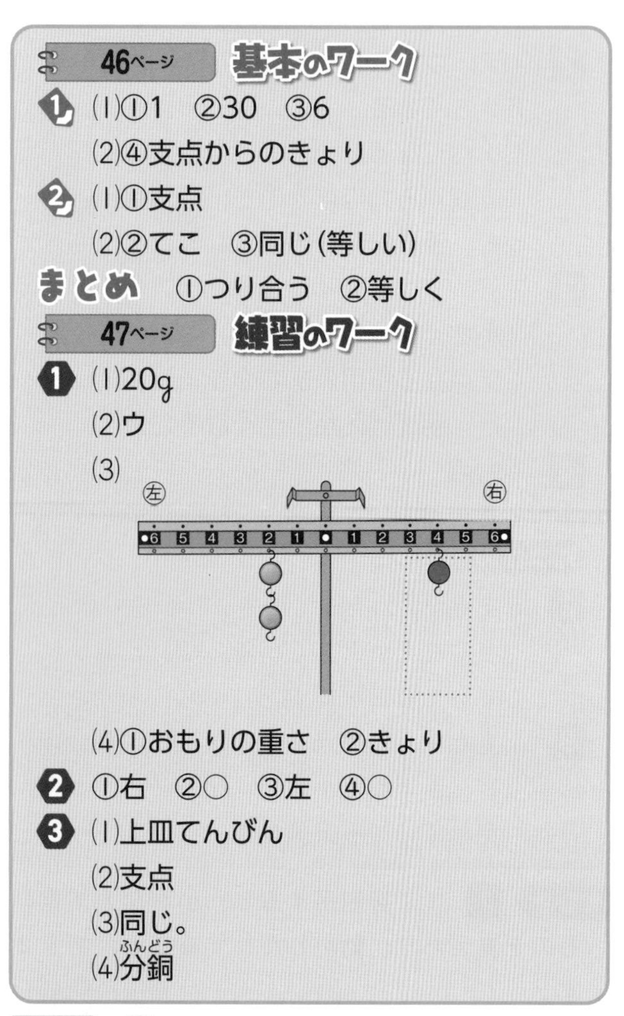

(4)①おもりの重さ　②きょり

2 ①右　②○　③左　④○

3 (1)上皿てんびん

(2)支点

(3)同じ。

(4)分銅(ふんどう)

てびき **1** (1)おもり1個が10gなので、2個では20gです。

(3)てこの左のうでをかたむけるはたらきは20×2=40です。右のうでに、支点からのきょり4の位置におもりをつるすので、おもりの重さを□gとすると、□×4=40、□=10より、支点からきょり4の位置におもりを1個(10g)つるすと、てこは水平につり合います。

2 左右のうでで、おもりの重さと支点からのきょりの積が等しいとき、てこは水平につり合います。

①左：30×2=60　　右：20×4=80

②左：40×3=120　右：20×6=120

③左：50×1=50　　右：20×2=40

④左：20×3=60　　右：30×2=60

3 (3)左右のうでの長さが等しくなっています。

48ページ 基本のワーク

1 (1)①作用点　②支点　③力点

④支点　⑤力点

⑥作用点　⑦支点

(2)⑧「上」に◯

まとめ　①てこ　②はさみ

49ページ 練習のワーク

1 (1)㋐

(2)①支点　②力点　③長く

(①、②は順不同)

(3)㋑　　(4)小さい。

(5)㋑、㋒　　(6)㋐

2 (1)㋐力点　㋑支点　㋒作用点

(2)イ、ウ

てびき **1** (1)(2)くぎぬきは、支点が力点と作用点の間にあります。このてこは支点から力点までのきょりを長くすることで、作用点により大きな力をはたらかせることができます。このため、力点を㋐の位置にすると、もっとも小さな力でくぎをぬくことができます。

(3)ピンセットは中央部分を指ではさんでもち、先でものをつまみます。よって、図のように力点が作用点と支点の間にあります。

(4)力点が支点と作用点の間にあるてこは、作用点にはたらく力を小さくすることで、細かな作業をしたり、やわらかいものをつかんだりしやすくなります。

(5)穴あけパンチは、作用点が支点と力点の間にあります。作用点では、力点と同じ向きに、力点で加えた力よりも大きな力がはたらきます。ピンセットは、力点が支点と作用点の間にあります。力点で力を加えたのと同じ向きに、作用点で小さな力がはたらき、ものをつかむことができます。

(6)くぎぬきは、支点が力点と作用点の間にあり、作用点ではたらく力の向きは、力点で加えた力の向きとはちがいます。

2 輪じくは大きい輪に力点、小さい輪に作用点があります。また、支点は動かない㋑です。このてこでは、支点から力点までのきょりが長く、支点から作用点までのきょりが短くなっています。輪じくを利用したものには、ドライバーやドアノブなどがあります。

50・51ページ **まとめのテスト②**

1 (1)水平につり合っている。
(2)右　(3)2個　(4)3個

2 (1)①60　②30　③6　④3
⑤40　⑥30　⑦12　⑧3
(2)①おもりの重さ　②支点からのきょり
(①、②は順不同)

3 (1)図1…水平につり合う。
図2…右にかたむく。
(2)㋓　(3)①に○

4 ①イ　②ア　③ウ　④ア　⑤ウ　⑥イ

5 (1)①支点　②同じ(等しい)　(2)15g

てびき **1** (1)おもりをつるしていないとき、実験用てこは水平につり合っています。

(3)右のうでの6の位置に10gのおもりをつるすので、右のうでをかたむけるはたらきは、10×6=60です。左のうでの3の位置につるしてつり合わせるので、おもりの重さを□gとすると、□×3=60、□=20より、10gのおもりを2個(20g)つるすと水平につり合います。

(4)左のうでの2の位置におもりをつるしてつり合わせるので、おもりの重さを□gとすると、□×2=60、□=30より、10gのおもりを3個(30g)つるすと水平につり合います。

2 (1)うでをかたむけるはたらきを計算して、左右で等しくなるようにします。おもりの重さを□g、支点からのきょりを○cmとすると、それぞれのうでをかたむけるはたらきは、
①左：□×2　右：30×4=120
②左：□×4　右：30×4=120
③左：20×○　右：30×4=120
④左：40×○　右：30×4=120
⑤左：60×4=240　右：□×6
⑥左：60×4=240　右：□×8
⑦左：60×4=240　右：20×○
⑧左：60×4=240　右：80×○
です。それぞれの左右でうでをかたむけるはたらきが等しくなる□や○の数字を求めましょう。

3 (1)それぞれのうでをかたむけるはたらきは、
図1 左：20×2=40　右：20×2=40
図2 左：20×2=40　右：20×3=60
より、図1は水平につり合い、図2は右にかたむきます。

(2)図3で左のうでをかたむけるはたらきは、20×4=80です。右のうでに20gのおもりをつるしてつり合わせるので、支点からのきょりを□cmとすると、20×□=80、□=4より、4の位置につるします。

(3)おもりの重さを2倍にして、うでをかたむけるはたらきを同じにするには、支点からのきょりを半分にします。

4 支点が力点と作用点の間にあるのは、洋ばさみ、くぎぬき、ペンチなどです。作用点が支点と力点の間にあるのは、穴あけパンチ、ステープラーなどです。力点が支点と作用点の間にあるのは、ピンセット、和ばさみなどです。

5 (2)左右のうでで、支点から等しいきょりのところにものをつるして、てこが水平につり合っていることから、つるしているものの重さが左右で等しいことがわかります。左のうでにはおもりを2個(20g)つるしているので、右のうでにつるしているものの重さも20gであることがわかります。容器と糸の重さが合わせて5gなので、ねん土の重さは20−5=15gだとわかります。

6 月の形と太陽

52ページ **基本のワーク**

1 (1)①「増える」に◯
②「東」に◯
(2)③月　④太陽

2 ①「減る」に◯
②「東」に◯

まとめ ①位置　②太陽

53ページ **練習のワーク**

1 (1)②に○　(2)㋓
(3)①に○

(4)③に○

❷ (1)④に○

(2)ア

(3)減っている。

(4)㋐

てびき ❶ (1)(2)月は、太陽と同じように、東からのぼって南の空を通り、西にしずむように位置が変わります。夕方見られる三日月(みかづき)は、南西の空にあり、やがて西の方向へしずんでいきます。このとき、太陽は月のかがやいている側にあります。

(3)(4)夕方見える月は、日がたつにつれて、明るく見える部分が増えていきます。また、見える位置は東へと変わっていきます。月のかがやいて見える側は、いつも太陽の方を向いています。

❷ (2)朝見える月は、左側(太陽のある東側)がかがやいて見えます。

(3)(4)朝見える月は、日がたつにつれて、明るく見える部分が減っていきます。また、見える位置は東の方へ変わっていきます。

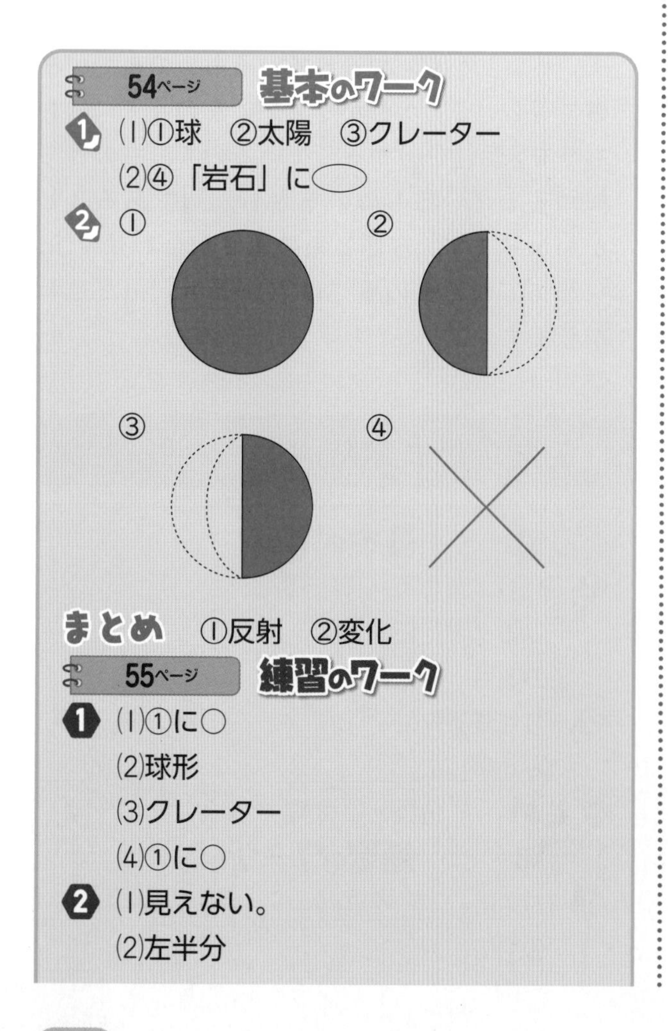

(3)①㋑→②㋕→③㋐→④㋔→⑤㋖→⑥㋒→⑦㋗→⑧㋓

(4)①太陽 ②太陽の光

てびき ❶ (1)(2)朝や夕方にいろいろなもののかげを見ると、同じ方向に長くのびています。これと同じように、月の欠けぎわのクレーターは同じ方向にかげができています。このことから、月は光を反射してかがやいていることがわかります。月は球形をしていて、太陽の光を反射してかがやいています。

(3)(4)月の表面は岩石でできていて、丸いくぼ地はクレーターとよばれています。

❷ (2)〜(4)月は、自らは光を出していません。月がかがやいて見えるのは、太陽の光を反射しているからです。このため、いつも太陽のある側がかがやいて見えます。③も⑦も半月ですが、地球から見ると、⑦は右半分がかがやいて見え、③は左半分がかがやいて見えます。地球から見ると、②〜④の月は左側が、⑥〜⑧の月は右側がかがやいて見えます。このように、地球から見たときの月と太陽の位置関係が変化することによって、月の形が変わって見えます。

わかる! 理科 地球から見たときの月と太陽の位置関係が変化するため、日によって月の形が変化して見えます。新月のときには、かがやいている部分がないので、地球からは見えません。その後、右側からかがやいている部分が少しずつ増えていき、やがて満月になります。そして、右側からかがやいている部分が減っていき、新月にもどります。月の形の変化は、これを約1か月でくり返しています。

56・57ページ まとめのテスト

1 (1)半月

(2)㋑

(3)③に○

(4)㋒

(5)㋓

2 (1)ア

(2)㋐

(3)②に○

3 (1)岩石
(2)クレーター
(3)イ
(4)ウ
(5)太陽の光を反射しているから。
(6)③に○

4 (1)観測者…地球　電灯…太陽
ボール…月
(2)㋐⑧　㋑⑦　㋒④　㋓⑤
(3)①
(4)新月
(5)(地球から見たときの)月と太陽の位置関係が変化するから。

丸つけのポイント

3 (5)太陽の光をはね返しているからなど、同じ意味のことが書かれていれば正解です。

4 (5)月と太陽の位置関係が変化し、太陽の光を反射している部分の見え方が変化するからなど、同じ意味のことが書かれていれば正解です。

てびき **1** (2)(3)月は、自らは光らず、太陽の光を反射しています。このため、月のかがやいている側は、いつも太陽の方を向いています。また、地球から見たときの月と太陽の位置関係が変化することによって、月の形が変化して見えます。

(4)夕方に見られる、右側がかがやいている月は、日がたつにつれてかがやく部分が増えていきます。半月から満月になるには約1週間かかります。

(5)太陽がしずむころに、東の空からのぼってくる月は満月です。このとき、月は太陽の光を反射してかがやく部分がもっとも多くなります。

2 (1)(3)月は太陽の光を反射してかがやいているので、月のかがやいている側は、太陽の方を向いています。朝見える月は、日がたつにつれてかがやいている部分が減り、やがて見えなくなり、新月になります。

(2)朝の同じ時刻に見える月は、日がたつにつれて東へ位置が変わっていきます。

わかる! 理科 月の形は、およそ1か月で次のように変化して見えます。
新月(月が見えない)→三日月→半月(右半分)→満月→半月(左半分)→新月
新月の日を1日目とすると、
3日目に三日月、7日目に半月、15日目に満月、22日目に半月が見られ、約30日後にふたたび新月となります。

3 (3)月や地球や太陽は、大きさはちがいますが、球形です。

(4)月は、およそ1か月で同じ形の月になります。

(5)月は光を出していませんが、太陽の光を反射しているので、かがやいて見えます。夜に見られるいろいろな星と比べて、地球のとても近くにあるため、大きく、明るく見えます。

(6)月は、朝や夕方にも見えることがあります。

わかる! 理科 月の大きさは、太陽と比べるととても小さいですが、太陽よりもずっと地球の近くにあるので、地球からは月も太陽も同じくらいの大きさに見えます。

4 (2)図1で、②～④はボールの右側がかがやいて見え、⑥～⑧はボールの左側がかがやいて見えます。電灯に近い②や⑧のボールはかがやいている部分が少なく、細く見えます。電灯から遠い④や⑥のボールはかがやいている部分が多く、太く見えます。

(3)(4)ボールが①の位置にあるとき、かがやいていない面だけが観測者の方を向きます。月がこの位置にあるとき、地球からは月を見ることはできません。このときの月を新月といいます。

(5)月と太陽の位置関係は絶えず変化しています。

7 大地のつくりと変化

58ページ 基本のワーク

1 ①れき ②砂 ③どろ

2 ①色 ②大きさ(①、②は順不同)
③地層 ④化石

まとめ ①火山灰 ②色

59ページ 練習のワーク

1 (1)地層
(2)㋐れき ㋑どろ ㋒砂
(3)色、大きさ
(4)化石

2 (1)②に○
(2)②に○

てびき 1 (1)しま模様に見える、どろや砂やれきなどが積み重なった層を地層といいます。

(2)地層をつくるつぶは、大きいものから順に、れき、砂、どろです。

(3)㋐～㋒の層は、層をつくるつぶの色や大きさがそれぞれちがっています。

2 (1)火山が噴火すると、よう岩や水蒸気など、いろいろなものがふき出されます。火山灰は、火山の噴火でふき出されたもののうち、直径2mm以下のつぶのことです。

60・61ページ まとめのテスト①

1 (1)②に○
(2)㋐の層…㋕ ㋑の層…㋖
(3)化石
(4)もっとも大きいもの…㋒
もっとも小さいもの…㋔
(5)火山灰
(6)①、③、⑥、⑧に○

2 (1)ボーリング試料
(2)イ
(3)

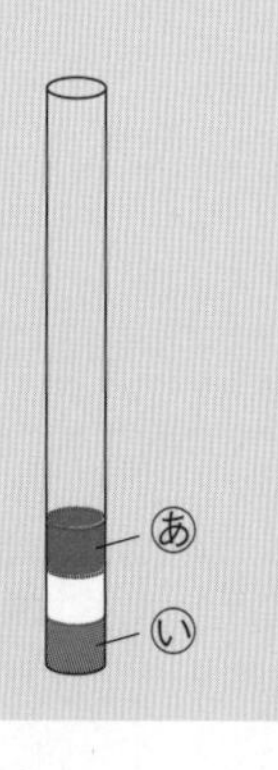

3 (1)①に○
(2)②に○
(3)③に○

てびき 1 (1)地層は表面だけでなく、おくまで広がっています。

(2)左右の層で、層の重なり方が同じことから、左右の地層はもともとつながっていたと考えられます。したがって、㋐の層と㋕の層がつながっていて、㋑の層と㋖の層がつながっていたと考えられます。

(3)地層から、生物の体や生活をしていたあとが見つかることがあります。これを化石といいます。

わかる! 理科 海にすんでいたカニや貝などの化石が、陸地の地層から見つかることがあります。これは、海底でたい積した地層が、長い年月の間に大地がもち上がったことで、陸地になったからです。

(4)れき、砂、どろは、つぶの大きさによって、区別されています。

(6)地層をつくっているそれぞれの層は、つぶの大きさや形だけでなく、色やもとの岩石の種類もさまざまです。

2 (1)(2)ボーリング試料は、土をほり取った深さなどの記録とともに保管(ほかん)されるので、地下にある地層の重なり方や地表からの深さ、厚さを調べることができます。

3 (2)化石は、大昔の生物の体や、生物が生活していたあとがうもれてできたものです。

(3)きょうりゅうは、大昔に生きていた生物なので、この地層は大昔にできたと考えられます。

わかる! 理科 ある地層で、きょうりゅうの骨の化石が見つかると、その地層はとても古い地層(およそ6500万～2億5000万年前)であることがわかります。これは、きょうりゅうが、大昔のある時代にだけ生きていたからです。また、貝やサンゴの化石は、化石が見つかったところが、その地層ができたときには海であったことを教えてくれます。きょうりゅうのように、地層ができた時代を知る手がかりになる化石を示準(しじゅん)化石といいます。

また、サンゴのように、地層ができたときのまわりの環境を知る手がかりになるような化石を示相(しそう)化石といいます。

62ページ 基本のワーク

1 ①丸み　②水　③岩石

2 (1)①

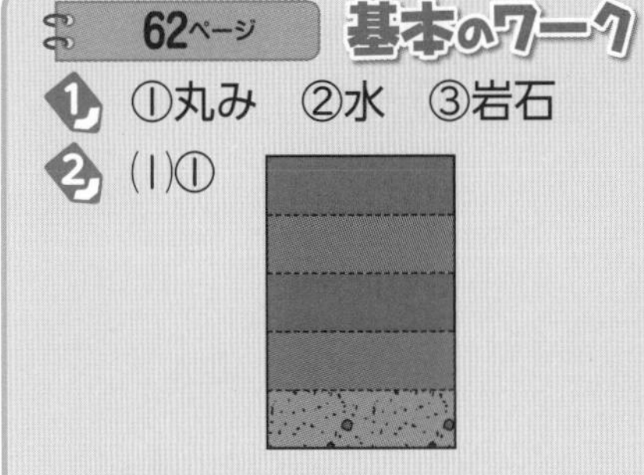

(2)②海

まとめ ①地層　②たい積

63ページ 練習のワーク

1 (1)㋐れき岩　㋑砂岩　㋒でい岩

(2)丸みを帯びている。

(3)ウ

2 (1)㋑

(2)(角が)とれている。

(3)ある。

てびき 1 (1)(3)れきの層が、その上にある地層の重さで、長い年月をかけておし固められてできた岩石をれき岩、同じようにして、砂の層が固まってできた岩石を砂岩、どろの層が固まってできた岩石をでい岩といいます。

(2)水のはたらきでできた地層の中のれきは、川原のれきと同じように角がとれて、丸みを帯びています。

2 (1)水の中では大きいつぶほど下にたい積するので、砂が下に、砂の上にどろがたい積します。このように、つぶの大きさによって層に分かれてたい積し、地層ができます。

(2)川原のれきも地層の中のれきも、水のはたらきによって角がとれ、丸みを帯びた形をしています。

(3)水のはたらきでできた地層から、化石が見つかることがあります。

64ページ 基本のワーク

1 ①角ばった　②角ばった

2 (1)①指　②水

(2)③そう眼実体

まとめ ①火山灰　②角ばった

65ページ 練習のワーク

1 (1)ウ、エ

(2)火山灰

(3)ある。

2 (1)イ

(2)ア

(3)角ばっている。

(4)③に○

てびき 1 (1)ア、イは、水のはたらきでできた地層で見られるれきの特ちょうです。火山のはたらきでできた地層のれきは、角ばっていたり、小さな穴がたくさんあいていたりします。

(2)火山が噴火すると、よう岩や水蒸気など、いろいろなものがふき出されます。火山灰は、火山の噴火でふき出されたもののうち、直径2mm以下のつぶのことです。火山が噴火すると、火山灰などがたい積して地層になることがあります。

(3)火山の噴火で空高くふき上げられた火山灰は、風によって数百kmもはなれたところに降り積もることがあります。

2 (1)(2)火山灰をよく洗ってから、そう眼実体けんび鏡で観察します。

(3)(4)火山灰のつぶは角ばっていて、いろいろな色や大きさのものがあります。

66・67ページ まとめのテスト2

1 (1)虫めがね

(2)①水　②運ぱん　③海の底

(3)火山(のはたらき)

(4)③に○

2 (1)㋑

(2)㋐

(3)㋒

3 (1)㋑

(2)ア

(3)でい岩

(4)(角がとれて)丸みを帯びている。

(5)イ

4 (1)エ　(2)イ

(3)火山の噴火
(4)②に○

丸つけのポイント

3 (4)角がとれているなど、同じ意味のことが書かれていれば正解です。

てびき **1** 水のはたらきでできた地層のれきは、角がとれ、丸みを帯びています。また、つぶの大きさで分かれ、層になってたい積しています。一方、火山の噴火によってできた地層には、角ばっているれきや、小さな穴のあいたれきがあります。水のはたらきでできた地層がたい積したときに、生物の体や生活のあとがあると、化石になって、地層の中に見られることがあります。

2 地層の中には、その上にたい積したものによっておし固められ、かたい岩石になっているものもあります。

3 (1)(2)水中では、大きなつぶが下にたい積し、小さなつぶがその上にたい積するので、砂が下に、どろがその上にたい積します。このように海や湖の底で何度もくり返したい積することで、地層ができます。

(4)水のはたらきでできた地層で見られるれきは、川原にあるれきと同じように、丸みを帯びています。

(5)水のはたらきによってできた地層は、海や湖の底でたい積します。海や湖の底の地層が長い年月の間にもち上がり、陸上で見られるようになります。

4 (1)つぶが角ばっていたり、ガラスのようなものがふくまれていたりすることから火山灰を観察したものだとわかります。

(4)水のはたらきによってできた地層のつぶは丸みを帯びていますが、火山灰のつぶは角ばっています。

火山の噴火と地震

68ページ **基本のワーク**

1 ①火山灰 ②よう岩
2 ①断層 ②地震

まとめ ①火山灰 ②よう岩 ③断層

69ページ **練習のワーク**

1 (1)よう岩
(2)ある。
(3)火山灰
(4)②に○

2 (1)断層
(2)②に○
(3)①もち上がった ②高く
(4)災害が起こったときの、ひ難場所やひ難方法を確認(かくにん)しておく。

丸つけのポイント

2 (4)ふだんからひ難場所を調べ、ひ難方法を考えておくなど、同じ意味のことが書かれていれば正解です。

てびき **1** (1)(3)火山が噴火すると、よう岩が流れ出したり、火山灰が降り積もったりします。

(2)(4)火山が噴火すると、火山灰やよう岩によって農作物がひ害を受けたり、建物や道路がうもれたりします。また、大地のようすが変化することがあります。

2 (1)(2)大地がずれて断層が生じるとき、地震が起きます。大きな地震では、大地のずれが、地表に現れたりすることがあります。

(4)日本は火山が多く、昔から地震が多い国です。日ごろから、ハザードマップなどを利用してひ難場所やひ難方法などを確認したり、食べ物や水をたくわえておくなどの備えをしておきましょう。

8 水溶液の性質

70ページ 基本のワーク

❶ ①安全めがね ②かん気 ③水

❷ (1)①× ②× ③× ④○

(2)⑤× ⑥○ ⑦○ ⑧×

(3)⑨○ ⑩× ⑪× ⑫×

まとめ ①におい ②固体

71ページ 練習のワーク

❶ (1)㊁

(2)うすい塩酸、うすいアンモニア水

(3)イ

(4)②、④、⑤に○

❷ (1)イ

(2)食塩水

(3)イ

てびき ❶ (1)炭酸水からはとけている二酸化炭素のあわが出ています。

(2)(3)うすい塩酸やうすいアンモニア水にはにおいのある気体がとけているので、においがします。においをかぐときは、気体を直接吸いこまないようにします。

わかる! 理科 炭酸水、塩酸、アンモニア水は、気体の二酸化炭素、塩化水素（えんかすいそ）、アンモニアが水にとけた水溶液です。それぞれの気体には、次のような特ちょうがあります。

・二酸化炭素（水溶液…炭酸水）
　におい…ない。
　色…ない。
　性質…水に少しとける。
　　　　水溶液にあわが見られる。
　　　　石灰水を白くにごらせる。

・塩化水素（水溶液…塩酸）
　におい…ある。
　色…ない。
　性質…水にとてもよくとける。
　　　　水溶液は鉄やアルミニウムをとかす。

・アンモニア（水溶液…アンモニア水）
　におい…ある。
　色…ない。
　性質…水にとてもよくとける。

(4)②薬品には、危険なものがあります。絶対に口に入れてはいけません。③手などに水溶液がついたら、水で洗い流すようにしましょう。

❷ (1)液が半分になったところで火を消し、残りの水溶液の水が蒸発するまで、そのまま置いておきます。

(2)(3)水溶液には、固体がとけているものと気体がとけているものなどがあります。固体がとけている水溶液は、水を蒸発させると、とけていたものが出てきます。食塩水には食塩がとけていて、水を蒸発させると固体が出てきます。

72ページ 基本のワーク

❶ (1)①（さかんに）あわが出る

(2)②白くにごる

(3)③二酸化炭素

❷ (1)①へこむ

(2)②とける

まとめ ①二酸化炭素 ②とける

73ページ 練習のワーク

❶ (1)気体

(2)㋑塩化水素 ㋒アンモニア

(3)白くにごる。

(4)二酸化炭素

(5)㋑、㋒

(6)①に○

❷ (1)イ

(2)水にとけたから。

(3)白くにごる。

てびき ❶ (1)(2)食塩水には固体の食塩がとけているため、水を蒸発させると食塩が出てきます。うすい塩酸、うすいアンモニア水、炭酸水のように気体がとけている水溶液は、水を蒸発させると、何も残りません。

(3)(4)炭酸水から出るあわは二酸化炭素です。

(5)(6)塩化水素やアンモニアにはにおいがあるので、うすい塩酸やうすいアンモニア水はにおいがします。

❷ (1)(2)二酸化炭素は水にとけるため、水にとけた二酸化炭素の体積の分だけペットボトルの中の体積が小さくなり、ペットボトルがへこみます。

(3)二酸化炭素は石灰水を白くにごらせる性質

があります。ペットボトルの中には、二酸化炭素がとけた水溶液(炭酸水)ができています。

わかる! 理科 二酸化炭素が水にとけた水溶液を炭酸水といいます。お店で売られている炭酸水は、たくさんの二酸化炭素がとけているので、容器に入った炭酸水のふたをとると、水にとけきれなくなった二酸化炭素があわになって出てきます。

74・75ページ まとめのテスト①

1 (1)安全めがね
(2)①○ ②× ③○
④× ⑤○ ⑥○

2 (1)㋓
(2)あわが出ている。
(3)㋑、㋒
(4)㋓
(5)イ

3 (1)㋑
(2)イ
(3)固体
(4)塩酸…塩化水素
食塩水…食塩
アンモニア水…アンモニア

4 (1)へこむ。
(2)二酸化炭素が水にとけたから。
(3)石灰水
(4)二酸化炭素
(5)炭酸水

丸つけのポイント

2 (2)あわが出ていることが書かれていれば正解です。

4 (2)二酸化炭素の水溶液ができて、ペットボトルの中の体積が小さくなったからなど、同じ意味のことが書かれていれば正解です。

てびき **1** (2)③水溶液は見たようすやにおいをかいだだけでは区別できないものがあります。水溶液をまちがえないように試験管やビーカーにラベルをはって実験をします。

④試験管には水溶液を入れすぎないようにし、入れる水溶液は試験管の $\frac{1}{3}$ 以下にします。

2 炭酸水はあわが出ているので、見たようすで区別できます。うすい塩酸やうすいアンモニア水にはにおいがあります。また、食塩水は、固体がとけていて、水を蒸発させると固体が残ります。うすい塩酸やうすいアンモニア水や炭酸水のように気体がとけている水溶液は、水を蒸発させると何も残りません。

3 (2)(3)食塩水は固体の食塩がとけた水溶液です。

(4)塩酸は塩化水素という気体が水にとけた水溶液、食塩水は固体の食塩がとけた水溶液、アンモニア水はアンモニアという気体がとけた水溶液です。

4 (1)(2)ペットボトルの中の二酸化炭素が水にとけるので、とけた二酸化炭素の体積分だけペットボトルの中の体積が小さくなり、ペットボトルがへこみます。

(3)～(5)二酸化炭素がとけた水溶液ができているので、石灰水は白くにごります。この水溶液を炭酸水といいます。

76ページ 基本のワーク

1 ①青 ②赤(①、②は順不同)
③ガラス棒 ④1

2 (1)①青色リトマス紙…赤色にぬる。
赤色リトマス紙…赤色にぬる。
②青色リトマス紙…赤色にぬる。
赤色リトマス紙…赤色にぬる。
③青色リトマス紙…青色にぬる。
赤色リトマス紙…赤色にぬる。
④青色リトマス紙…青色にぬる。
赤色リトマス紙…青色にぬる。
(2)⑤酸 ⑥酸 ⑦中 ⑧アルカリ

まとめ ①赤色 ②青色

77ページ 練習のワーク

1 (1)酸性
(2)アルカリ性
(3)中性

2 (1)①変わらない。 ②青色になる。
③変わらない。 ④変わらない。
⑤赤色になる。 ⑥変わらない。
(2)㋐、㋓
(3)㋑
(4)㋒

3 (1)㋐酸性 ㋑アルカリ性

(2)イ

てびき ❶ 青色リトマス紙と赤色リトマス紙の色の変化によって、水溶液を酸性、中性、アルカリ性の3つになかま分けすることができます。塩酸や炭酸水は酸性、アンモニア水や石灰水はアルカリ性、食塩水は中性の水溶液です。

わかる! 理科 色の変化によって、水溶液を酸性、中性、アルカリ性になかま分けするリトマス紙は、紙にリトマスゴケのしるをしみこませたものが使われていました。ムラサキキャベツ液は、酸性で赤色や赤むらさき色、中性でむらさき色、アルカリ性で緑色や黄色になります。また、紅茶(こうちゃ)にレモンのしる(酸性)を入れると紅茶の色がうすくなります。

❸ (1)ムラサキキャベツ液は、酸性の水溶液を入れると赤色や赤むらさき色になり、アルカリ性の水溶液を入れると緑色や黄色になります。他に、BTB溶液や万能(ばんのう)試験紙でも、色の変化で水溶液の性質を調べることができます。

78ページ 基本のワーク

❶ ①「する」に◯
②「する」に◯
③「とける」に◯
④「とける」に◯

❷ (1)①しない　②しない
(2)③「別の」に◯

まとめ ①塩酸　②別のもの

79ページ 練習のワーク

❶ (1)とける。
(2)とける。
(3)発生する。
(4)発生する。
(5)とう明になる。

❷ (1)②に○
(2)とける。
(3)発生しない。
(4)鉄とは別のもの
(5)②に○
(6)イ

てびき ❶ 鉄やアルミニウムにうすい塩酸を加えると、鉄もアルミニウムも気体が発生してとけます。液はやがてとう明になります。

❷ (1)～(4)㋐にうすい塩酸を加えても、気体は発生しません。また、色もうすい塩酸にとける前の鉄とはちがいます。したがって、㋐は鉄とは別のものだと考えられます。このように、鉄は塩酸にとけると、鉄とは別のものに変化します。

(5)(6)うすい塩酸にアルミニウムをとかした液を加熱して水を蒸発させると白色の固体が残ります。この固体に、うすい塩酸を加えると気体が発生せずにとけます。アルミニウムは、うすい銀色の固体で、うすい塩酸を加えると気体が発生してとけます。したがって、うすい塩酸は、アルミニウムも別のものに変化させることがわかります。

80・81ページ まとめのテスト②

1 (1)②に○
(2)イ
(3)水で洗う。
(4)赤色リトマス紙…変わらない。
　青色リトマス紙…赤色に変わる。
(5)赤色リトマス紙…青色に変わる。
　青色リトマス紙…変わらない。
(6)うすい塩酸…酸性
　うすいアンモニア水…アルカリ性
　食塩水…中性

2 (1)酸性
(2)アルカリ性
(3)塩酸…黄色　アンモニア水…青色

3 (1)鉄…ア　アルミニウム…ア
(2)②に○
(3)Ⓐイ　Ⓘイ
(4)Ⓐイ　Ⓘイ
(5)鉄とは別のもの
(6)アルミニウムとは別のもの
(7)いえる。

てびき **1** (1)～(3)リトマス紙は直接手で取り出さないようにしましょう。また、ガラス棒につけた少量の水溶液をリトマス紙につけるようにします。使ったガラス棒は毎回水で洗って、かわいた布でふきとります。

2 BTB溶液は、酸性で黄色、中性で緑色、アルカリ性で青色を示します。炭酸水、塩酸は酸性なので黄色に、石灰水、アンモニア水はアルカリ性なので青色になります。

3 ⑴鉄やアルミニウムにうすい塩酸を加えると、鉄もアルミニウムもとけて気体が発生します。液はやがて、とう明になります。

⑵蒸発皿で水溶液を加熱して、とけているものが出てくるかどうかを調べるとき、液が半分ほどになったところで、火を消します。これは、水を全て蒸発させると、出てきたつぶが飛び散ることがあるからです。また、このような実験では、安全めがねをかけます。

⑶鉄がうすい塩酸にとけた液の水を蒸発させて出てきた固体は黄色、アルミニウムがうすい塩酸にとけた液の水を蒸発させて出てきた固体は白色で、それぞれもとの鉄やアルミニウムの色とはちがっています。

⑷〜⑹鉄やアルミニウムがうすい塩酸にとけた液の水を蒸発させて出てきた固体にうすい塩酸を加えると、うすい塩酸にはとけますが、気体は発生しません。このことから、鉄やアルミニウムがうすい塩酸にとけると、もとの鉄やアルミニウムとは別のものになったことがわかります。

9 電気と私たちの生活

82ページ 基本のワーク

❶ ⑴①発電
⑵②「速く」に○
③「大きく」に○
④「逆」に○

❷ ⑴①「電流」に○
⑵②イ　③ア　④ウ

まとめ ①手回し発電機　②光電池

83ページ 練習のワーク

❶ ⑴発電
⑵①速く回る。　②強く光る。
⑶大きくなる。
⑷(速さは変わらず、)逆向きに回る。
⑸逆向きになる。

❷ ⑴イ
⑵小さくなっている。
⑶太陽光発電所

てびき ❶ ⑵⑶手回し発電機のハンドルを速く回すと、電流の大きさが大きくなります。そのためモーターは速く回り、豆電球はより強く光ります。

⑷⑸手回し発電機のハンドルを回す向きを逆にすると、電流の向きが逆になります。そのため、モーターは逆向きに回ります。

❷ ⑴⑵光電池に半とう明のシートでおおいをすると、光電池に当たる光が弱くなり、電流の大きさは小さくなります。このため、モーターはゆっくり回ります。

⑶太陽光発電は光電池に日光を当てて発電するため、風力発電とともに、二酸化炭素を出さない発電方法として注目されています。

84ページ 基本のワーク

❶ ①「つくり」に○
②「ためる」に○
③「つかない」に○

❷ ①「長く」に○
②「少ない」に○

まとめ ①コンデンサー
②発光ダイオード

85ページ 練習のワーク

❶ ⑴コンデンサー
⑵電気をためるはたらき
⑶−極

❷ ⑴同じ、たまっていない
⑵同じにする。
⑶発光ダイオード
⑷豆電球
⑸豆電球

てびき ❶ コンデンサーは、発電した電気をためることができます。コンデンサーにはつなぐ向きがあるので、−の印のあるたん子を手回し発電機の−極につなぎます。

❷ ⑴⑵豆電球と発光ダイオードをつないだときのちがいを調べる実験なので、コンデンサーにためる電気の量が同じになるようにします。そのため、豆電球をコンデンサーにつないで、コンデンサーにたまっている電気をなくしてか

ら手回し発電機につなぎます。手回し発電機のハンドルは同じ速さで一定の回数だけ回します。

(3)～(5)発光ダイオードは、光らせるために使う電気の量が電球よりも少ない、こわれにくい、いろいろな色の光を出すことができるなど、すぐれた特ちょうを多くもっているので、いろいろなところに使われています。

わかる!理科 1つの電気製品で、電気をいろいろなものに変えている場合があります。例えば、テレビでは、電気を光や音に変えて利用しています。また、テレビを何時間もつけたままにしておくと画面が熱くなっていることから、電気が熱にも変えられていることがわかります。

86ページ 基本のワーク

1 ①光　②運動　③音　④熱

2 ①「とける」に○
②「発熱」に○

まとめ ①運動　②発熱

87ページ 練習のワーク

1 (1)㋐　(2)㋓
(3)㋒　(4)㋑

2 (1)とける。(とけて切れる。)
(2)熱
(3)③に○
(4)③に○

てびき 1 ㋐のアイロンは、電熱線によって、主に電気を熱に変えています。㋑のせん風機はモーターによって、主に電気を運動に変えています。㋒のラジオはスピーカーによって、主に電気を音に変えています。㋓の電気スタンドは電球や発光ダイオードによって、主に電気を光に変えています。

2 (1)電熱線に電流を流してみつろうねん土のぼうを立てかけておくと、やがてみつろうねん土は切れます。これは、電熱線が発熱し、みつろうねん土が発熱した電熱線の熱によってとけるからです。

(2)電熱線には、電気を熱に変えるはたらきがあります。

(3)豆電球は電流を流して光り続けると、温かくなっていることがあります。これは、豆電球の光る部分(フィラメント)が発熱し、とても高い温度になることによって光るからです。

(4)電動車いすは、モーターによって、主に電気を運動に変えています。ヘアドライヤーは、発熱した電熱線にふれて温かくなった空気を利用しています。

88ページ 基本のワーク

1 ①「温かく」に○
②「感じない」に○

2 (1)①プログラム　②制ぎょ
(2)

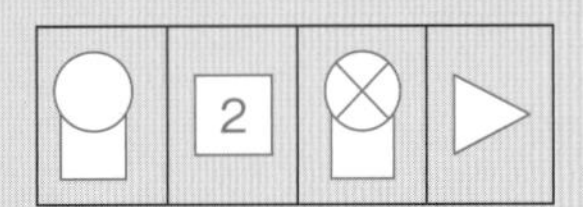

まとめ ①熱　②プログラム

89ページ 練習のワーク

1 (1)㋐　(2)㋑
(3)できる。

2 (1)

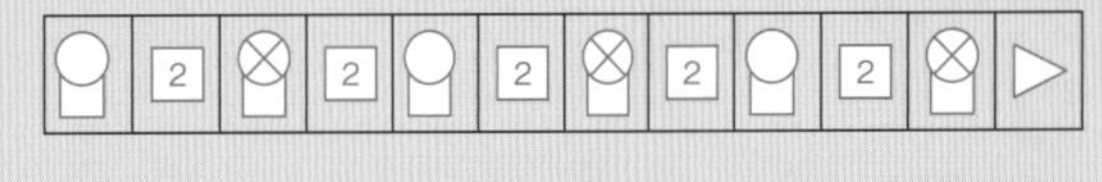

(2)

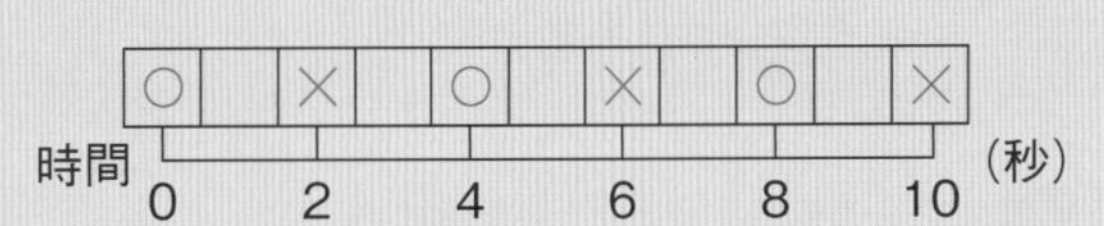

(3)プログラミング

丸つけのポイント

2 (2)0秒、4秒、8秒のマスに○、2秒、6秒、10秒のマスに×をかけていれば正解です。

てびき 1 (1)～(3)光っている電球にさわると温かく感じるのは、電球は電気を光に変えるほかに、熱にも変えているからです。一方で、発光ダイオード(LED)は、光ってからしばらくしてさわっても、温かく感じません。これは、電気があまり熱に変わることなく、効率的に光に変えられているからです。

2 (1)このプログラムは、次のような動作を行います。2秒ごとにLEDが点めつするプログラムをつくるので、
LEDを光らせる→2秒間待つ→

LEDを消す→2秒間待つ→
LEDを光らせる→2秒間待つ→
LEDを消す→2秒間待つ→
LEDを光らせる→2秒間待つ→
LEDを消す→実行する
の記号をかきます。すると、LEDが光ってから2秒後に消える、4秒後に光って6秒後に消える、8秒後に光って10秒後に消えるというように、2秒ごとに3回点めつするプログラムができます。

90・91ページ まとめのテスト

1 (1)①に○
(2)手回し発電機
(3)モーター
(4)大きくなる。
(5)変わる。
(6)②に○

2 (1)②に○
(2)強くしたとき
(3)光電池に強い光を当てると、電流の大きさが大きくなる。
(4)逆に回る。

3 (1)発光ダイオード　(2)豆電球
(3)発光ダイオードは少ない電気で光らせることができるから。
(4)ウ

4 (1)とける。(とけて切れる。)
(2)発熱する。

5 (1)㋐
(2)㋓
(3)㋑
(4)㋒

丸つけのポイント

2 (3)強い光が当たると、大きな電流が流れるなど、同じ意味のことが書かれていれば正解です。

3 (3)「同じ電気の量で長く光らせることができる」、「光らせるために使う電気が少ない」など、(1)(2)からわかる発光ダイオードの長所が1つ以上書かれていれば正解です。

てびき **1** (1)(6)手回し発電機の中には、モーターが入っています。ハンドルを回すと、中のモーターのじくが回るようになっていて、電気をつくることができます。コンデンサーは、つくり出した電気をためることができる道具です。

2 (1)検流計で、電流の大きさや向きを調べるとき、はじめは切りかえスイッチを5Aにします。針のふれが小さくて読み取れないときは、0.5Aの方に切りかえてもう一度調べます。このとき、回路のスイッチを切ってから、切りかえスイッチを0.5Aの方に切りかえるようにしましょう。

(2)(3)光電池は光を当てると発電します。また、強い光を当てると、大きな電流が流れます。

(4)光電池の＋極と－極を入れかえると、電流の向きが変わるので、モーターは逆向きに回ります。

3 (1)同じ量の電気をためたコンデンサーを使うと、発光ダイオードは、豆電球よりも長い時間光り続けます。これは、発光ダイオードの方が少ない電気の量で光るからです。

(3)少ない電気の量で光る発光ダイオードは、電気を効率よく使うことができるだけでなく、こわれにくい、いろいろな色の光を出すことができるなどの長所があり、照明器具以外にもいろいろなところで使われています。例えば、発光ダイオードの光は、遠くからでも見分けやすいので、発光ダイオードを使った信号機が増えています。

(4)発光ダイオードには＋と－のたん子があるため、正しくコンデンサーにつながないと光りません。

4 電熱線には、電気を熱に変えるはたらきがあります。

5 電気を、電気ストーブでは主に熱に、電話機では主に音に、電動車いすでは主に運動に、照明器具では主に光に変えて利用しています。

10 人と環境

92ページ 基本のワーク

1 ①「ガソリン」に◯
②「二酸化炭素」に◯
③「絶えず」に◯
④「する」に◯
⑤「植物」に◯

2 ①「持続可能な」に◯

まとめ ①えいきょう ②持続可能な

93ページ 練習のワーク

1 (1)①ダム ②貯水池 (①、②は順不同)
③じょう水場 ④水道水
⑤下水処理場
(2)「食器を洗う。」「おふろに使う。」「トイレに使う。」などから1つ
(3)②に〇

2 ①ウ ②ア ③ウ ④× ⑤ウ
⑥× ⑦イ ⑧ア ⑨イ

丸つけのポイント

1 (2)水を利用している例が正しく書けていれば全て正解です。

てびき **1** (1)(3)日本は、世界でもっともすぐれた水道のある国の1つです。私たちが使う水は、じょう水場で消毒をしてきれいにされてから家庭に送られます。また、使った後の水は、下水処理場できれいにし、環境へのえいきょうをできるだけ少なくしてから川や海などに流されます。

(2)家庭だけでなく、農地や工場などでもたくさんの水を使っています。

2 ①⑥火力発電所では、発電するときに二酸化炭素がたくさん出ています。必要なときだけ電気を使うようにして、電気をつくる量を減らすことで、二酸化炭素が出る量を減らすことができます。

③建物の外側を植物などでおおうと、建物の中の温度が上がりにくくなるので、エアコンの使用をひかえることができます。

④⑨森林は酸素をつくり出してくれるだけでなく、生物のすみかにもなっています。他にも森林はいろいろな役割をしているので、森林を守るための取り組みが必要です。

プラスワーク

94〜96ページ プラスワーク

1 (1)酸素 (2)二酸化炭素
(3)(呼吸するための)酸素が足りなくなるから。

2 (1)日光を当てる前の葉にでんぷんがないこと。
(2)ない。
(3)㋑ある。 ㋒ない。
(4)葉に日光を当てる。

3 (1)②に〇
(2)植物の根を青色の色水に入れる方法

4

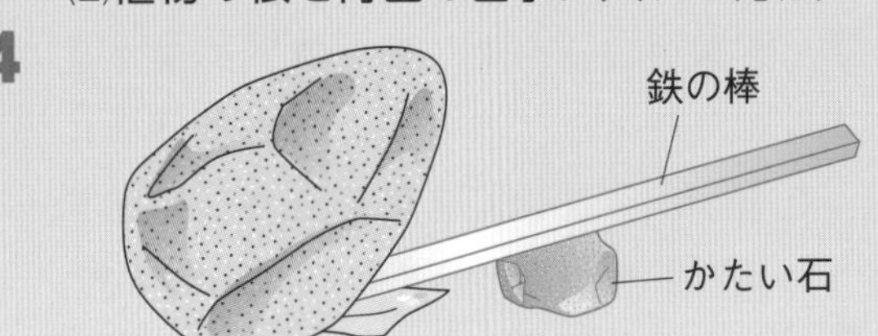

5 (1)

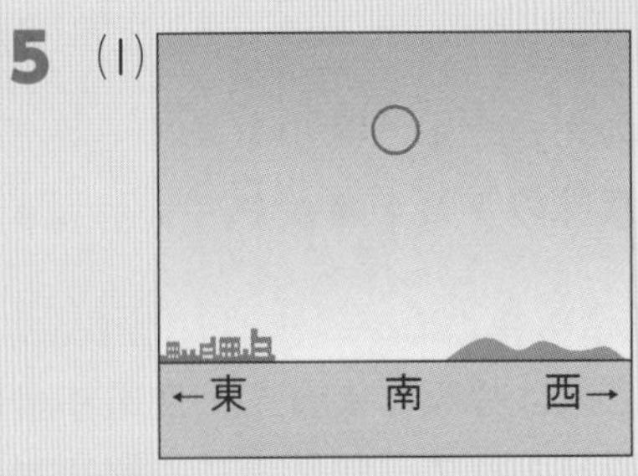

(2)

6 (1)(あわを出して)とける。
(2)(あわを出して)とける。
(3)塩酸がアルミニウムや鉄の容器をとかしてしまうから。

7 (1)光電池に光を当てる。
手回し発電機のハンドルを回す。
(2)発光ダイオード…光
ラジオ…音
(3)電球に比べて、少ない電気で光らせることができる点

8 (1)日光に当たった植物が酸素をつくり出しているから。
(2)水のよごれを少なくするため。

丸つけのポイント

1 (3)酸素が減ってしまうことなど、同じ意味のことが書かれていれば正解です。

2 (1)㋑と㋒の葉を調べる前に、両方の葉にでんぷんがないことを確かめるためなど、同じ意味のことが書かれていれば正解です。

3 (2)植物の根に青色の色水を吸い上げさせるなど、同じ意味のことが書かれていれば正解です。

6 (3)アルミニウムや鉄の容器では塩酸にとかされてしまうからなど、同じ意味のことが書かれていれば正解です。

7 (3)電球に比べて、同じ電気の量で長く光らせることができる点、しょうげきに強い点など、災害のときに役立つ、発光ダイオードの長所が書かれていれば正解です。

8 (1)植物が酸素を出していることが書かれていれば正解です。

(2)環境へのえいきょうを小さくするためなど、同じ意味のことが書かれていれば正解です。

てびき **1** (1)(2)人は呼吸によって、空気中の酸素を体の中に取り入れて、空気中に二酸化炭素を出しています。

(3)閉めきった部屋で石油を燃やしていると、部屋の空気中の酸素が減ってしまいます。やがて、じゅうぶんな酸素がなくなると、呼吸によって酸素を取り入れられなくなる危険があります。また、石油ファンヒーターは、石油を燃やして、多くの酸素を使い、多くの二酸化炭素を出します。このため、冬に石油ファンヒーターなどを使うと、より多くの酸素を使うため、部屋の酸素が足りなくなる可能性があります。ときどき窓やドアを開けて、部屋の空気を入れかえましょう。

2 葉にでんぷんができているかどうかを調べるとき、もともと葉にでんぷんがふくまれていたのか、日光に当てたことででんぷんができたのかをわかるようにする必要があります。このため、調べる日までに葉のでんぷんがなくなるようにしておき、調べる日の午前中の葉にはでんぷんがないことを確かめます。調べる前の日に、㋐～㋒に光が当たらないようにしておくと、もともと葉にあったでんぷんは、別のところへ運ばれてなくなっています。㋐にでんぷんがないことが確認できれば、そのときまで同じ条件であった㋑と㋒にもでんぷんはないと考えられます。調べる日の午前中に、㋑のアルミニウムはくをはずして日光にしばらくの間当ててから、㋑と㋒にでんぷんがあるかないかを調べます。この結果、㋑にはでんぷんがあり、㋒にはでんぷんがないので、葉に日光を当てたことによって、㋑にでんぷんができたことがわかります。

3 (1)植物の体の中には、水が通るための細い管があり、根からくき、葉、花へとつながっています。この管は、くきや葉でえだ分かれすることはありますが、えだ分かれした管がと中でまとまることはありません。このため、吸い上げられた色水の色が混ざってしまうことはありません。

(2)植物の体の水が通るための管は、根からくき、葉、花へとつながっています。このため、根を青色の色水の中に入れておくと、やがて水の通り道が青くなります。このとき、花だけが青色になることはなく、くき、葉、花は全て青色になります。

4 大きくて重たい石の近くに、かたい石を置き、長い鉄の棒の先を大きくて重たい石の下に入れて、鉄の棒の先から少しはなれた部分をかたい石にのせます。次に鉄の棒の、大きくて重たい石とは反対側のはしを下向きにおすと、大きくて重たい石を動かすことができます。このとき、鉄の棒はてことしてはたらきます。鉄の棒がかたい石とふれているところが支点、動かしたい大きくて重たい石とふれているところが作用点、鉄の棒を下向きにおすところが力点になります。このようなてこの使い方では、支点となるかたい石を、大きくて重たい石のなるべく近くに置くと、より小さな力で重たい石を動かすことができます。

5 月は、地球から見たときの月と太陽との位置関係が変化することによって、見える形や位置、時刻が変わります。月は、自らは光を出さず、太陽の光を反射してかがやいています。このため、いつも月は太陽の方を向いている側だけがかがやいていて、かげになっている部分は暗いので見えません。つまり、地球と月と太陽の位置関係がどのようになるかによって、月はいろいろな形に見えます。

(1)地球から見たとき、太陽が西にしずむころに、半月が南の空に見られることから、月と太陽は90°はなれた位置にあることがわかります。このとき見られる半月は、右側が光っています。

(2)太陽が西にしずむころに、東の空に月が見られることから、地球から見たとき、月と太陽は180°はなれた位置にあることがわかります。このことから、見られる月は満月だと考えられます。満月は、夕方東の空に見られ、真夜中に南、朝に西へと位置を変えます。

6 アルミニウムや鉄にうすい塩酸を加えると、気体が発生してとけます。この気体の正体は、水素(すいそ)というものです。このように、理科の実験で使ういくつかの薬品には、アルミニウムや鉄などの金属をとかす性質があります。このため、塩酸をアルミニウムや鉄などの容器に入れておくと、容器がとけて薬品が流れ出てしまい、危険です。一方、塩酸などの金属をとかす性質のある多くの薬品は、ガラスをとかしません。このような理由から、金属をとかす性質のある薬品はガラスのびんやプラスチックの容器に入れて保存します。また、ガラスのびんにはこい色のついたものが多いです。これは、外からの強い光をさえぎる役割をしています。

7 (1)(2)光電池や発光ダイオードは、最近、いろいろなものに使われるようになってきました。光電池は光を当てることによって発電し、手回し発電機はハンドルを回すと発電するので、電池やコンセントがないときでも電気を使うことができます。また、発電するしくみだけでなく電気をためるしくみ(充電池)が組み合わされているものが多いです。光電池や手回し発電機でつくることができる電気の量は多くありませんが、発光ダイオードは小さな電流でも長い時間光るので、災害のときなどの備えとしても役に立ちます。図の道具にはラジオが組み合わされているので、災害などのときのひ難場所や、台風の進路などの情報を得ることができます。

(3)発光ダイオードは、電球と比べると光るために使う電気の量が少ないです。また、発光ダイオードはとてもこわれにくく、光を遠くから見分けやすいという特ちょうがあり、発光ダイオードを使用した信号機が増えています。

8 (1)自然の中で、酸素をつくることができるのは植物です。空気中にある酸素は全て、長い年月をかけて、植物がつくり出したものです。私たちが酸素を使い続けている間も、植物は、二酸化炭素を取り入れて酸素を出しているので、地球上の酸素は、すぐにはなくなりません。しかし、これまで人は石油などを大量に燃やし、植物が取り入れるより多くの二酸化炭素を空気中に出してきました。その結果、空気中の二酸化炭素が増えてきています。二酸化炭素が増えることで、環境にさまざまなえいきょうがあると考えられています。そのため、電気やガソリンを効率よく使って、二酸化炭素を出す量をできるだけ少なくするだけでなく、森林を守るための取り組みが必要です。

(2)家庭で使われた水は下水処理場できれいにして川や海にもどされます。よごれをふきとってから食器を洗うことで、使用する洗ざいの量を減らし、家庭で使われた後の水のよごれを少なくすることができます。

実力判定テスト　夏休みのテスト①

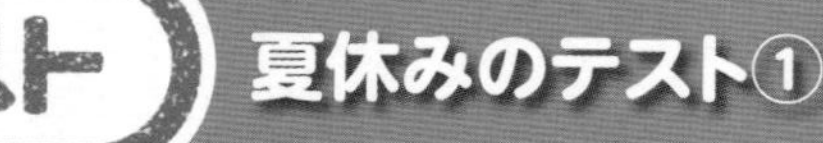

1 次の図のように、底のない集気びんの中でろうそくを燃やしました。あとの問いに答えましょう。

1つ5〔20点〕

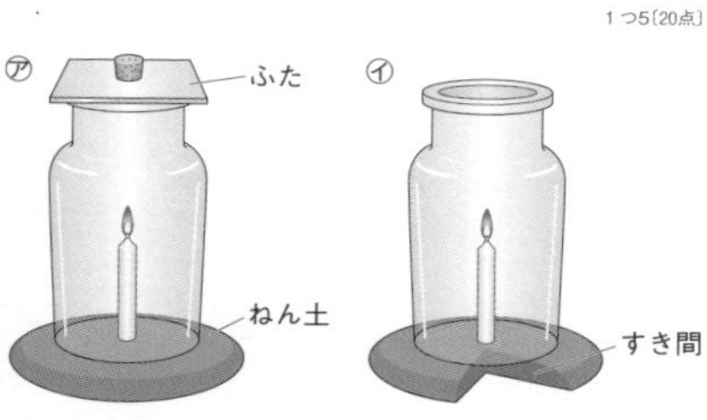

(1) ㋐で、ろうそくは燃え続けますか、火が消えますか。
（　火が消える。　）

(2) ㋑で、ろうそくは燃え続けますか、火が消えますか。
（　燃え続ける。　）

(3) ㋑で、下のすき間に火のついた線こうを近づけると、線こうのけむりはびんに入っていきますか。
（　入っていく。　）

(4) ろうそくが燃え続けるには、どのようなことが必要ですか。
（集気びんの中の空気が入れかわること）

2 次の図のような酸素、ちっ素、二酸化炭素を入れたそれぞれのびんに、火のついたろうそくを入れ、燃えるようすを調べました。あとの問いに答えましょう。

1つ5〔15点〕

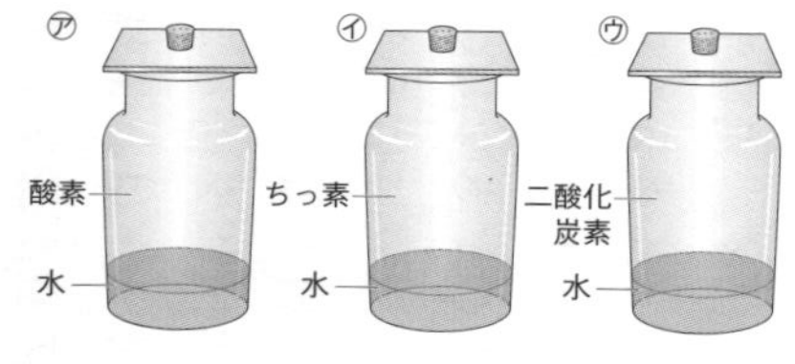

(1) ろうそくが激しく燃えるのは、どれですか。㋐～㋒から選びましょう。
（　㋐　）

(2) 酸素には、どのようなはたらきがありますか。
（　ものを燃やすはたらき　）

(3) ちっ素や二酸化炭素に、(2)のはたらきはありますか。
（　ない。　）

3 次の図のように、㋐には吸いこむ空気、㋑にははき出した空気を集めました。あとの問いに答えましょう。

1つ5〔25点〕

(1) ㋐、㋑のふくろに石灰水を入れてふると、石灰水はそれぞれどうなりますか。
㋐（　変化しない。　）㋑（　白くにごる。　）

(2) 次の（　）に当てはまる言葉を書きましょう。

> 人は空気を吸ったり、はき出したりして、肺で空気中の①（　酸素　）の一部を血液に取り入れたり、血液から②（　二酸化炭素　）を出したりする。このことを③（　呼吸　）という。

4 人の体のつくりとはたらきについて、あとの問いに答えましょう。

1つ4〔40点〕

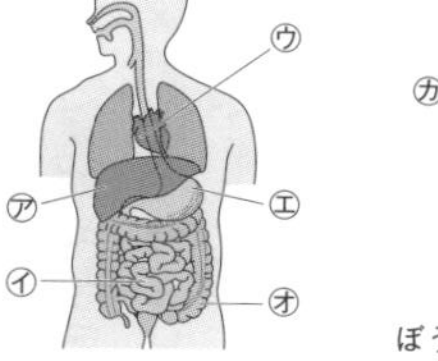

(1) ㋐～㋕の臓器をそれぞれ何といいますか。
㋐（　かん臓　）　㋑（　小腸　）
㋒（　心臓　）　㋓（　胃　）
㋔（　大腸　）　㋕（　じん臓　）

(2) 次の①～④のはたらきをしている臓器を、それぞれ㋐～㋕から選びましょう。
① 消化された養分を血液に吸収する。（　㋑　）
② 吸収された養分の一部をたくわえる。（　㋐　）
③ 血液を全身に送り出す。（　㋒　）
④ 主に水を吸収する。（　㋔　）

実力判定テスト　夏休みのテスト②

1 図1のように、ほり出したホウセンカを色水にさしてしばらくおきました。あとの問いに答えましょう。

1つ10〔20点〕

図1

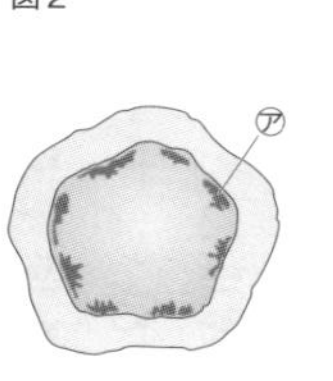

図2

(1) 水はどのような順で植物の体のすみずみまでいきわたりますか。葉、くき、根を正しい順に並べましょう。
（　根　→　くき　→　葉　）

(2) 図2はくきを横に切ったところを表したものです。赤くなっている㋐は、何の通り道ですか。
（　水　）

2 よく晴れた日に、葉がついた植物と、葉を取り去った植物にポリエチレンのふくろをかぶせ、しばらくおきました。あとの問いに答えましょう。

1つ10〔30点〕

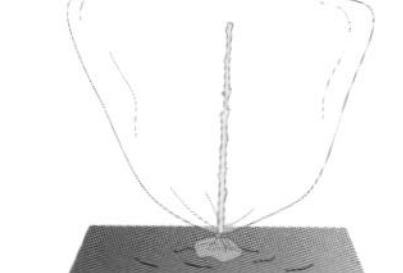

(1) ㋐、㋑のうち、ふくろの内側に多くの水てきがついたのはどちらですか。
（　㋐　）

(2) ふくろについた水てきの量のちがいから、植物に吸い上げられた水は、主にどこから出ていくと考えられますか。
（　葉　）

(3) 植物の体の中の水が水蒸気となって空気中に出ていくことを、何といいますか。
（　蒸散　）

3 次の図のように、㋐～㋒の葉にアルミニウムはくでおおいをし、一晩おきました。次の日の午前中、㋐のおおいをはずし、葉をとってヨウ素液に入れました。㋑はおおいをはずし、㋒はそのまま日光に4～5時間当てた後、葉をとってヨウ素液に入れました。あとの問いに答えましょう。

1つ10〔30点〕

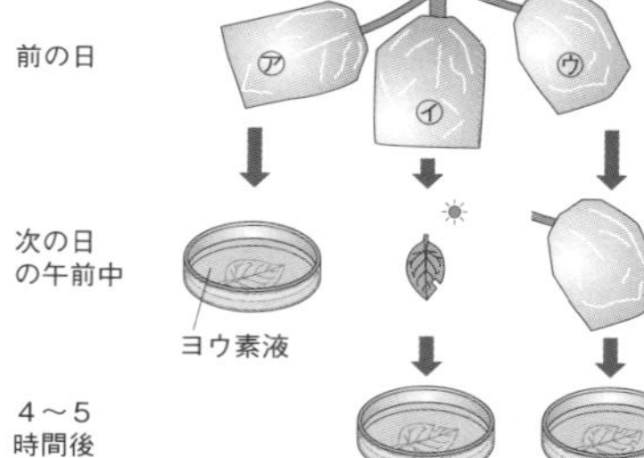

(1) ヨウ素液を使うと、何という養分があるかどうかを調べることができますか。（　でんぷん　）

(2) ㋐～㋒のうち、緑色をぬいた葉をヨウ素液につけると、葉の色が青むらさき色に変わるものは、どれですか。
（　㋑　）

(3) 葉に(1)ができるためには、葉に何が当たることが必要ですか。
（　日光　）

4 生物どうしの関わりについて、あとの問いに答えましょう。

1つ10〔20点〕

(1) 図の中で、自分で養分をつくり出すことができる生物は何ですか。
（　植物　）

(2) 図の生物どうしは、「食べる」「食べられる」の関係でつながっています。このようなつながりを何といいますか。
（　食物れんさ　）

もんだいのてびきは 32 ページ

実力判定テスト　冬休みのテスト①

1 てこについて、あとの問いに答えましょう。　1つ4〔24点〕

棒　支点　㋐　㋑　あ　い　う　え　おもり

(1) ㋐、㋑の位置をそれぞれ何といいますか。
㋐（ 作用点 ）㋑（ 力点 ）

(2) ㋐の位置をあ、いのどちらに動かすと、手ごたえは小さくなりますか。（ い ）

(3) ㋑の位置をう、えのどちらに動かすと、手ごたえは小さくなりますか。（ え ）

(4) 次の①～④のうち、より小さな力でおもりを持ち上げることができるものに2つ○をつけましょう。
①（　）支点から㋐までのきょりを長くする。
②（ ○ ）支点から㋐までのきょりを短くする。
③（ ○ ）支点から㋑までのきょりを長くする。
④（　）支点から㋑までのきょりを短くする。

2 次の図で、右のうでにおもりをつるして、てこを水平につり合わせるとき、表の①～③に当てはまる数字を書きましょう。　1つ4〔12点〕

左のうで　右のうで　1個10g

左のうで		右のうで	
支点からのきょり	おもりの重さ(g)	支点からのきょり	おもりの重さ(g)
3	40	2	① 60
		② 4	30
		6	③ 20

3 月の形と位置について、あとの問いに答えましょう。　1つ4〔40点〕

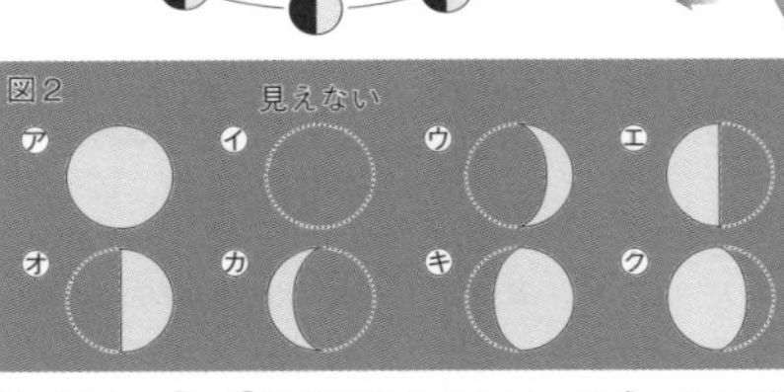

(1) 図1の①～⑧の位置にある月は、地球からはどのような形に見えますか。それぞれ図2の㋐～㋗から選びましょう。
①（ ㋐ ）②（ ㋗ ）③（ ㋓ ）④（ ㋕ ）
⑤（ ㋑ ）⑥（ ㋒ ）⑦（ ㋔ ）⑧（ ㋖ ）

(2) 月がかがやいている側は、何の方向を向いていますか。（ 太陽 ）

(3) 月の形が、日によって変わって見えるのは、何が変化するからですか。
（ 太陽と月との位置関係 ）

4 次の写真は、地層から見つかった岩石を表しています。あとの問いに答えましょう。　1つ6〔24点〕

㋐主にどろ　㋑主に砂　㋒主にれき

(1) ㋐～㋒の岩石の名前をそれぞれ書きましょう。
㋐（ でい岩 ）
㋑（ 砂岩 ）
㋒（ れき岩 ）

(2) ㋐～㋒の岩石をふくむ地層は、何のはたらきでできましたか。（ 水のはたらき ）

実力判定テスト　冬休みのテスト②

1 図1は、ある地層を観察したものです。図2は、図1のある層の土を観察したものです。あとの問いに答えましょう。　1つ7〔28点〕

図1　どろの層　砂の層　貝がふくまれている層　れきの層　火山灰の層
図2

(1) 図2は、図1の㋐～㋔のうち、どの層の土を観察したものですか。（ ㋔ ）

(2) 図1の㋒で見られた貝のように、地層から見つかる、大昔の生物の体や、生活していたあとなどを何といいますか。（ 化石 ）

(3) 次の①～④のうち、火山のはたらきでできた地層にふくまれるものを2つ選び、○をつけましょう。
①（　）丸みを帯びているれき
②（ ○ ）ごつごつと角ばったれき
③（ ○ ）小さな穴がたくさんあいたれき
④（　）生物の体や生活していたあと

2 火山の噴火や地震について、あとの問いに答えましょう。　1つ7〔21点〕

(1) 火山が噴火すると流れ出す㋐を何といいますか。（ よう岩 ）

(2) ㋑のような大地のずれが生じるとき、地震が起きます。㋑を何といいますか。（ 断層 ）

(3) 火山の噴火や地震によって、大地のようすが変化することがありますか。（ ある。 ）

3 次の㋐～㋓の水溶液について、あとの問いに答えましょう。　1つ7〔21点〕

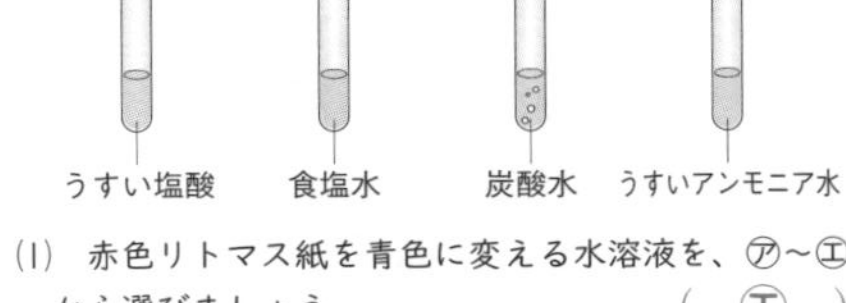

(1) 赤色リトマス紙を青色に変える水溶液を、㋐～㋓から選びましょう。（ ㋓ ）

(2) (1)で選んだ水溶液は、何性の水溶液ですか。（ アルカリ性 ）

(3) 水溶液には、気体がとけているものがありますか。（ ある。 ）

4 次の図のように、アルミニウムにうすい塩酸を加えてしばらくおいた後、できた液を熱しました。あとの問いに答えましょう。　1つ10〔30点〕

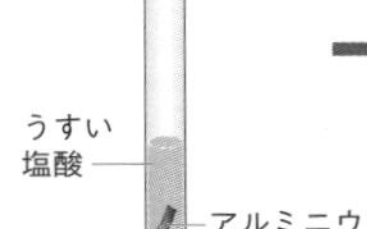

(1) 操作1で、アルミニウムにうすい塩酸を加えると、アルミニウムはどうなりますか。ア～ウから選びましょう。（ ア ）
ア　気体を発生させながらとける。
イ　気体を発生させずにとける。
ウ　変化が見られない。

(2) 操作2で、出てきた固体を試験管にとり、うすい塩酸を加えると、固体はどうなりますか。(1)のア～ウから選びましょう。（ イ ）

(3) 操作2で出てきた固体は、アルミニウムと同じものですか、別のものですか。（ 別のもの ）

もんだいのてびきは 32 ページ

実力判定テスト 学年末のテスト①

1 次の図で、㋐のハンドルを回したり、㋑の光電池に光を当てたりすると、豆電球が光りました。あとの問いに答えましょう。 1つ5〔20点〕

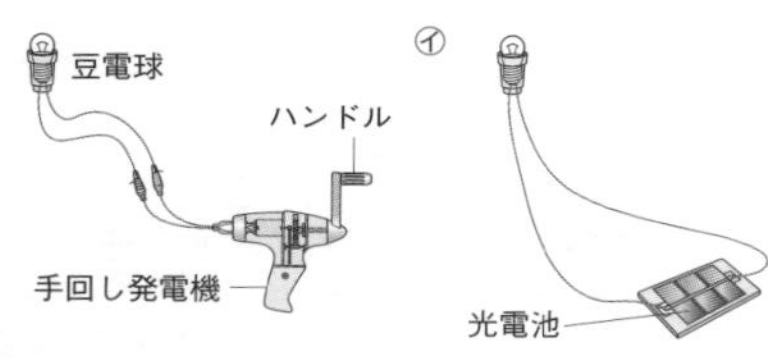

(1) ㋐で、豆電球の光り方をより強くするためには、ハンドルをどうすればよいですか。
（ 速く回す。 ）

(2) ㋐で、豆電球のかわりにモーターを手回し発電機につないでハンドルを回すと、モーターが回りました。ハンドルを逆に回すと、モーターの回る向きはどうなりますか。 （ 逆になる。 ）

(3) ㋑で、当てる光を強くすると、豆電球の光り方はどうなりますか。 （ 強く光る。 ）

(4) 電気をつくることを何といいますか。
（ 発電 ）

2 コンデンサーを2つ用意し、手回し発電機につないで、それぞれハンドルを同じ回数、同じ速さで回しました。次に、そのコンデンサーを図の㋐、㋑のようにつなぎました。あとの問いに答えましょう。 1つ8〔24点〕

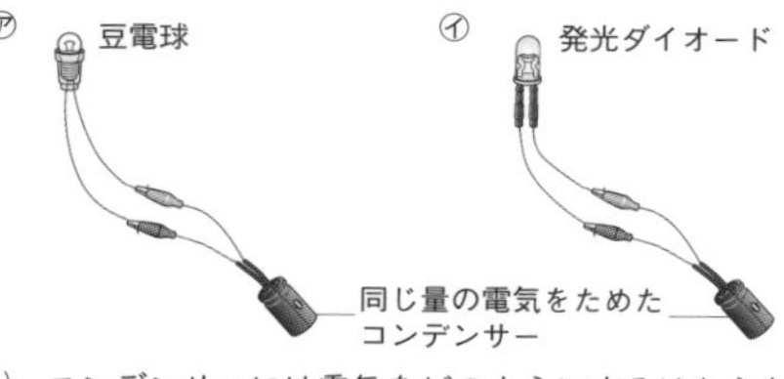

(1) コンデンサーには電気をどのようにするはたらきがありますか。 （ ためるはたらき ）

(2) ㋐、㋑のうち、長い時間光っていたのはどちらですか。 （ ㋑ ）

(3) 豆電球と比べて、発光ダイオードが使う電気の量は多いですか、少ないですか。
（ 少ない。 ）

3 次の①～④の電気製品は、電気を主に何に変えて利用していますか。下の〔 〕から選んで書きましょう。 1つ5〔20点〕

① モーター　② 電気ストーブ

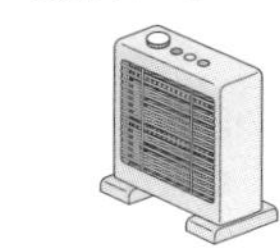

③ 電子オルゴール　④ 照明器具

①（ 運動 ）　②（ 熱 ）
③（ 音 ）　④（ 光 ）
〔 音　運動　熱　光 〕

4 人と環境について調べました。次の問いに答えましょう。 1つ6〔36点〕

(1) 人は、植物や動物と共に生きていくために、さまざまな工夫をしています。絶めつのおそれがある生物が残る地域を何に指定していますか。ア、イから選びましょう。 （ ア ）
ア 自然環境保全地域
イ 国立公園

(2) 次の①～④の文のうち、環境を守るための取り組みの例として正しいものに○、まちがっているものに×をつけましょう。
①（ × ）開発のために森林の木をたくさん切ったり、燃やしたりする。
②（ ○ ）生活などで出たよごれた水を、下水処理場できれいにしてから川に流す。
③（ ○ ）二酸化炭素を出さないしくみで走る電気自動車を利用する。
④（ × ）石油や石炭を燃やして電気をつくる。

(3) 環境問題を私たち自身の問題として考え、現在の私たちが幸せにくらしながら、それらを未来に引きつげるような社会を、何といいますか。
（ 持続可能な社会 ）

実力判定テスト 学年末のテスト②

1 次の図のように、ご飯つぶをすりつぶした上ずみ液を試験管㋐、㋑に入れ、㋐には水、㋑にはだ液を入れました。そして、㋐、㋑を約40℃の湯につけて温めた後、それぞれにヨウ素液を入れました。あとの問いに答えましょう。 1つ10〔30点〕

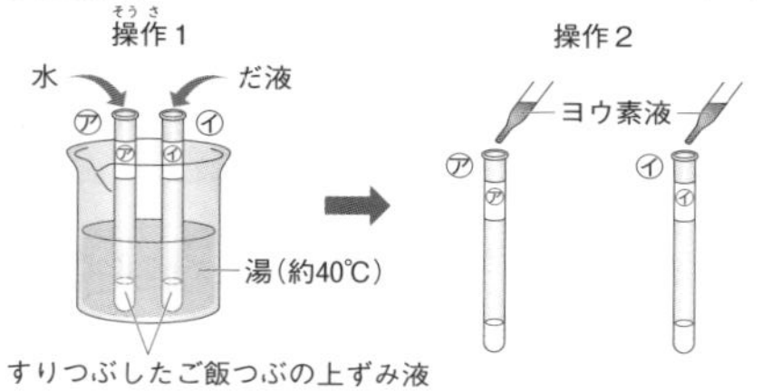

操作1　水　だ液　㋐　㋑　湯（約40℃）　すりつぶしたご飯つぶの上ずみ液
操作2　ヨウ素液　㋐　㋑

(1) 操作2で、それぞれの試験管にヨウ素液を入れたとき、液の色が変わるのは、㋐、㋑のどちらですか。 （ ㋐ ）

(2) 操作2で、でんぷんがふくまれているのは、㋐、㋑のどちらですか。 （ ㋐ ）

(3) だ液にはどのようなはたらきがありますか。
（ でんぷんを別のものに変えるはたらき ）

2 水の中の生物どうしのつながりについて、あとの問いに答えましょう。 1つ6〔18点〕

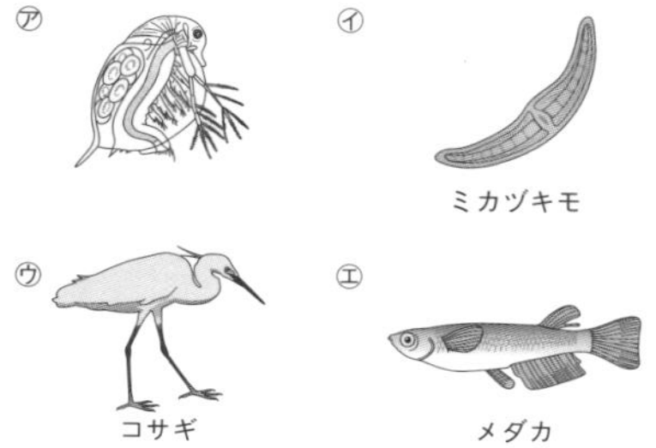

㋐　㋑ ミカヅキモ　㋒ コサギ　㋓ メダカ

(1) ㋐の生物の名前を書きましょう。
（ ミジンコ ）

(2) ㋐～㋓の生物を、食べられる生物から食べる生物の順に並べましょう。
（ ㋑ → ㋐ → ㋓ → ㋒ ）

(3) 生物どうしの「食べる」「食べられる」のつながりを、何といいますか。 （ 食物れんさ ）

3 てこを利用した道具について、①～③に当てはまるものをそれぞれ㋐～㋕から2つずつ選び、記号で答えましょう。 1つ5〔30点〕

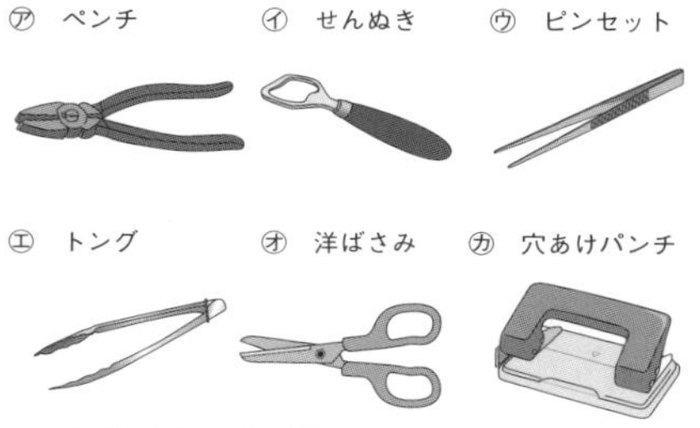

㋐ ペンチ　㋑ せんぬき　㋒ ピンセット
㋓ トング　㋔ 洋ばさみ　㋕ 穴あけパンチ

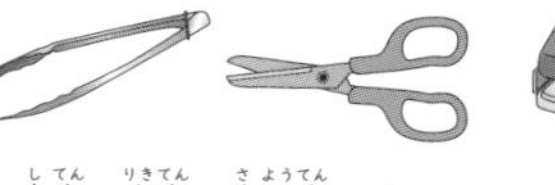

① 支点が力点と作用点の間にある道具
（ ㋐ ）（ ㋔ ）

② 作用点が支点と力点の間にある道具
（ ㋑ ）（ ㋕ ）

③ 力点が支点と作用点の間にある道具
（ ㋒ ）（ ㋓ ）

4 次の図のような容器に、砂とどろをふくむ土に水を入れて混ぜたものを注ぎました。しばらくして、もう一度同じように注ぎ、少し置いて土の積もり方を調べました。あとの問いに答えましょう。 1つ11〔22点〕

(1) 2回目に土を注ぎ、しばらく置いた後の容器のようすを、㋐～㋒から選びましょう。 （ ㋒ ）

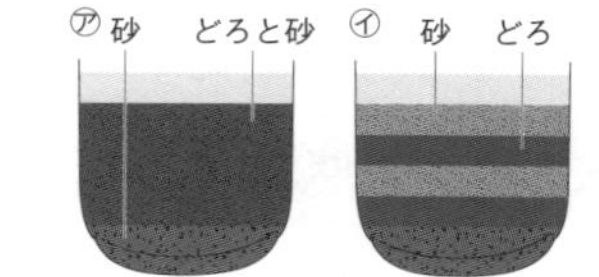

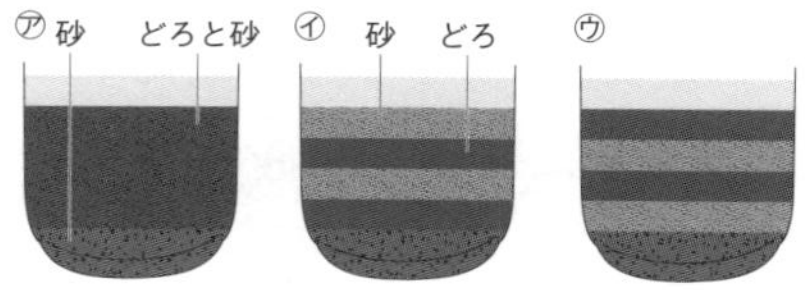

(2) 水のはたらきでできた地層に見られるれきは、丸みを帯びていますか、角ばっていますか。
（ 丸みを帯びている。 ）

もんだいのてびきは32ページ

実力判定テスト かくにん! 実験器具の使い方

けんび鏡の使い方

1 けんび鏡の使い方について、次の①～③の□に当てはまる言葉を書きましょう。

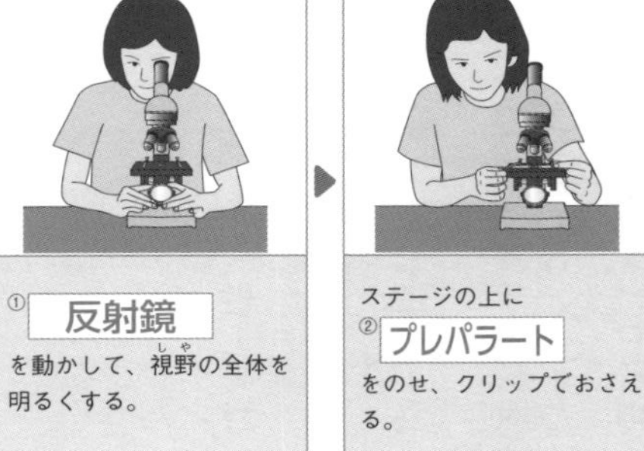

① 反射鏡 を動かして、視野の全体を明るくする。

ステージの上に ② プレパラート をのせ、クリップでおさえる。

横から見ながら、③ 調節ねじ を回し、対物レンズとプレパラートをできるだけ近づける。

のぞきながら調節ねじを回して、はっきり見えるところまで、対物レンズとプレパラートをはなす。

気体検知管の使い方

2 気体検知管の使い方について、次の(　)のうち、正しい方を◯で囲みましょう。

気体検知管の①(片方のはし (両はし))を折り取り、管の先にキャップをつけてポンプに差しこむ。

調べたい気体の中に気体検知管の先を入れる。ハンドルを②(おして (引いて))、気体を吸いこむ。

しばらくして、気体検知管の③((色) 温度)の変化から、体積の割合を読み取る。

リトマス紙の使い方

3 リトマス紙の使い方について、それぞれ正しい方に○をつけましょう。

① リトマス紙を取り出すとき

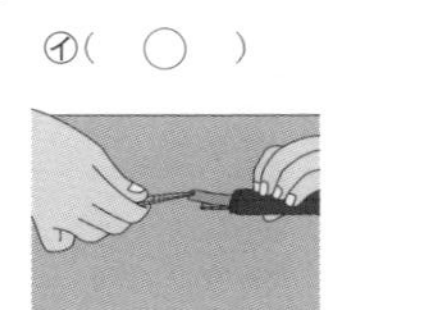

㋐(　　) 直接手で取り出す。

㋑(◯) ピンセットで取り出す。

② 水溶液をつけるとき

㋐(◯) ガラス棒でつける。

㋑(　　) 水溶液の中に入れる。

実力判定テスト かくにん! 反比例

反比例

1 右の表で、yがxに反比例しているとき、①～③に当てはまる数字を書きましょう。

たいせつ

①2つの量x、yがあって、xの値が2倍、3倍、…になると、yの値が$\frac{1}{2}$倍、$\frac{1}{3}$倍、…となるとき、yはxに反比例するといいます。

②反比例では、$x \times y$が決まった数になります。

ヒント

右の表ではxが2倍、3倍、4倍になっているので、①、②、③はそれぞれ

$12\times\frac{1}{2}$、$12\times\frac{1}{3}$、$12\times\frac{1}{4}$と計算できます。

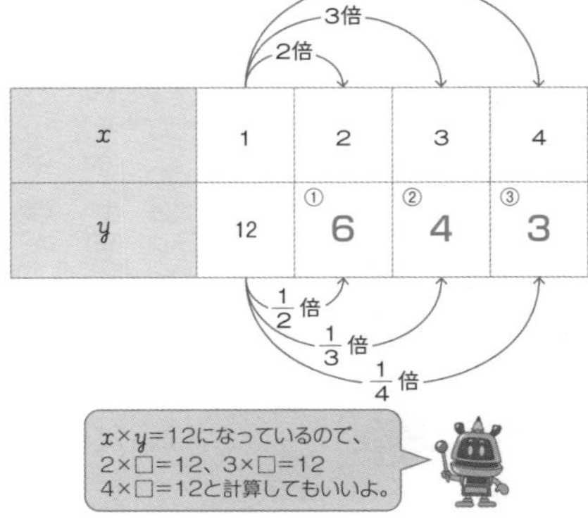

x	1	2	3	4
y	12	① 6	② 4	③ 3

$x \times y$=12になっているので、2×□=12、3×□=12、4×□=12と計算してもいいよ。

2 右の図のように、てこの左のうでにおもりをつるしました。次に、てこが水平につり合うように、右のうでにおもりをつるします。あとの問いに答えましょう。

左のうで		右のうで	
支点からのきょり	おもりの重さ(g)	支点からのきょり	おもりの重さ(g)
3	40	1	③ 120
		2	④ 60
		3	⑤ 40
		4	30
		5	×
		6	⑥ 20

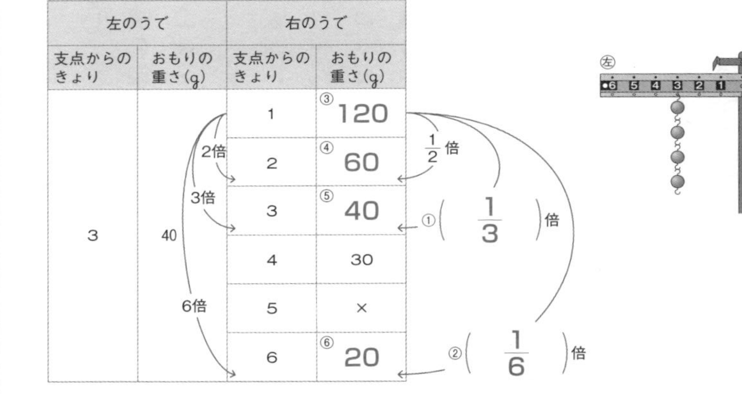

(1) 左のうでで、おもりの重さ×支点からのきょりは、いくつですか。　(120)

(2) ①、②の(　)に当てはまる数字を書きましょう。

(3) 表の③～⑥に当てはまる数字を書きましょう。

もんだいのてびきは 32 ページ

実力判定テスト もんだいのてびき

夏休みのテスト①

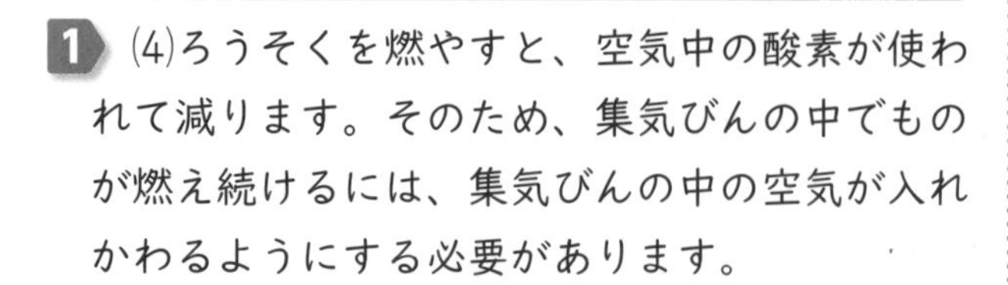

1 (4)ろうそくを燃やすと、空気中の酸素が使われて減ります。そのため、集気びんの中でものが燃え続けるには、集気びんの中の空気が入れかわるようにする必要があります。

夏休みのテスト②

2 ㋐と㋑のちがいは、葉がついているかどうかなので、ふくろの内側についた水てきの量のちがいは、葉がついているかどうかによるものだとわかります。植物の体の中の水は、主に葉の表面にある小さな穴から水蒸気として空気中に出ていきます。これを蒸散といいます。

3 ㋐の葉をヨウ素液に入れても、色が変わりません。このことから、日光に当てる前の葉にはでんぷんがないことがわかります。㋑、㋒の葉を日光に当てたとき、㋑の葉だけでんぷんができているので、でんぷんができるためには、葉に日光が当たることが必要だとわかります。

冬休みのテスト①

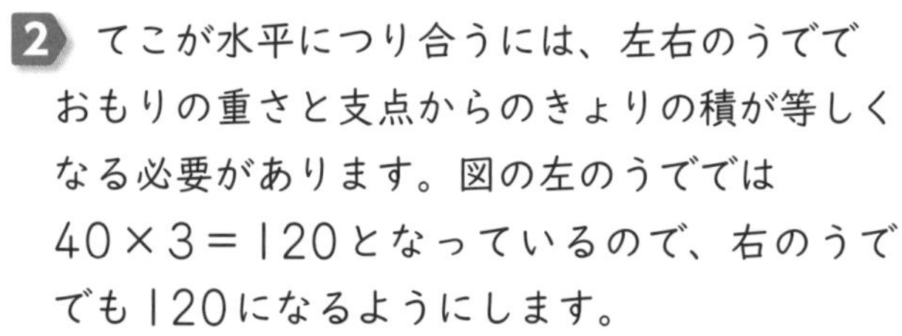

2 てこが水平につり合うには、左右のうででおもりの重さと支点からのきょりの積が等しくなる必要があります。図の左のうででは
40×3＝120となっているので、右のうででも120になるようにします。
①□×2＝120　□＝60
②30×□＝120　□＝4
③□×6＝120　□＝20

冬休みのテスト②

4 操作1で、うすい塩酸を加えたアルミニウムは、気体を発生させながらとけますが、操作2で出てきた固体にうすい塩酸を加えても気体が発生しません。このことから、操作2で出てきた固体は、アルミニウムとは別のものだとわかります。

学年末のテスト①

1 豆電球やモーターにつないだ手回し発電機のハンドルを回すと、電流が流れます。また、ハンドルを速く回すと電流の大きさが大きくなり、ハンドルを回す向きを変えると電流の向きが変わります。光電池では、強い光を当てると電流の大きさが大きくなります。

学年末のテスト②

1 ご飯つぶにはでんぷんがふくまれています。だ液には、でんぷんを別のものに変えるはたらきがあるので、操作2の㋑にヨウ素液を加えても色は変わりません。

4 (1)土を注ぐと、つぶの大きな砂が下に、つぶの小さなどろが上に積もります。もう一度土を注ぐと、その上に同じように砂とどろが積もります。

かくにん! 実験器具の使い方

1 けんび鏡を使うときは、横から見ながら対物レンズとプレパラートを近づけた後、遠ざけながらピントを合わせるようにします。

3 リトマス紙は、ピンセットでもちます。また、水溶液をリトマス紙につけるときは、ガラス棒を使って少量をつけるようにします。

かくにん! 反比例

2 (1)左のうでのおもりの重さ×支点からのきょりは、40×3＝120となっています。
(2)支点からのきょりが2倍になると、おもりの重さは$\frac{1}{2}$倍になります。同じように、支点からのきょりが、3倍、6倍になると、おもりの重さは$\frac{1}{3}$倍、$\frac{1}{6}$倍になります。

3 2 1 0 9 8 7 6 5 4
＊ ＊ D C B A